赵建民/著

中国菜肴文化史

CHINESE FOOD CULTURE HISTORY

中国轻工业出版社

全国百佳图书出版单位

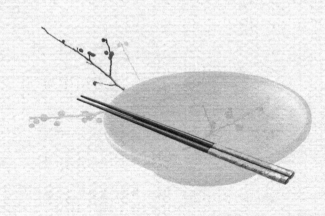

图书在版编目（CIP）数据

中国菜肴文化史 / 赵建民著. —北京：中国轻工业出版

社，2024.8

ISBN 978-7-5184-1285-3

Ⅰ . ① 中… Ⅱ . ① 赵… Ⅲ . ① 菜肴–烹饪史–中国

Ⅳ . ① TS972.1–092

中国版本图书馆CIP数据核字（2017）第031299号

责任编辑：史祖福

策划编辑：史祖福　　　　责任终审：孟寿萱　　　封面设计：锋尚设计

版式设计：锋尚设计　　　责任校对：吴大朋　　　责任监印：张　可

出版发行：中国轻工业出版社（北京鲁谷东街5号，邮编：100040）

印　　刷：北京建宏印刷有限公司

经　　销：各地新华书店

版　　次：2024年8月第1版第6次印刷

开　　本：787×1092　1/16　印张：17.25

字　　数：386千字

书　　号：ISBN 978-7-5184-1285-3　定价：68.00元

邮购电话：010-85119873

发行电话：010-85119832　传真：010-85119912

网　　址：http://www.chlip.com.cn

Email：club@chlip.com.cn

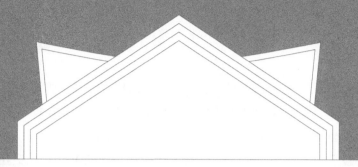

绪语

一

　　踌躇犹豫了很长一段时间，才在忐忑不安中开始了《中国菜肴文化史》一书的撰写工作。因为，在笔者看来，《中国菜肴文化史》是一本非同寻常的、专业性很强的专门史著作，其写作难度之大是可想而知的。

　　从整个中国饮食文化学研究的角度来看，包括菜肴文化史在内的中国菜肴文化的研究尚处于未被重视的地位，其中的原因大略说来有如下两个方面。

　　其一，在饮食、烹饪文化研究的圈子里，一提到菜肴，人们首先想到的是"食谱""菜谱""菜单"，以及与菜肴加工技术有关的工艺性的研究，也就是说注重的是菜肴技术层面的研究与总结，因为这样的专业著作是有很高的实用价值的。由此而来，大量的以记录菜肴制作工艺流程为主要内容的各种"菜谱"充斥在图书市场上，其数量之巨，品种之繁，重复性之高可以用叹为观止来形容。

　　其二，由于菜肴文化的专业性要求太强，而且中国的菜肴文化又很容易被涵盖在中国饮食文化、中国烹饪文化、中国饮馔文化、中国食俗文化等宏观性的研究课题之中，充其量在这些性质的著述中开辟一个章节，是一件比较容易处理的事情。更何况，由于菜肴文化与中国饮食文化中的其他研究领域的交融性极强，很容易把菜肴文化（包括菜肴文化史）的研究著作撰写成为与饮食文化、烹饪文化没有严格意义上的区别的著作。因此，到头来就成为一件出力达不到预期效果，甚至是出力不讨好的事情。

　　之所以要在这里罗列上面的一些与《中国菜肴文化史》无关的话，是希望广大读者能够理解撰写此书的难度，虽然本人也希望能够把本书撰写得好一点。笔者不敢奢望此书的面世能够得到专家学者的好评，但至少希望留下的骂名小一点，尤其使自己远离"误人子弟""欺世盗名"之流的行列，也就心满意足了。

二

真要动笔的时候才发现，撰写《中国菜肴文化史》的难度也许远远超出了自己所预料的那样。这遇到的第一个问题，就是要给"菜肴"一个比较清晰而又相对准确，或者说是与菜肴的涵义比较吻合的解释，比如说一个定义、概念、名词解释之类的东西。

透过历史的发展脉络，可以发现，今天我们所说的"菜肴"，其含义与古代的不同时期的含义是有着一定的差异性的。为了弄清"菜肴"的意义，我们需要把历史上的一些情况梳理一下。

首先来看一下"菜"字的含义。

菜字的本意是泛指所有的蔬菜，而且许多蔬菜名称的本身又带有菜字，如"白菜""韭菜""蕨菜"，等等。所以，几乎所有的辞书都把"菜"解释成"蔬类的总称"。《礼记·月令》有："乃命有司趣民收敛，务畜菜，多积聚。"[①]的记载。《国语·楚语》说："庶人食菜，祀以鱼。"[②]《汉书·鲍宣传》有："今贫民菜食不厌，衣又穿空，父子夫妇不能相保，诚可为酸鼻。"[③]《后汉书·孔奋传》云："事母孝谨，虽为俭约，奉养极求珍膳，躬率妻子，同甘菜茹。"[④]这里的"菜"均指的是蔬菜。古人还把蔬菜经过腌制加工后的菜类食品称为"菜殽"。《诗经疏》在解释"菽"字时是引用汉人《尔雅·释器》说："释器云菜谓之蔌，古云菽。菜殽，对肉殽，古人云菜殽，谓之菹也。"[⑤]

这里的"菜殽"一词，可能是史籍中比较早的记录了。

虽然"菜殽"是指蔬类及其制品，但毕竟"菜殽"与"肉殽"在实际的食用中是常常摆放在一起的。而且到后来蔬菜可以与肉类混合在一起进行烹制加工，于是就出现了把指菹类的"菜殽"和把指肉类的"肉殽"统称为"菜"或"菜殽"。中国台湾三民书局出版的《大辞典》解释"菜"的第二个含义说："指一切餚馔，

① 陈澔注. 礼记集说（影印本）. 上海：上海古籍出版社，1987年，第94页。
② 尚学峰，夏德靠译注. 国语·齐语. 北京：中华书局，2007年，第291页。
③ 汉·班固撰. 宋·颜师古注. 汉书. 北京：中华书局，1997年，第3089页。
④ 宋·范晔撰. 唐·李贤等注. 后汉书. 北京：中华书局，1997年，第1098页。
⑤ 尔雅·释器（影印本）. 北京：中华书局，1998年，第57页。

可供下饭之用者，并不限于蔬菜，鸡鸭鱼肉亦可称菜。"《辞海》《辞源》等也解释是"肴馔的总称"。《北史·胡叟传》云："而饭菜精洁，醯酱调美。"[1]这里的"菜"显然是泛指用来佐饭的一切副食制品。

再来看"肴"字的含义。

今天，人们一般把"肴""餚"与"殽"释为同意或者意义相近的字。

"肴"一般解释为"鱼肉之类的荤菜"。与"餚"同。《诗经·小雅·正月》有："彼有旨酒，又有嘉肴"的句子。[2]《楚辞·招魂》："肴羞未通，女乐罗些。"《楚辞·九歌东皇太一》更有著名的："蕙肴烝兮兰藉，奠桂酒兮椒浆。"[3]诗句。这里的"肴"一般意义上来说是指荤类的菜肴。

"餚"一般解释为"煮熟的鱼类、肉类食物"。《玉篇》云："餚，馔也"，所以，古代有时把餚与馔连在一起使用，称为"餚馔"。三国的曹植在《七启》中有"可以和神，可以娱肠，此餚馔之妙也。"[4]的记载。

但先秦典籍中，出现最多的字是"殽"，仅在《诗经》一书中，出现的次数就多达20余处。例如：

"尔殽即将，莫怨具庆。"（《诗经·小雅·楚茨》）

"尔酒既旨，尔殽既嘉……""尔酒既旨，尔殽既时……""尔酒既旨，尔殽既阜……"。（《诗经·小雅·頍弁》）

"虽无嘉殽，式食庶几。"（《诗经·小雅·车舝》）

"笾豆有楚，殽核维旅。"（《诗经·小雅·宾之初筵》）

"嘉殽脾臄，或歌或咢。"（《诗经·大雅·行苇》）

"既醉以酒，尔殽既将。"（《诗经·大雅·既醉》）

"其殽维何？炰鳖鲜鱼。其蔌维何？维笋及蒲。"（《诗经·大雅·韩奕》）[5]

好了，不再一一列举了。

"殽"较早前的意义应为"带骨的熟肉类食品"。《礼记·曲礼上》："凡进食之礼仪，左殽右胾。"释文：肉带骨曰殽，纯肉切曰胾。[6]《礼记·礼运》："是故夫礼，必本于天，殽于地，列于鬼神。"[7]《左传》"晋侯使士会平王室，定王享之，原襄公相礼，殽烝。"注：烝，升也，升殽于俎。[8]《仪礼·特牲馈食礼》："众

---

① 唐·李延寿撰. 北史·列传第二十二·胡叟. 北京：中华书局，1997年，第1264页。
② 苏东天著. 诗经辨译. 杭州：浙江古籍出版社，1992年，第252页。
③ 熊四智主编. 中国饮食诗文大典. 青岛：青岛出版社，1995年，第19页。
④ 陈天宏等主编. 昭明文选译注（第三卷）. 长春：吉林文史出版社，1988年，第259页。
⑤ 苏东天著. 诗经辨译. 杭州：浙江古籍出版社，1992年，第269~311页。
⑥ 陈澔注. 礼记集说（影印本）. 上海：上海古籍出版社，1987年，第8页。
⑦ 陈澔注. 礼记集说（影印本）. 上海：上海古籍出版社，1987年，第121页。
⑧ 刘利，纪凌云译注. 左传. 北京：中华书局，2007年，第269~311页。

宾及众兄弟内宾宗妇，若有公有司私臣，皆殽脀。"①古代殽脀与殽烝同。这些"殽"均指的是带骨的熟肉。

其实，"殽"与"肴"在一些较早的史料中，有时也泛指所有的菜肴，不仅仅是指肉类食品。如前列举《诗经·小雅·宾之初筵》中的"笾豆有楚，殽核维旅。"指的应是所有的菜肴。左思《蜀都赋》有："金罍中坐，肴槅四陈。"②的句子。《东坡文集·前赤壁赋》也有："肴核既尽，杯盘狼藉。"的句子。其中的"肴"恐怕不一定就是指肉类菜肴，也应该包括其他类别的菜肴。

由此看来，差不多是在我国的汉魏至宋朝之间，"菜肴"一词逐渐成为泛指一切佐酒下饭的副食制品了。古代有时也用"肴馔"一词，不过"肴馔"的含义更为广泛，应该是泛指所有的进食之物，包括菜肴与面点饭食等主食。

基于这样的理解，"菜肴"应该有狭义与广义之分。

狭义的"菜肴"实际上就是"菜"与"肴"所分别代表的蔬菜类食品与肉类食品，这种区分在历史较久远的秦汉以前是比较明显的。因为，事实证明，历史越是往久远的年代推进，食品的加工技术越是单一，蔬菜与肉类的加工也是各自为一的，很少有如现代荤素搭配的情况，故"菜"与"肴"是各有所指的。

广义的"菜肴"虽然其含义出现的时间较晚，但却是与后世意义相接近的对一切佐酒下饭的副食制品的总称。这种情况的出现，也是情理之中的事情，一是宴饮、进餐活动往往是蔬食与肉食摆放于一大桌上，分别用来指代蔬菜的"菜"与指代肉类的"肴"便逐渐合而为一，这样更加便于表达整桌宴席上的食品；二是，随着后世烹调技术的发展与提高，荤素搭配的菜式逐渐增多，已经无法明确地把蔬类与肉类食肴完全分开，于是采取这种相融合的表达方式，也是自然而然的事情。

但是，进入我国的明、清以后，"菜"的含义又出现新的外延，并逐渐成为指代某一地方风味、民族风味或某一同类原料构成的菜肴体系，即代表一个有体系的菜肴种类。如"四川菜""江苏菜""山东菜""淮扬菜"等。清人袁枚《随园食单》中就有"素菜""荤菜""小菜""满菜""汉菜"等名称。在介绍"满菜""汉菜"时说："满洲菜多烧煮，汉人菜多羹汤……。"③在介绍"素菜""荤菜"时说："菜有荤素，犹衣有表里也。富贵之人，嗜素甚于嗜荤，作素菜单。"④《清稗类钞》中也有："荤菜素菜：素称肴为菜，不专指植物而言也。而又以肉

① 唐宋注疏十三经.（二）. 仪礼·特牲馈食礼（影印本）. 北京：中华书局，1998年，第375页。

② 熊四智主编. 中国饮食诗文大典. 青岛：青岛出版社，1995年，第105页。

③ 清·袁枚原著. 关锡霖注释. 随园食单. 广州：广东科技出版社，1983年，第18页。

④ 清·袁枚原著. 关锡霖注释. 随园食单. 广州：广东科技出版社，1983年，第101页。

食为荤，蔬食为素，曰荤菜，曰素菜。荤菜之中，虽杂以素菜，亦仍呼之曰荤菜。"[1]作者在这本书中还列举了当时北京城里有特色的菜肴体系云："为京师、山东、四川、广东、福建、江宁、苏州、镇江、扬州、淮安。"[2]说明至少在我国的清朝年间，"菜"的含义无论是从广义方面，还是狭义方面都与今天人们的认识与理解是一致的。

无论是狭义的"菜肴"含义，还是广义的"菜肴"含义，其实都是指与我们习惯中的饭食有别的一类食品的称谓。因此，本书中所运用的"菜肴"的含义也就非常的清楚了。在本书中，所谓菜肴是指除我们习惯意义上的主食（如北方的面食、南方的饭食）、面点小吃以外，用于侑酒、佐食、下饭一类食品的总称。也就是和我们回家吃饭时要炒几个"菜"（南方叫做烧几个"菜"），到酒店请朋友吃饭要点几个"菜"的意思是一致的。

不过，从更宽泛的意义上来看，即使我们给菜肴下了一个定义，也是相对而言的。在中华民族的不同时期、不同地区和不同民族，对主食的认同是有区别的。如在先秦时代的"肉食"阶层，就是把肉类作为主食的，再比如在我国的西藏、新疆、内蒙古等游牧民族那里，也是以肉食为主的膳食结构，于是把肉食称为"红食"，把乳类称为"白食"，这里的肉类菜肴实际上就成了主食。出现了主食中也包括菜肴的情形，一如现在的西餐主副食不分一样。所以，上面的"菜肴"概念，仅仅是以传统意义上的汉民族为主要代表对宴饮活动与日常饮食中食品的一个分类与理解。

三

实际上，中国人自古以来用于侑酒、佐食、下饭一类的菜肴又统称为副食，大概是与主食相配合的意思。因而，又有饭、菜之分，饭是主，菜为副。这种主、副食的划分，如果从现代营养科学的平衡膳食的角度来看，更有其进步意义。《黄帝内经·素问》云："五谷为养，五畜为益，五菜为充，五果为助，气味

---

① 徐珂编撰. 清稗类钞. 第一三册. 北京：中华书局，1986年，第6415页。
② 徐珂编撰. 清稗类钞. 第一三册. 北京：中华书局，1986年，第6416页。

合而服之。"①《黄帝内经·素问》的这一理论，如中医配方中的"君、臣、佐、使"之一脉。养者，"君"也，所以谷类食物是主食，现代营养科学也证明这一理论是十分正确的，人体每天所需要的热量有70％左右是来自于碳水化合物，而我国居民膳食中谷物是碳水化合物的主要来源。所以，古人认为，没有主食，人的生命就不得其养。而"臣、佐、使"三者均是"君"的附属，起着辅助性的作用，故叫作副食，也就是本书所说的菜肴。用于副食的肉类（包括畜禽、鱼虾等其他肉类）、蔬菜、水果等在地位和数量上是不能超过主食的。

从现代菜肴制作技术上看，用于侑酒、佐食、下饭的菜肴，一般可分为生制、熟制两大类。生制菜肴一般是指不经过用火加热处理的食品，多运用盐腌、酒醉、糖渍、糟浸、酱滋、酸泡，以及包括运用现代烹饪技艺上烹调方法分类中的生拌、生炝等方法加工而成的；熟制的菜肴则是将食物原料经过多种工艺处理后，用一定的烹调方法加热、调味而成的。熟制菜肴运用的烹调方法很多，常见的如煮、蒸、焖、炖、烧、烤、炸、煎、爆、炒、熘、烩等几十种。其中，熟制的菜肴还由于进食时的温度不同，可以分成熟制热吃菜肴和熟制凉吃菜肴两部分，前者称为"热菜"，后者称为"凉菜"或"冷菜"。习惯上生制类的菜肴由于不需要加热，也是需要凉吃的，也属于"凉菜"类。

四

中国菜在世界民族饮食之林中一向享有盛名，举凡品尝过中国菜的外国友人皆称赞中国菜"好吃"。中国菜的"好吃"是来自中国菜的调味技巧，用现代的话语来表达，应该称之为"调味艺术"。

中国菜肴，虽有形、色、香、味、质、器诸美并举之誉，但其中"味"美是最根本之所在。因为菜肴的目的是为了供人"吃"，或曰品尝，或曰食用，它通过人舌对味觉的感受而使人们得到美的享受与陶冶。所以说，菜肴烹调是"味"的艺术。菜肴之味不美，即使形、色、器再美，也算不得佳肴，自然也就无烹调艺术可言。

中国菜肴调味艺术的特征主要表现在如下三个方面。

---

① 《黄帝内经·素问》. 北京：人民卫生出版社，1963年，第149页。

首先，菜肴调味艺术是一种生产形态。审美的意识形态只有借助一定的表现形式才能体现出来。也就是说，包括菜肴调味艺术在内的所有艺术形态，无不是人们借助一定的物质材料和工具，运用一定的审美能力和技巧进行的创造性的劳动生产。对菜肴调味艺术来说，菜肴调味的过程，既是一种审美的心理创作过程，同时又是一种技术性很强的劳动生产形式，它是通过各种精妙的菜肴调味技巧的实施作业，运用各种优质安全的食料，去创造丰富美好的口味的。

其次，中国菜肴调味艺术不是众味的简单组合。菜肴调味活动之所以称之为一门艺术，是因为菜肴调味过程并非众味的简单组合，美好的味道同样是创造者精神意识、审美水准和高超技艺的综合反映。艺术的生产形态仅仅是表现艺术内容的形式，更重要的还在于这种审美创造性的生产所体现出来的意识形态方面的价值。菜肴调味艺术从表面上看不过是酸、甜、苦、辣、咸等几种基本味的相互搭配调剂而已，似乎没有什么情感色彩和社会意义。事实上，人们的思想感情不仅仅只是通过唱歌、跳舞等艺术形式才能得到表现。饮食之中的"五味"与人生之旅更有着不可分割的感情联系。美味的食肴同样具有配合人生、充实人生的艺术功能。汉扬雄《蜀都赋》云："五肉七菜……可以颐精神养血脉者。"[1]《烹调原理》一书的作者张起钧先生也说："调的内容复杂而广泛，它在本质上原不过是附属在饮食方面的一种技术，但发展开来之后，不仅成为艺术，并且打入教育的园地，小之可以陶冶身心敦睦伦常，乃至于提高人生的性灵情操；大之竟可以是一种政治训练而收团结人心，树立纲纪之效，真是多彩多姿，妙用无穷。"[2]无论古人还是今人，都充分认识到了五味与人的精神意识方面的密切关系。调和之道发展到一定的程度，其价值远远超出了满足口腹之欲的范围，而上升为一种包含深刻人生意义的艺术范畴，具有很高的审美价值。由此可知，菜肴调味艺术同样具有意识形态的特征，只是由于其表现形式不同，所反映的内涵有所差异而已。

最后，中国菜肴调味艺术是材料与技巧的完美结合。从意识形态到生产形态，要使菜肴调味艺术得到良好的实施，就必须借助必要的原料和一定的操作技术，尤其是菜肴调味的技巧，这是完成从烹调艺术生产到表现意识形态所必须具备的基本条件。食品的作业需要优质的原料，这是基础，而只有作业者具备高超的菜肴调味技巧，才能得心应手、淋漓尽致地调和出各种美味来，才能实现用美味去充实人生的目的。所以，从某种意义上说，菜肴调味艺术是菜肴调味技术的提高和升华。古人认为，技之精者近乎道，艺术的发展概莫能外。从这种意义上看，菜肴调味艺术与音乐、绘画、雕塑艺术等有异曲同工之妙。即菜肴调味艺术

① 熊四智主编. 中国饮食诗文大典. 青岛：青岛出版社，1995年，第35页。
② 张起钧著. 烹调原理. 北京：中国商业出版社，1985年，第84页。

的实现，有赖于高超的菜肴调味技巧的实施与作业，离开了技巧，菜肴调味艺术则不复存在。就同绘画艺术缺少了绘画技巧也不可能创作出美好的作品一样。

中国的菜肴调味艺术，历经数千年的发展、提高、升华，已达到了至善至美的境界。菜肴由"吃"道发展成为烹调艺术，这是历史发展的成果。而用现代的科学技术和现代的艺术理论及表现形式去发展这一艺术，却是历史赋予我们今人的使命。让古老的菜肴烹调技艺走上艺术创作的轨道，并使之为广大人民日常生活服务，是菜肴调味艺术发展的目的。正如钱学森先生所说的："烹饪艺术不限于酒宴，在日常生活中也要研究烹饪艺术，这是社会主义物质文明与精神文明的表现。"[1]一句话将菜肴调味艺术发展的终极目标展现得清清楚楚。所有的艺术门类必须为广大人民服务，才是正道。

从科学的角度来看，酸、甜、苦、辣、咸等味感，是没有情感意义的。但经过艺术的调和成为形形色色的美味（复合味）之后，则与人的生活意味产生了种种不可割舍的联系。美味的功能，除了能满足人的口腹之欲以外，更有着丰富的情趣和深刻的内涵。人们平常所说的味外之味，就阐明了这个道理，而菜肴调味艺术之妙也正在于此。唐朝的司空图在《与李生论诗书》中，有一段言诗与辨味关系的妙论，颇有见地。他说："愚以为辨于味，而后可言诗也。"为什么呢？他说："凡足资于适口者，若醯，非不酸也，止于酸而已；若鹾，非不咸也，止于咸而已。中华之人所以充饥而遽辍者，知其咸酸之外，醇美者有所乏耳。"[2]这可以说是菜肴调味艺术的真谛。这种境界已非为了"娱肠"，而是一种审美要求，它能给人们带来艺术的享受，从而增加人生的情趣。

食品菜肴的制作，从现象看，不过是把生食物加热烹调成熟食品而已。但因为有菜肴调味的作用，使烹饪发展成为一种艺术。鲁菜中的"糖醋鲤鱼"仅以口味而言，具有酸、甜并美的特征，食之了然于口，毫无掩饰之态，令人品之即知，难以忘怀。而河南菜中的"熘鲤鱼焙面"，则融酸、甜、咸、鲜为一肴，品之令人觉得隽永悠长，较之"糖醋鲤鱼"的味感，显得更加丰富，多了些含蓄朦胧之感。两肴虽同是鲤鱼所做，但感觉上却大异其趣，各得其妙，其关键就在于采用了不同的菜肴调味的艺术方法。诚然，菜肴由生到熟，是靠烹的作用，而美味的效果，却得益于调的运用。菜肴品格之高下与境界远近之体现，全是靠了调的进行才得以实现的。正如台湾张起钧先生在《烹调原理》一书中所云："烹而无调，只能作熟而已，充其量只能达到营养的要求，纵令发展到极点，也不过是一种工业。若想烹得口味好，能配合人生，能充实人生而成为一种艺术，那就要

---

① 钱学森. 烹饪也属于艺术范围. 中国烹饪，1987（5）.
② 陈应鸾著. 诗味论. 成都：巴蜀书社，1996年，第18页。

靠这'调'了。"①就烹调艺术的全部含义而言，这话未必全面，但却一语道破了菜肴调味艺术在烹饪中的核心地位。

中国有句古话，叫做"五味调和百味香"，就深刻地揭示出了菜肴调味艺术的内涵，并把它概括上升为一种艺术境界了。至于唐代段成式的"无物不堪食，唯在火候，善均五味"，②似乎有点登峰造极了。"五味调和"的核心，是一个"和"字。"味"之"和"，才能香之远，才能美之久，才能醇之妙。因此，"和"是菜肴调味艺术通过菜肴调味手段所表现的最高境界。只有准确把握"和"的程度，才能深谙菜肴调味艺术之三昧，才能称得上菜肴调味艺术大师。所以说，"调"只是制成美味的方法和手段，而"和"则是在菜肴调味技术的运用中所要达到的味觉艺术的审美标准。

调和得宜的美味，之所以能够称之为菜肴调味艺术，还因为它能超越人的生理需求层次，而上升为精神与意识的追求。晋人潘尼在《钓赋》中说："五味即和，余气芳芬，和神安体，易思难忘。"③对于那些多年漂泊在异国他乡的游子而言，如果在阔别几十年后重返故土，手捧一碗热气腾腾的"羊肉泡馍"，就会像见到亲人一样的激动不已。表面上看，这似乎与烹调艺术无关。其实，美味的食品，往往在人生的阅历中具有永久性的魅力，这实际上就是菜肴调味艺术的外延。一般来说，五味不论调和得如何美妙，也塑造不出具体的艺术形象来。然而，它却与音乐有相似之处，具有艺术的抽象性特征。音乐如果不置于一定的环境氛围中，用一定的器乐去表现，也不会产生扣人心弦的艺术效果。味觉艺术也有类似的特点，比如是一桌仿唐宴，只有置身于古色古香的仿唐式宴会厅内，服务人员身着唐装为客人服务，在这样的氛围中品尝仿唐菜肴，才能令人浮想联翩，从中感受那遥远古老的生活情趣。当然，欣赏音乐需要有一定的艺术修养和审美水准。欣赏（品味）菜肴调味艺术也是如此。可以说，音乐盲和味觉迟钝者都不具备艺术欣赏的条件。这是因为美味食品的内涵往往与人生的滋味是密切相关联的。国画大师李燕在其《饮食美门外谈》一文中说，其父李苦禅所题"莲蓬图"有诗云："昔日西湖剥莲子，至今留得指头香。"莲子之香果真可以留指三十年吗？没有人信，其实是留在精神的记忆中了，也就是美味的艺术升华。著名诗人臧克家在《家乡菜味香》一文中说："我每次想到藤蒿熬加吉鱼（诗人家乡的名菜），就想起了古人莼鲈之思的故事。"这就是味觉艺术的魅力所在。诗人在文章的最后，更是意犹未尽地写道："写到家乡的菜，心里另有一种滋味，我的

① 张起钧著. 烹调原理. 北京：中国商业出版社，1985年，第77页。

② 唐·段成式撰. 酉阳杂俎. 北京：中华书局，1981年，第72页。

③ 熊四智主编. 中国饮食诗文大典. 青岛：青岛出版社，1995年，第112页。

中国菜肴文化史

心又回到了故乡，回到了自己的青少年时代。"①如果诗人不是写，而是当真品尝到家乡菜，其感受又会如何呢，诗人没说，但却是可想而知的。由此看来，菜肴调味艺术虽然不能塑造生动的艺术形象，但品尝美味的食品时，却能创造一种人生的情绪或情感的氛围，使人将人生的感受与食品之味融为一体，这应该说是菜肴调味艺术的较高境界了。

五

　　中国人创造了世界上最"好吃"的菜肴，这是有口皆碑的。但美味的中国菜，无论是古代的，还是现今的，其菜肴的创造者与制作者都是广大的平民百姓，普通的劳动人民，包括中华各民族的人民。正是历代无数的劳动人民为我们创造了今天举世闻名的中国菜，也给我们创造出了一份今天无法用价值去衡量的珍贵的文化遗产。

　　然而，在《中国菜肴文化史》的撰写过程中，有一个问题一直压抑在作者的心底，甚至无法使人保持那份应有的平衡状态。这就是历来享受中国菜肴的不是菜肴的创造与制作者——劳动人民自己，而恰恰是那些统治、压迫，甚至是迫害他们的少数贵族阶层。也就是说，无数劳动人民用自己的智慧与心血创造出来的劳动成果，完全是为统治者、剥削者和有钱阶层服务的。他们在创造与制作美味佳肴的同时，往往是自己还在忍饥挨饿，过着饥寒交迫的生活。正如唐代大诗人杜甫在诗中所说的那样"朱门酒肉臭，路有冻死骨"。这应该是对中国古代劳动人民真实的写照。

　　尽管在《中国菜肴文化史》一书中，对中国历代的菜肴进行了记述与赞美，甚至出于对编写内容的需要，仍然要借助历代统治者抑或是达官显贵阶层人物的饮食经验来充实历史资料，包括褒扬之辞，而没有在书中直接对菜肴的创造者与制作者进行赞美，这完全是出于《中国菜肴文化史》的撰写需要。

　　实际上，对中国菜肴历史文化的总结与赞美，就是对历代中国广大的劳动人民聪明才智与辛勤劳动的赞美。

---

① 臧克家. 家乡菜味香. 中国烹饪，1984（9）。

第一章

生食火燔的史前食馔

当我们今天面对着一桌桌的美味佳肴的时候，你是否会想到如下的问题：在那荒凉远古的年代里，我们的祖先是如何得到食物并维持生存的？他们又是怎样的一种饮食生活状态？他们是从什么时候开始有了食肴的加工技术的？等等。这一系列的问题是研究包括菜肴文化史在内的中国饮食文化史的重要组成部分。

那么，就让我们随着时光的上溯，走进远古的年代，去了解中国远古人类的食肴情况。

第一节　生吞活剥的食肴时期

众所周知，在人类还没有学会用火的年代里，人类的食肴只能是生食。这种生食的食物能否算作"菜肴"尚需要探讨。因为，按照菜肴的含义，它至少要满足两个基本条件：一是非主食的食物；二是不论是生食、熟食的必须是要经过人为加工的食物。

然而，在那个荒野、蒙昧未开的年代里，人类不仅没有主副食的区别，就连获得食物的机会都是有限的，不过是见到什么可以吃的东西就食用什么，也谈不上加工的问题。虽然如此，但人类生食的年代，仍然是我们菜肴文化研究的源头。

一、"饥来驱我去"的年代

饮食是维持人类生命的根本保证，人的生命不可一日无食。人类必须按时或不按时地进食，以保证摄取起码的营养素与热量，用以维持自己的生命和体力。所以，中国自古以来就有"民以食为天"的至理名言，充分揭示了饮食与人类生存的关系。《汉书·食货志》中就明确地说："饥之于食，不待甘旨，饥寒至身，不顾廉耻。人情，一日不再食则饥，终岁不制衣则寒。"[①]说的就是这个道理。所以，在人类的远古年代，饥饿是人类死亡的首要因素。《汉书·郦食其》则是站在更高的文化层面一针见血地说："王者以民为天，民以食为天。"[②]其他史籍

---

① 汉·班固撰，宋·颜师古注. 汉书·食货志. 北京：中华书局，1997年，第1131页。
② 汉·班固撰，宋·颜师古注. 汉书·郦食其. 北京：中华书局，1997年，第2108页。

中也多有类似的陈述。如《淮南子·术训》说："食者，万物之始，人事所本者也。"宋人陈直在《养老奉亲书》中更是明确地说："食者生民之天，活人之本也。"所以，可以这样认为，人类的历史在某种意义上说是从饮食开始的。

我国著名的田园诗人陶渊明有《乞食》诗一首，诗中有"饥来驱我去，不知竟何之"的句子，描写的是一个人在饥饿状态下的表现。而"饥来驱我去"正可以用来对原始人类食物需求活动的描述，这是人类生存本能使然。《白虎通义·号》中记载这一时期人类的饮食生活时也说："饥即求食，饱即弃余，茹毛饮血，而衣皮革。"[1]感觉饥饿的时候，就去寻找食物，如果吃饱了，而食物还有剩余，也不知道储存，就随便丢弃了，完全处于一种"自然王国"的生活环境之中，因而也就谈不上什么食物加工的问题，也就没有严格意义上的"菜肴"可言。充其量可以说是"菜肴"之滥觞。

如果，我们把人类这种早期的"饥来驱我去"所需求的食物，也看成是原始的"菜肴"的话，那么这个时期的"菜单"也算是丰富多彩的。

二、人类最早的食肴——采集

采集，是早期人类为维持生命需求获取食物资源的重要方法之一，在旧石器时代有着举足轻重的生命作用与意义。因为，采集的对象来源广泛，而且一年四季几乎都有，种类繁多、果实丰富，甚至在更早的时候连基本的工具都不需要。《庄子·盗跖》在记录原始人类巢居生活的情景时说："古者禽兽多而人少，于是民皆群居以避之，昼拾橡栗，暮栖木上，故名曰有巢氏之民。"[2]《韩非子·五蠹》也说："古者丈夫不耕，草木之实足食也。"[3]《淮南子·修务篇》则云："古者，民茹草饮水，取树木之实。"[4]这些记述，应该说比较真实地反映了早期人类食肴的来源与种类。

这种"自然王国"状态的饮食生活方式，至今在我国某些地区的民间仍有反映。例如在西藏一些地区的民间，就有"山里有什么，我们就吃什么，地里长多少，我们就吃多少"[5]的民谣。这种不事耕种，而完全依赖于自然环境生长的情况所得，颇有古人"食草木之实"的原始遗迹。

从植物的生长情况来看，每个季节都有特定的采集对象，这些采集的对象可

---

① 清·陈立撰. 白虎通义疏证. 北京：中华书局，1994年，第78页。
② 陶文台等. 先秦烹饪史料选注. 北京：中国商业出版社，1986年，第197页。
③ 陶文台等. 先秦烹饪史料选注. 北京：中国商业出版社，1986年，第163页。
④ 吕不韦、刘安等著. 吕氏春秋·淮南子. 长沙：岳麓出版社，2006年，第423页。
⑤ 徐海荣主编. 中国饮食文化史·卷一. 北京：华夏出版社，1999年，第140页。

以说是人类最早的食单。北京人遗址发现有朴树子，这是发现最早的采集食品。民族学告诉我们，春夏两季除采集植物叶、嫩芽外，也采集花朵，主要有蕨菜、黄花、灰菜、苋菜、山白菜、米叶菜、柳蒿菜、枪头菜、兰花菜、杜鹃花、一杏条、野慧、野蒜、水芹菜、青苔，各种菌类，火草、草乌、野麻等。秋冬则采集果实、挖掘块根，主要有竹笋、野芋头、野薯、面水等。[①]我国的拉祜族至今还常常从山林里挖出数量可观的野薯，台湾高山族也以挖野芋薯充饥。野果实也有不少的种类，水果有山丁子、野李子、山里红、山樱桃、野葡萄、野梨、蓝莓、野柿子、牙格达、草莓、野香蕉、野柑、猪油果、青刺果、油瓜、木江果，椰子、野橄榄。干果也不少，有榛子、橡子、松子、核桃等。浙江余姚河姆渡、水田畈等遗址出土的橡子、酸枣、毛核桃、菌类和藻类，就是当时的采集食单。[②]

采集品中水生植物也不少。在余姚河姆渡、嘉兴马家浜、吴江草鞋山、吴兴钱山漾和邱城良渚文化遗址都出土二角菱，这是野生植物，属菱科，水生，在我国广为分布。在余姚河姆渡、海安青墩遗址还出土有芡实，在郑州大河村遗址的个别陶罐里还有保存下来的莲子等食物。[③]

三、鸟兽之肉生而食之——狩猎

虽然早期的人类是习惯栖居于树木之上的族群，并以采集天然的果实，如植物的籽实、嫩叶、幼芽、根茎等为主要食物，但也并不排除采集或捕食小型的动物及其附属品，如鸟蛋、雏鸟、昆虫、茧蛹等为食，这些可以说是早期人类的动物食肴。

随着人类的进步与发展，人们有了制造简单工具的技能，便开始了动物的狩猎活动，并且出现教人们狩猎的领袖人物——庖牺氏。《尸子》曰："庖牺氏之世，天下多兽，故教民以猎。"通过猎捕活动获得了许多动物的肉体，用以补充采集所得的食物不足的问题。由于此时的人类尚不懂得用火，所以，对狩猎来的动物肉体只能是生而食之。对此，史料中也多有记述。如《礼记·礼运》："昔者……，未有火化，食草木之实，鸟兽之肉，饮其血，茹其毛……。"[④]《韩非子·五蠹》也说："上古之世，人民少而禽兽多，人民不胜禽兽蛇虫，……民食果蓏蚌蛤，腥臊恶臭，而伤害腹胃，民多疾病。"[⑤]捕获来动物，因为没有火烧熟食，

---

① 徐海荣主编. 中国饮食文化史·卷一. 北京：华夏出版社，1999年，第141页。
② 徐海荣主编. 中国饮食文化史·卷一. 北京：华夏出版社，1999年，第141页。
③ 徐海荣主编. 中国饮食文化史·卷一. 北京：华夏出版社，1999年，第142页。
④ 陈澔注. 礼记集说.（影印本）. 上海：上海古籍出版社，1987年，第122页。
⑤ 陶文台等. 先秦烹饪史料选注. 北京：中国商业出版社，1986年，第173页。

差不多就像我们今天从动物园里看到的老虎吃肉的场景，生吞活剥、茹毛饮血。

根据民俗学与历史考古学的研究表明，这一时期的动物食肴种类主要有如下两类。

一类是小型的动物，是以捕获、采集为主的。常见的有禽蛋、昆虫，还有水域的螺蛳、小鱼、虾、蛙、螃蟹、蜗牛、蝌蚪等。在广东沿海岛屿、海南岛海边和昌化江畔，以及香港丫岛深湾、珠海洪澳岛东澳湾、中山市兰田、张家边等新石器时代遗址，采集品中的动物很多。捕获、采集动物性食物是一件很不容易的事情，以找野鸡来说，必须掌握野鸡的生活习性，何时产蛋，在哪里产蛋。等掌握了这些情况之后，人们就在野鸡的产卵期，到草甸里去寻找鸡窝，而获得野鸡的蛋。至于像捉拿野蜂和采蜜的工作就是更加艰巨的采集工作了。总之，采集动物的食肴是一件很费时而且复杂的事情，但这却是人类获得动物食肴的早期情形。

第二类是人类利用工具对大型的动物进行狩猎。狩猎时代的动物肉类是多种多样的，可以说是食肴繁多。据考古学家研究成果表明，北京猿人猎取的动物主要有肿骨鹿、梅花鹿、野马、野羊、虎、豹、熊、狼等。其他地区的研究成果证明，我国早期人类狩猎的动物品种还有更多，如猎豹、剑齿象、毛冠鹿、巨貘、野猪、三门马、野牛、四不像、獐、貉、野兔、野猫、獾、鼠、猕猴等。[1]

在旧石器时期，由于人们制造工具的水平还处于落后的状态，所以要想猎获到大型的动物，在当时还是一件非常不容易的事，不仅是众人一起围捕，而且还常常被动物所伤害。因此，在猎获的动物中还是以小型的为多。

四、石器时期食肴加工情况

在以生食为主的石器时期，人类是否有了对食物加工的意识，或者说这种意识产生的时间，我们很难做出较为准确的判断。但有一点是能够证明的，在遥远的石期时代，人们对用于狩猎、捕鱼、农事等工具的发明制作有了很大的进步，并且还在不断地对这些工具进行改进和提高，尽管这种改进的速度是相当缓慢的。如原始人类知道用棱形的石块打制成为细长的石片，再在边缘上加工而成为尖锐的石刀、石剑、石斧，以及有刃的石锤、双刃带尖的投掷器具等，从而学会了剥取有纤维质的树皮，并利用草茎类植物编结成绳索，甚至用于网罟的制作，成为最早的捕鱼用具。[2]

① 徐海荣主编. 中国饮食文化史.（一）. 北京：华夏出版社，1999年，第146页。
② 徐海荣主编. 中国饮食文化史.（一）. 北京：华夏出版社，1999年，第167页。

同样的情形，当人们的手中有了尖锐的石刀、石剑、石斧之类的利器时，就会把猎获来的野兽肉体分割开来，使众人分而食之。而且，被加工成小块的肉，人们吃起来也比把整只的动物肉体用牙齿撕咬容易得多。因此，尽管人们此时仍旧处于"茹其毛，饮其血"的年代，但生的食物毕竟有了最为简单的加工技术。尤其是人类进入新石器时代以后，人们进一步掌握了磨制石器的方法，已经能够制造出磨光的、型制比较准确的、刃口也比较锋利的、适用于各种目的的石头工具，其中也包括用于专门切割的石刀、石斧之类。除了石器之外，动物的骨、角、牙等，以及树木的枝干等也经过打磨、切削等加工形式，使之成为各种各样的工具。其中那些后来加工成带有把柄的石刀、石斧，无论是它们的形状还是功能都与后世的金属刀具是一脉相承的，其切削分割的功能是显而易见的。

当人类有了如此锋利的刀具的时候，最为原始的食肴的切割技术应该已经具备了。

第二节　烧烤肉食的原始菜肴烹饪

人类的熟食是从用火开始的，从而也揭开了人类饮食文明的新篇章。

考古学与历史学研究表明，人类的用火是经历了一个从"自然王国"到"自由王国"的漫长过程的，在这个过程中人们逐渐地从开始对火的恐惧、陌生，发展到对火的认识、熟悉、依赖，以至于发展到人类使用火与掌握制造火种方法的自主过程。

有了火，无论是天然的火还是人类自己制造的火，就可以在火上把生的动物肉体或者是块茎植物直接烧熟，甚至是烤熟。因此，烧烤可以说是人类用来加工熟的食肴最原始的烹饪方法。不过，即使烧烤这样在今天看来非常简单的熟制方法，人们在初期也是经历了一个漫长的认识与掌握过程的。

一、自然火烧制食肴的发现

熟食的开始大概也是经历了这样的一个复杂过程的：起初，山林被自然的雷电击中而引起了漫天的大火，由于温度的灼热与气浪的冲击，人们便在大火面前迅速逃离，当然有动作缓慢的同伙被大火烧死，于是人们对火便生产了恐惧感。

但一场大雨过后，大火被完全熄灭，没有了灼热的威胁，人们于是怀着好奇的心情，在被大火烧过的焦土上寻觅，偶尔发现了其他野兽或同伙被烧得焦熟的肉体，甚至可能还散发着肉的香气。于是就采集起来食用，结果发现，这烧得外表焦煳的肉体，吃起来却要比生的肉体味道好得多。尤其是获得这些美味的熟食品几乎是不用付出任何体力代价的。

从此，人们每当遇到有天然大火燃烧的时候，就在周围等待大火的熄灭，以便到燃烧的灰烬中寻找熟的食物。开始的时候是把这些一时间吃不完的熟肉体采集到山洞里储藏起来，慢慢食用，但食用完了之后，又要去猎取新的食物，还要继续他们的生食生活。再一次大火的结果，又会给人们带来熟的食物。原始人类就是在这样漫长的反复的实践中，逐渐地意识到了火可以把食物烧熟的作用，而且烧熟的食物，特别是动物的肉体比生的更容易食用，味道也比生食好。这大约是人类最早熟制"菜肴"的开始，尽管这种熟食肴的加工不是人类有意识的行为，但却是有意识熟食的开始。

可能在发现熟食味美的同时，火的照明、取暖、驱逐野兽等功能也被逐步得到了认识。人们开始有意识地保存火种，把大火之后未熄灭的余火弄到山洞里，采集树木枝条，使火种得以继续燃烧，不仅黑暗的山洞在寒冷的秋冬季充满了温暖与光明，而且还可以把猎获来的野兽放到火上烧得焦熟食用，人类开始了用火的时代。

二、燧火熟食的开始

然而，一场大雨过后，连山洞里也可能进了雨水，所有被有意识保存起来的火种被洪水淹没了，人们不得不又重新过着生吞活剥的生活。于是，人们产生了对火的向往，其实这也是人类对光明与熟食的向往。

随着人们对火的认识越来越深刻，对天然火种的保存技术也在不断提高，断火的情形慢慢不再发生。但由于早期的原始人类是居无定处的，尤其是随着狩猎、捕鱼的发展，人们总是要沿着江河流域移动，到处迁徙，用火的范围也在逐渐扩大，但人们此时已经离不开熟食了。在长期的移动、迁徙中保存、传递或寻找天然的火种，无论如何都不是一件容易的事情。因此，人们产生了自己发明取火的方法，这可以说是人类发明人工取火的原始动力。

关于人工取火的发明过程和时间，虽然我们今天无法得知其详细的情况，但史料的零星记录，以及我国民间的传说都足以证明火的发明和使用对于人类自己发展的重要意义。

在我国，人工取火的方法有两种：一种是"钻木取火"；另一种是"钻燧取火"。《韩非子·五蠹》上说："上古之世，人民少而禽兽多，人民不胜禽兽蛇虫，……民食果蓏蚌蛤，腥臊恶臭，而伤害腹胃，民多疾病。有圣人作，钻燧取火，以化腥臊，而民说（悦）之，使王天下，号之曰燧人氏。"[1]这说的是人们钻燧取火的史事。《太平御览》卷七十八引《王子年拾遗记》："燧明国有大树名燧，有鸟啄树，粲然火出。"虽然描写的是鸟的啄火，但也是"钻燧取火"的道理。燧，即燧石，是一种含有磷火的石头，用一块铁矿石击打就能产生火花。在我国，"钻木取火"的记录是非常多的，《艺文类聚》说："礼纬含文嘉曰，燧人氏始钻木取火，炮生为熟，令人无腹疾，有异于禽兽。"[2]《礼记·礼运》："昔者……，未有火化，食草木之实，鸟兽之肉，饮其血，茹其毛……后圣有作，然后修火之利……以炮以享以炙。"[3]《尸子·君治》："燧人上观辰星，下察五木，以为火也。"[4]说的都是"钻木取火"的史事。据历史学与民俗学研究表明，古代人类"钻木取火"是最有可能的取火方法，所以《庄子·外物篇》中说："木与木相摩则然。"

三、原始菜肴烹饪

究竟人类最早是用什么样的方法取得火种的，对于本书来说不是探究的目的，而重要的是人类有了火，尤其是能够自己自由地在任何时候、任何地方得到火种。有了长期用火的保障，人类便开始了最早的熟食肴的加工，如《礼纬·含文嘉》中的"炮生为熟"，《礼记·礼运》："以炮以烹以炙。"烧、炙、烤、炮、烹这些都是最早的烹制菜肴的方法，或者说是熟制食肴的烹饪技法，也是最为原始的烹饪方法。

人类无论是在利用天然火，还是运用自己所造的火，对于熟食的追求是已经不能停止了，并在运用"炮生为熟"的过程中，逐渐创造出了许多最原始的烹饪食肴的方法。

1. 烧制的食肴

烧制食肴就是把猎获的野兽肉体或其他大型食物扔到火堆里任其烧熟的过程。这是人类运用的最早的熟制方法。

从严格的意义上说，最早期烧制的食肴不是人类的有意所为，是人类的发现，这也是人类熟食的肇始。烧制熟食作为最原始、最古老的烹饪方法，在人类

---

① 陶文台等. 先秦烹饪史料选注. 北京：中国商业出版社，1986年，第174页。
② 唐·欧阳询撰，汪绍楹校. 艺文类聚（影印本）. 上海：上海古籍出版社，1982年，第1239页。
③ 陈澔注. 礼记集说（影印本）. 上海：上海古籍出版社，1987年，第122页。
④ 战国·尸佼著，清·汪继培辑，朱海雷撰. 尸子. 上海：上海古籍出版社，2006年。

早期的熟食历史上应该是延续了很长的时间的。烧过的食肴由于外表焦黑，烧的程度又难以准确把握，具有容易烧过或烧不熟的情形发生，烧过了的肉体或肉块就会焦煳干枯，味道不美。而烧的时间短了就会出现外焦煳内不熟的现象，也是不好吃的。

于是，人们就在烧的基础上寻找比烧更为优良的熟制方法。

2. 炙制的食肴

炙，是把动物的肉架起来放在火焰上烧烤的方法。

炙，按照一般的解释是"烤"。按照汉代许慎《说文解字》的解释是："炙，炮肉也，从肉在火上，凡炙之属皆从炙。"[1]这种解释有一定的道理，但感觉不完全正确。炙，把肉放在火焰上是对的，但与"炮"不完全是一回事。结合中国文字的造字原则，并按照烹饪的专业理解，炙既不是"炮"，也不是"烤"，而是把动物的肉架起来放在火焰上烧燎的方法，不是放在火堆中，也不是在火焰的外边，而是直接在火焰上或者说是在火焰中的烧燎方法。《诗经·瓠叶》传曰："炕火曰炙。谓以物贯之而举于火上以炙之。"[2]这种解释应该是比较正确的。其理由有二：一如果炙法便是"炮"，较之稍晚后的"脍炙"是不可能的，把切成丝缕的肉如何包裹起来放火上烧；二是《尚书·秦誓》有"焚炙忠良"，《尚书注疏》解释说："焚炙具烧也。"[3]也是指在火中烧燎的意思，不是离开火焰的烤，也不是用其他物料包裹起来烧。

炙制的肉食能够用眼睛通过观察肉块的变化来控制烧制的时间，也可以不断转动肉的角度，以准确把握肉的成熟程度。由于炙仍然是与火焰的直接接触，也是容易炙得焦黑的，有时还可能因为架肉的木棍烧断而把肉掉到火堆的灰烬中去，与烧也就近似了。但从某种意义上看，炙法制作的菜肴明显比烧制的菜肴有了很大的进步。

显然，原始的人类还在追求更加完美的烹饪方法。

3. 烤制的食肴

烤，是把食物架起来放在火焰的外侧，利用火焰散发的辐射热把食物加热成熟的方法。

这显然是原始人类在不断总结烧与炙方法的基础之上的又一进步。因为，肉块离开了火焰的直接烧燎，一肉块不会被烧黑；二支架也不会被火烧断；三更容易控制火力的运用；四翻转角度更方便，等等。

① 汉·许慎撰. 说文解字（影印本）. 北京：中华书局，1983年，第212页下。
② 朱熹注. 诗经集传（影印本）. 北京：中华书局，1987年，第117页。
③ 唐·孔颖达疏. 尚书注疏（《唐宋注疏十三经一》）影印. 北京：中华书局，1998年，第203页下。

毫无疑义，烤制的食肴是比烧、炙更有进步意义的食肴制作方法。

4. 炮制的食肴

炮，是用其他物料把食物包裹起来烧的方法。

也许是在某一次的炙肉过程中，不小心把肉块掉进了软烂的黄泥浆中，迫于食物的短缺不舍得把它扔掉，就把粘满了黄泥浆的肉块捡起来直接放到了火堆里烧，等到黄泥浆被烧结成硬壳之后，取出来用力摔破外壳，结果是香味四溢，而且发现熟的程度也非常好，又没有了外表焦煳发黑的现象。正是这一偶然的发现，使人类开始掌握了一种新的食肴制作的方法——炮。

《礼记·内则》注曰："炮者，以塗烧之为名也。"所谓"塗烧"就是在食物的外层涂抹上一层稀软的物料再放火里烧的意思。《礼记·礼运》的注释说的就更清楚了。云："炮，裹烧之也。"这就非常明了了。

对于"炮"，也有不同的解释，但其本意都是一样的。《说文》曰："炮，毛炙肉也。从火，包声。"段玉裁注释说："炮，毛炙肉也。炙肉者，贯之加于火上。毛炙肉，谓肉不去毛炙之也。"意思是把带着皮毛的野兽不用去皮毛，直接放到火上烧熟，这里的皮毛也起到了包裹肉的效果。

笔者以为，从"毛炙肉"到"裹烧之也"的意思虽然相同，但其本质的意义是有区别的。"毛炙肉"带有更为原始的成分在里边，这是早期的"炮"。而"裹烧之也"，是一种更加进步的"炮"，这其中有了人为智慧的创造与发明。而这种"裹而烧之"的烹饪方法至今仍在我国的烹饪行业内广为流行。

5. 烹制的食肴

烹，古人也写作亨、享，从菜肴制作技术的角度看，应该是一种古老的煮法。《释名》说："煮之于镬曰烹，若烹禽兽之肉也。"如果按此解释，烹的起源历史就是在较晚的炊具发明使用之后了。但这仅仅是一种说法而已。

关于烹制的食肴，将在下文进行解释。

四、食肴文明

通过对原始食肴，也就是广义上的菜肴烹饪方法的叙述与总结，可以看出，原始人类在漫长的岁月中，是经过了一个由生食到熟食发现、再由熟食的发现到熟制方法发明创造的渐进过程。正是在经历了这样的一个发展过程后，人类由"生吞活剥"进入到了熟食肴馔的文明时期。这就是《礼·含文嘉》中所云："燧人氏始钻木取火，炮生为熟，令人无腹疾，有异于禽兽。"[1]由于熟食，人类摆脱

---

[1] 宋·李昉等撰，王仁湘注释. 太平御览·饮食部. 北京：中国商业出版社，1993年，第297页。

了野蛮蒙昧的年代，创造了原始的熟食生活，知道了避免疾病的方法，开始了人类文明进程的脚步。所以，《礼记·礼运》曰："夫礼之初，始于饮食。"[1]也说明了熟食肴馔对人类文明发展的重要意义所在。

"夫礼之初，始于饮食"作为一个历史文化的命题可能有失偏颇，但还是有一定的道理的。一般认为，人类最早的礼节仪式应该是在人类原始的祭天地祀先祖的活动中诞生的。然而人类学研究结果表明，在这些祭祀活动中，虽然有一些活动是为了驱逐病魔、追悼亡魂等而进行的，但其中更多祭祀活动的目的主要是为了祈求获得更加丰裕的食物，还是与饮食有关系。无论是在祭祀活动中产生的礼节仪式，还是在人们获得了丰富的食物时进行的载歌载舞庆祝活动中的礼节仪式，其主要的背景都与饮食不无关系。

当人类进入熟食以后，由于火在熟食中的中心作用，人们开始有了以火塘为中心的相对稳定的饮食生活方式，当食物加工熟了之后，有血缘关系的人们都围着火塘（包括熟食）而坐享受美食，并在食物的分配中与享受食物的先后顺序上逐渐形成了由尊到卑、由长及幼、由近及远的等级制度与礼仪规定，这些礼仪文明的行为是在原有饮食礼仪行为上的不断完善与发展。可以说，熟食使人类的文明程度发生了飞跃式的进步与发展。

第三节　农业文明的曙光

中国自古以来就是一个农业为主、农业立国的社会。然而，在远古的农业文明之前，是经历了一个以动物肉食为主要食物来源的时期的，也就是历史上所说的渔猎时代。《尸子》说："燧人氏之世，天下多水，故教民以渔。"[2]考古成果也证明了这一时期用于捕鱼的工具是非常发达的。正是因为水产食品的异味太浓重，需要用火熟食，这应是促进早期人类用火熟食的原因之一。正如《韩非子·五蠹》所谓："上古之时，……民食果蓏蚌蛤，腥臊恶臭而伤腹胃。"[3]的情况。燧人氏之后，又有庖牺氏。《尸子》："庖牺氏之世，天下多兽，故教民以猎。"[4]《帝王世

---

① 陈澔注. 礼记集说（影印本）. 上海：上海古籍出版社，1987年，第122页。
② 战国·尸佼著，清·汪继培辑，朱海雷撰. 尸子. 上海：上海古籍出版社，2006年。
③ 陶文台等. 先秦烹饪史料选注. 北京：中国商业出版社，1986年，第173页。
④ 战国·尸佼著，清·汪继培辑，朱海雷撰. 尸子. 上海：上海古籍出版社，2006年。

纪》也说："取牺牲以供庖厨，食天下，故号曰庖牺氏。"

然而，随着人类的不断增多，人们仅仅靠渔猎所获得的食物不足以使天下所有人活命。于是，古老的华夏民族开始了原始的农业生产。

一、从"食草木之实"到五谷农作之食

《礼记·礼运》："昔者……，未有火化，食草木之实，……。"[①]这里的草木之实，虽然是植物果实，其中自然也包括后世的"五谷"。但这些"草木之实"是人们采集得来的，与农作不是一回事。真正的农业耕种是从历史传说中的"神农氏"开始的。对此，古代典籍中多有所载。

《白虎通·号》："古之人民皆食禽兽肉，至于神农，人民众多，禽兽不足，于是神农因天之时，分地之制，制耒耜，教民农作，神而化之，使民宜之，故谓之神农氏。"[②]从事农业种植生产，是需要一定的农具的，据载也是神农教给人们的。《易·系辞》说："神农氏作，斫木为耜，揉木为耒，耒耜之利，以教天下。"[③]《逸周书》也有类似的记载："神农……，作陶冶斧斤，破木为耜、锄、耒，以垦草莽，然后五谷兴，以助果蓏之实。"历史学家认为，我国古代文献根据传说记载的神农氏的出现，大体上相当于我国的仰韶文化时期。

西安半坡文化遗址和姜寨文化遗址，是我国典型的仰韶文化时期，在这两处的文化遗址中发现了大量的劳动工具，其中有用于渔猎的箭头、矛头、鱼钩、鱼叉等，也有用于农业耕种的斧、锄、铲、锛等。这说明了仰韶人除了从事渔猎和采集以获得食物外，已经开始从事农耕生产了。

毫无疑问，农耕的发明经历了一个很长的过程。由于仰韶时期的人们所生活的黄河流域，是一个土地肥沃、雨水丰沛的环境。开始是人们无意间把采集的植物种子掉到了地上，没有想到过了一段时间竟长出了芽，并且最终成长为长满种子的植物，于是随手便可以采集到。人们在多次反复地见到这种情形后，逐渐地懂得了"种植"的意义，开始了主动意义上的播种与收获。就是这样，人们又经过了无数次的反复实验，终于摸索并积累了栽培农作物的以获得食物的方法，人们农耕的时代从此开始了。

由于中国南北的气候差别较大，农业耕作在中国一开始就形成了南北两个不同的类型，不论谷物品种或栽培方式都存在一定的差别，这都是地理自然条件所

---

① 陈澔注. 礼记集说（影印本）. 上海：上海古籍出版社，1987年，第122页。

② 唐·孔颖达疏. 周易注疏（《唐宋注疏十三经一》）影印. 北京：中华书局，1998年，第114页上。

③ 清·陈立撰. 白虎通义疏证. 北京：中华书局，1994年，第78页。

决定的。南方以稻谷为主要农作物，也就是大米。而在黄河流域广大干旱地区，尤其是在黄土高原地带，气候干燥，适宜旱作，占首要地位的粮食作物是粟，俗称小米。在我国北方地区与粟有着同样悠久的栽培历史的作物还有黍，俗称黄米。由于它的黏性较强，产量又较低，比起小米来，它的种植范围则要小得多，用于煮食、蒸食也不如小米可口，至今民间多用于煮粥和酿酒。后世北方广泛种植的大麦和小麦，在史前时期尚未有形成大面积的种植。因此，对于北方面食历史的形成还是以后的事情。

在我国的南方，特别是江南地区，由于气候温暖湿润，雨量充沛。河湖密布，大面积种植的谷物则是水稻，今天从出土的物证资料中已经得到了可靠的证实。较早的栽培稻实物出土于江浙地区的河姆渡和马家浜文化遗址，距今约为7000年。在河姆渡遗址一些炊器的底部，还保留着大米饭的焦结层，有的饭粒还相当完整。据研究表明，那时的水稻已区分为粳、籼两个品类，表明水稻的种植驯化在此之前很久就完成了。

所以，史前中国南北方的粮食作物虽有不同，但基本上都是"粒食文明"。因此，史料中的"石上燔谷"是华夏民族共同的饮食文明创造，并由此确定了谷物食品作为"主食"的地位。主食的早早确定，为后来以副食原料为主加工的菜肴体系创造了先决条件。这应该是中国菜肴制作技术发达与饮食文明繁荣的历史因素。

总之，中国先民在发明了人工造火以后，又实现了家畜驯养和作物栽培，这些都足以显示出饮食在此时，对于华夏民族来说已经不是动物的本能了。而是人类文明进步的表现，是人类的伟大创举，以至于发展到后来的无穷无尽的创造力。一方面展示出了中国先民在与大自然斗争过程中的无限聪明才智，并把中国包括菜肴制作在内的饮食文化发展成为人类文明进步的标志之一。

二、驯化家畜养为肴

我国的先民们在蒙昧尚未开化的时期，主要是通过采集和渔猎来获得食物，因此各种野生动物是人们这一时期重要的食物来源。然而，人们在长期的猎取野兽中，有时会捕捉到一些受了轻伤而尚未丧命的小动物，甚至有的根本没有受伤，人们就会很自然地先把那些已经死了的猎物食用掉，把活着的动物则暂时存放几天，并且随着储存的动物在后来日益增加，为了让它们存活，还可能故意让它们在周围的草地里吃点草料，甚至后来会有意给它们喂点草料。动物的畜养和驯化就这样不知不觉地诞生了，其中一部分野生动物经过长期的畜养与驯化繁殖，逐渐演化为家畜。尤其是在进入相对稳定的农产生产以后，由于农业的发展

中国菜肴文化史

024

和狩猎技术的进步，人类开始了定居生活，为动物的驯养创造了条件。

考古成果表明，早在7000年前的磁山文化遗址中，就曾出土过猪、狗等家畜的骨骸，还可能有已经驯养了的家鸡的骨骸。在六七千年前的仰韶文化遗址中，亦可看出猪、狗在当时已成为家畜，鸡可能已成为家禽。同样在7000年前的河姆渡文化遗址中，也发现了人工养殖的猪、狗、水牛等家畜。在五六千年前的大溪文化遗址中，猪、狗已被人工大量饲养，出土中还有一定数量的鸡、牛、羊的骨架，说明它们此时也已成为广为人们饲养的家禽、家畜。而在4000～6000多年前的大汶口文化遗址中，有大量的动物殉葬品，则可以证明，此时的猪、狗、牛、鸡已成为普遍被人们饲养的家畜。

据考古学研究表明，在众多被先民驯养的家畜、家禽中，狗起源很早，是由狼驯化而来的，由于它的凶猛敏捷，驯化后成为猎人们提高狩猎效率的得力帮手。狗易于驯养，感觉灵敏，行动快速，能帮助猎人寻找和追捕野兽甚至保护猎人自己。所以，在我国许多新石器时代的文化遗址中，都有狗的遗骸出土，而且有的数量相当多。

华夏民族自古以来把猪视为动物"肉"的代表，这是有着一定的历史渊源的。事实证明，我国先民们起初饲养最普遍的家畜就是猪。虽然从考古学来说，猪的驯化饲养年代与家狗基本相同，但其数量却比狗要多得多。很多地区的新石器时代居民都有用猪随葬的习俗，由此也可以窥见，我们华夏民族喜食猪肉的传统具有多么久远的历史。

尽管在这一时期，先民们开始了原始时期的动物驯化与饲养，但野生动物的猎获仍然是动物肉的主要来源。但猪、狗等动物的驯化养殖，毕竟给人们在捕获不到猎物时有了充足的食物储备。而猪、狗为食为肴的历史也就因此被传承下来了，甚至成为中国人肉类饮食文化的特征之一。

第四节　石烹与原始烹饪技术

如前所述，人类最早期的熟食，没有什么技术性可言，不过是些最简单的加热熟制。当时一无炉灶，二无鼎釜之类，也还不知道锅碗瓢盆一类的器物，陶器尚未发明，人们还是两手空空。这时的烹饪我们称为原始烹饪，仅仅是把食物烧熟而已，方式上主要是烧、烤、炙，或者还有后来的"炮"之类。广义上中国菜肴的烹饪技术大约应该从人类的"石烹"开始。

一、石上燔肉

"石上燔肉"是石烹方法的典型代表，也就是今天人们所知道的"石板烧"。不过，原始意义上的"石烹"形式有许多种，"石板烧"仅仅是其中的一种。《礼记·礼运》有："其燔黍捭豚。"注云："燔黍，以黍米加于烧石之上燔之使熟也。捭豚，擘析豚肉加于烧石之上而熟之也。"[1]《古史考》也说："神农时民食谷，释米加烧石之上食之。"意思是说，把带壳的米和肉块放在烧得灼烫的石板上烤熟，就可以熟吃了，这是早期"石烹"的一种。云南独龙族和纳西族，至今还常在火塘上架起石块，在石板上烙饼。我国山西民间的"石子馍"是在炭火炉上加上小石子，把石子烧热后再把饼放上烧烤成熟的，都是古之"石烹"法的遗存与传承。

利用石块的传热把食物加工成熟，在中原的黄土高原还有一种绝妙的做法，是在地上挖一个深坑，注满水后把食物放里面，然后把鹅卵石放在柴火上烧灼热，投入地坑中，如此反复几次，可以把坑里的水烧沸，把食物做熟。但毫无疑问，其成熟的程度可能有问题，属于先民的半熟食加热方法。而在一些不具有黄土高原避水效果的地方，人们则把动物的毛皮铺垫在土坑上面，再注水加食物。至今在东北地区的一些少数民族民间，还保留着将烧红的石块投进盛有水和食物的皮容器内的习俗，这样不仅能把水煮沸，连水里的肉块也能烹熟，只是投放过程要反复多次才能完成。

远古的这种"石烹"的方法，按照现在烹饪方法的分类来看，应该属于"烙"和"煮"的方法。"石板烧"属于"烙"，古人称为"熬"。《说文》云："熬，干煎也，"[2]也就是说，它类似于现在干煎的方法，是最早的带有技术含量的原始烹饪方法之一。而运用石子传热把水烧沸使食物成熟的方法，就是今天的煮，也是一种具有技术性质的原始烹饪方法。

二、先民的"竹釜"煮法

在今天人们的菜肴制作中，傣族的竹筒系列颇具特色，其实今人在品食著名的"竹筒肉""竹筒鱼"一类的菜肴时，是否想到了竹还是一种古老的、带有原始意义的炊具——"竹釜"。在盛产竹子的南方，人们截上一节竹筒，装上牛

---

① 陈澔注. 礼记集说（影印本）. 上海：上海古籍出版社，1987年，第122页。
② 汉·许慎撰. 说文解字（影印本）. 北京：中华书局，1983年，第208页下。

肉、猪肉、鱼等食物，放在炭火中，同样能做出美味的菜品来，古时文人称之为"竹釜"。不过这种间接用热烧烤的方法，是人们在掌握了一定的刀具后，才能实现的。因此，竹釜出现的时间是在石烹之后的事情，但同样也属于一种历史久远的原始烹饪法。《太平御览》卷九百六十二引《孝经河图》云："少室之山，大竹堪为釜甑。"这种"大竹"，在我国的海南岛、西双版纳、广西等地都可以看到，至今当地少数民族常以竹制背水桶、蒸饭甑子、饭盆、饭盒，与文献记载相吻合。范成大《桂海虞衡志·志器》记录说："竹釜，瑶所用，截大竹筒以当铛鼎，食物热而竹不屑。"这是指以竹筒煮饭，饭熟而竹筒不烂。至今，在许多少数民族居住的旅游景区内，都有"竹筒饭"的供应，当是古之烹饪遗风。同样，也可以用竹筒盛上肉、鱼、鸡等，烧而为肴，也是别具一格的风味佳肴。

远古先民只要有了类似"石斧""石刀"之类的工具，把竹子制成"竹釜"也是比较简易的事情，以其煮饭烹肴既不会烧焦竹筒本身，而又融入了嫩竹之清香，可谓技术性的创造。因此，以竹筒煮饭烹肴应是史前时期人们的烹饪方法之一。

三、炮而为肴发明的意义

炮，是用其他物料把食物包裹起来烧的方法。

也许是在某一次的炙肉过程中，不小心把肉块掉进了软烂的黄泥浆中，迫于食物的短缺不舍得把它扔掉，就把粘满了黄泥浆的肉块捡起来直接放到了火堆里烧，等到黄泥浆被烧结成硬壳之后，取出来用力摔破外壳，结果是香味四溢，而且发现熟的程度也非常好，又没有了外表焦煳发黑的现象。正是这一偶然的发现，使人类开始掌握了一种新的食肴制作的方法——炮。

《礼记·礼运》："后圣有作，然后修火之利，……以炮以燔、以烹以炙，以为醴酪。"[1]《礼记·内则》注释"炮"说："此珍主于塗而烧之，故以炮名。"[2]所谓"塗而烧之"，就是在食物的外层涂抹上一层稀软的物料再放火里烧的意思。《礼记·礼运》的注释说的就更清楚了。云："裹而烧之曰炮。"[3]这就非常明了了。

对于"炮"，也有不同的解释，但其本意都是一样的。《说文》曰："炮，毛炙肉也。从火，包声。"段玉裁注释说："炮，毛炙肉也。炙肉者，贯之加于火上。毛炙肉，谓肉不去毛炙之也。"[4]意思是把带着皮毛的野兽不用去皮毛，直接

---

① 陈澔注. 礼记集说（影印本）. 上海：上海古籍出版社，1987年，第122页。
② 陈澔注. 礼记集说（影印本）. 上海：上海古籍出版社，1987年，第160页。
③ 陈澔注. 礼记集说（影印本）. 上海：上海古籍出版社，1987年，第122页。
④ 汉·许慎撰. 说文解字（影印本）. 北京：中华书局，1983年，第208页下。

放到火上烧熟，这里的皮毛也起到了包裹肉的效果。

　　根据考古学的一些研究资料表明，远古的"炮"大抵有两种形式。一种是把食物包上泥土后放到火里烧熟，剥去土而食之。笔者小的时候到山里打柴拾草时，就曾把获得的小鸟包上黄泥土点燃柴火烧熟而食，表面上看这"炮"的菜肴制作方法类似一些儿童的游戏行为，而实际上远古人类发明这一烹饪方法对后世菜肴的制作具有重要的意义。至今在我国南方的一些少数民族中仍有"炮"法的遗承。如侗族、苗族在野外捕到鸟类后，就地堆一堆柴火，在火上烧鸟吃，有时也就近取一堆黏糊的泥巴，用泥巴把鸟或其他野味食物包起来，放在火堆内烧熟后，去掉泥壳，撕鸟肉而食，别有情趣。北方民间以此法来烧刺猬、野兔、鱼等，运用相当广泛。现在流行的"叫化鸡""泥巴鸡""烤花篮桂鱼"等著名菜肴都是古代"炮"烹饪方法的古之遗风。另一种方法是用树叶把食物包裹起来用火烧。这种方法至今在许多少数民族的食物加工中仍然可以见得到，如人们用芭蕉叶、荷叶、菜叶等把钓的鲜鱼包裹起来，放到火堆里烧，等到芭蕉叶烧到快要焦煳时，鱼也就烤熟了。壮族就有用荷叶或芭蕉叶包鱼烧烤的习惯，也可以把猪肉、鸡包起来，放在塘火或火堆上烧而成熟为肴。

　　笔者以为，从"毛炙肉"到"裹而烧之"的意思虽然相同，但其本质的意义是有区别的。"毛炙肉"带有更为原始的成分在里边，这是早期的"炮"。而"裹而烧之"，是一种更加进步的"炮"，这其中有了人为智慧的创造与发明。而这种"裹而烧之"的烹饪方法至今仍在我国的烹饪行业内广为流行。

第五节　陶器与菜肴制作

　　我国先民在经历了"烧""裹烧""石上燔肉"等原始的菜肴制作方法后，随着农业生产手段的日益提高，谷物成为人们赖以生存的主要食物。而为了适应谷物食物的加工，陶器在人们的生活中被发明了。于是，原始人们的菜肴制作由"石烹"进入到了"陶烹"的发展阶段。

一、陶烹之初

　　《古史考》说："神农时民食谷，释米加烧石之上食之。"这就是著名的"石上燔谷"的原始烹饪方法。"石上燔谷"的制作能否把食物完全加热成熟，是值得怀疑的，因而有人认为"石上燔谷"属于人类的半熟食时代。但有了陶器以后，人们可以把各种谷物直接放在火中炊煮，这为人类从半熟食时代进入完全的熟食时代奠定了基础。

陶器的发明虽然是一个漫长的过程，但始于饮食有关的活动是毫无疑问的。早在陶器发明之前，人们发明了"炮"的烹饪方法，就是用黏性的黄土把整个食物包裹起来，放在柴火上烧烤，这样做法的结果就是先民利用中介传热的开始，包裹后的食物在烧烤中受热均匀，不致烤焦。而烧烤后泥土包裹层的板结，就是陶制器具的滥觞。

我们的祖先通过包括"炮"的方法加热熟食使泥土凝结在内的长期的劳动实践发现，被火烧过的黏土会变得坚硬如石，不仅保持了火烧前的形状，而且坚固不易水解。于是人们就试着在荆条筐的外面抹上厚厚的泥，风干后放入火堆中烧，待取出时里面的荆条已化为灰烬，剩下的便是形成荆条筐形状的坚硬之物了，这就是最早的陶器。先民们制作的陶器，绝大部分是饮食生活用具。在距今8000~7500年前的河北省境内的磁山文化遗址中，发现了陶鼎。至此，中国先民进入了陶烹时期，这也标志着严格意义上的烹饪开始了。在此后的河姆渡文化、仰韶文化、大汶口文化、良渚文化、龙山文化等遗址中，都发现了为数可观的陶制的炊煮器、食器和酒器等。在河姆渡遗址和半坡遗址中，发现了原始的陶灶，足以说明早在六七千年以前的中国先民就能自如地控制明火，进行烹饪了。陶烹是烹饪史上的一大进步，是原始烹饪时期里烹饪技术发展的最高阶段。

如上所述，早期陶器发明，是否是在"炮"的菜肴制作方法中启发而来的，也是值得探讨的一个课题。用黏性较强的泥土包裹食物烧熟后，泥土就被烧成硬壳而具有了原始陶的雏形，随后人们便刻意把泥土弄成各种形状后进行烧制，各种陶制盛器、炊具等就应运而生。既然陶器是为了适应农业产品为主的饮食生活而创造出来的，那么，早期的陶器自然与人们的饮食加工活动密切相关。考古成果表明，事实也是如此，在出土的早期陶器中，炊具占的比例是相当大的。由此可见，运用陶器进行食品、菜肴加工的时代开始了。

二、陶蒸法诞生——"黄帝始蒸谷为饭"

中国的原始陶器，发明时间与发明人史学研究者众说纷纭，我们不作讨论。据《事物纪原》引《古史考》说："黄帝始造釜甑，火食之道成矣。"又说"黄帝始蒸谷为饭""烹谷为粥"。[①]最早的夹砂炊器都可以称为釜，古代人们说它是黄帝开始制造的，也就是说，黄帝拥有陶的发明权。对于中国菜肴的制作技术与烹饪方法的发展进步而言，陶釜的发明具有第一位的重要意义，后来的釜不论在造型和质料上产生过多少变化，它们煮食煮肴的原理却没有改变。更重要的是，釜具有领陶制炊具之先河之作用，后来人们制作的许多其他类型的炊具，几乎都是在陶釜的基础上发展改进而成的，例如甑的发明便是如此。

陶甑的发明，使得人们的菜肴加工技术与饮食生活又产生了重大变化。运用釜对食肴进行熟制是直接利用火的热能，把食物放到里面加热而成熟的，这就是人们习以为常的"煮"法。而甑在烹饪食肴时，则是利用火把甑底部的水烧热后产生的蒸汽能，把食肴制熟的方法，就是"蒸"法。有了甑蒸作为烹饪手段后，人们不仅使食肴的加工方法进一步增多，更重要的是人们进入了对蒸汽的利用时代，而且运用蒸的方法人们可以获得较之煮制食肴更多的馔品。

考古学的研究成果表明，在长江下游地区的三角洲，马家浜文化和崧泽文化居民都用甑蒸食，著名的河姆渡文化则发现了迄今所知年代最早的陶甑，其年代为公元前4000年左右。甑出土的地点多集中在黄河中游和长江中游地区，表明中部地区饭食的比重超过其他地区，也反映了中国菜肴、饭食制作技术水平在我国中部地区也是较为发达的。

著名的饮食文化史研究学者王仁湘先生认为，"蒸"是东方世界饮食文化区别于西方饮食文化的一种重要烹饪方法，具有划时代意义的象征。直到现代科学技术发达的今天，西方人也极少使用蒸法。即便是像法国这样在菜肴烹调技术上享有盛誉的美食王国，甚至连"蒸"的概念都没有，更遑论应用了。[②]

蒸作为最具中国传统特色的菜食烹饪方法，在经过了数千年的发展与不断完善后，已经形成了各大菜系菜肴制作的重要方法之一。除了在主食加工中的应用外，蒸是一种最重要的菜肴烹饪方法，同时还是食物进行初步熟处理的重要手段，对于中国菜肴完整体系的形成具有不可估量的作用。

三、陶鼎炉灶与菜肴烹制

在陶制器具中，用于菜肴制作的炊具主要是"鼎"。如果说陶甑是中国南方的主要炊具，则北方就是鼎的天下。这也从某些方面反映出了中国早期南北方人们在食肴制作、饮食文化上所具有的差异性。考古资料表明，陶鼎在黄河中下游

---

① 宋·承高撰. 事物纪原. 上海：上海古籍出版社，1992年，第241页、第217页。
② 张征雁，王仁湘著. 昨日盛宴. 成都：四川人民出版社，2004年，第24页。

地区7000年前原始人的生活中便已广为流行，几个最早的原始部落中都有使用鼎为饮食具的证据。而且这些鼎从制法上到造型上都有着惊人的相似之处，它们都是在容器下附有三足。陶鼎大一些的可作炊具，小一些的可作食具。

陶鼎的发明与普遍使用，使中国早期的菜肴食品制作更加丰富多彩。陶鼎是我国煮、炖、熬、焖等烹饪方法产生的基础，尤其是后来流行时间非常久的"羹"类菜肴制作，鼎发挥了巨大作用。由于陶鼎的传热速度相对而言较为缓慢，同时散热速度也较为缓慢，因而是许多长时间加工成熟菜肴制作的必备炊具。

与鼎大约同时使用的炊具还有陶炉，我国南北均有发现，以北方仰韶和龙山文化所见为多。仰韶文化的陶炉小而且矮，龙山文化的为高筒形，陶釜直接支在炉口上，类似陶炉在商代还在使用。南方河姆渡文化陶炉为舟形，没有明确的火门和烟孔，为敞口形式。而陶炉与釜的组合，成为后世中国广大家庭炉灶出现的前提，而且这种家庭炉灶的形成也是为了适应中国农业社会发展出现的结果。中国传统的农业社会，人们有了安居乐业的生存条件，以血缘关系为基础形成的大家族，起居饮食都在一起，没有大型的炉灶是不能实现的。所以，至今农村家庭的土灶与铁锅的组合依然是民间饭菜制作的基本设备。由于鼎的腹部太深，只能用于煮、炖等菜肴制作，蒸制主食需要再备陶甑，非常不方便。而炉灶与釜的结合可以把陶鼎与陶甑的全部功能结合在一起，使炊灶用具简单化。再在釜内加一个支架就可以充当甑使用，去掉支架，就是鼎的功能。因此，我国陶鼎与炉灶的发明与应用，是中国菜肴烹制与各种食品制作加工的前提，因为有了进步的炊具与炉灶设备，使中国古代的菜肴制作更加丰富多样。可以说，在华夏民族早期的人类饮食生活中，就奠定了中国饮食文化繁荣发展的基础。

四、最早的调味品与原始调味技术

无论是陶鼎的使用，还是陶炉与釜的组合使用，抑或是其他类型的炊煮器具的使用，都为我国菜肴制作中调味技术的发展创造了良好的条件。虽然，在陶器出现以前已经有调味料的使用，但没有真正意义上的调味技术。

人类早期所使用的调味品究竟是盐、是糖、是梅，还是其他种类，目前学界尚无定论，但有一点是可以肯定的，史前时代的许多调味品是人类采自于自然的，很少是人工制作的。但陶器的发明和使用为调味品的人工生产奠定了基础。一般认为，早期人们自己加工的调味品是"食盐"。

盐，在菜肴、食品制作中的重要性不言而喻，在许多沿海地区人们发明了从海水中提取食盐的方法，史料中多有记录。《太平御览》引《世本》曰："宿沙氏煮海为盐。"①《说文》则说："古者宿沙初作煮海盐。"②宿沙氏又名夙沙氏，是黄帝时期的大臣，据史学家研究说，夙沙氏是生活在我国黄河流域下游的部落之一，主要活动在东部沿海地带的胶东半岛、辽东半岛等，距今大约有5000多年。由于长期生活在海边，在漫长的生活实践中逐渐发明了运用烧火加热蒸发海水的方式制取食盐，应该是非常可能的事情。宋代彭大翼《山堂肆考》羽集二卷煮盐条款云："宿沙氏始以海水煮乳煎成盐，其色有青、红、白、黑、紫五样。"这种传说流行于沿海地区。当地原始居民在采集海产品的过程中，必然获得海水有咸味的知识，后来在煮海水中发现了盐。不过内地无海，原始人却发现了池盐、岩盐和井盐。谢肇《滇略》卷九说："其（威远）境内英豪寨有河，汲其水浇火上炼之，即成细盐。"还有一种炭上烧鸡爪盐。《太平御览》卷八百六十五引《益州记》曰："汶山、越巂煮盐法各异。汶山有咸石，先以水渍，既而煎之。越巂先烧炭。以盐井水沃炭，刮取盐。"③史料表明，无论是在沿海，还是在内地，人们都有"煮盐"的发明，即使现在大规模的晒盐也是在"煮海为盐"的基础上发展起来的。

盐为"百味之王"，尤其对于菜肴制作来说更是如此。没有盐的调味作用，任何菜肴都是难以做出来的，即使做了出来也是不好吃的。中国菜肴烹饪技术的精华就是对于用盐的技巧。厨行中自古就有"好厨子一把盐"，说的就是这个道理。

早期的调味品还应该有甜味食品的蜂蜜和甘蔗。甘蔗可能是我国南方热带的甜味来源，不过用于提炼制糖进行调味，那是很久以后的事情，但把甘蔗拿来直接取其甜味用于调味，也是有可能的。至于蜂蜜，这是史前时代的主要甜味食品和调味品，也可能蜂蜜的发现时间和使用时间在人们的饮食生活中要早于食盐。因为，早在人类的"巢居"时代，就可能已经发现了蜂巢中的蜂蜜。

---

① 宋·李昉等撰，王仁湘注释. 太平御览·饮食部. 北京：中国商业出版社，1993年，第710页。
② 汉·许慎撰. 说文解字（影印本）. 北京：中华书局，1983年，第247页。
③ 宋·李昉等撰，王仁湘注释. 太平御览·饮食部. 北京：中国商业出版社，1993年，第715页。

第二章

钟鸣鼎食的三代脍炙

中国的夏、商、周，史称三代时期，历时大约有两千年左右。从夏代开始，我国进入了奴隶社会，但由于夏代是上接原始社会末期的，尽管此时中国的农业已经得到了长足的发展，不过其生产力的水平还是相当低下的，饮食烹饪与菜肴的制作技术尚处于原始的状态之中。直到商代建立替代了夏代以后，青铜冶炼与青铜器的制作发明，使生产工具、生活器具有了很大的进步。此时农业、渔业、畜牧业得到了突飞猛进的发展，尤其是商业的发展，为中国菜肴等食品的烹饪制作创造了物质条件。

然而，在三代时期，我国烹饪菜肴技术水平的真正大发展阶段是在进入周朝以后。周代，由于农业生产的改进、畜牧业的进一步发展，尤其是小手工业的有力快速发展，使整个社会的经济发展达到了我国奴隶社会的高峰。特别是食物资源的日益丰富，饮食烹饪的水平随之得到了提高，饮食礼仪文明的进步，也促使了包括菜肴加工等食品制作技术水平得到了长足的发展与提高。

毫无疑问，三代时期，特别是周代，是中国菜肴文化史最为重要的历史发展阶段。因为，在这一时期，随着膳食制度的逐步建立与形成，加之周代宫廷饮食烹饪的发展，出现了主食与副食的分野，饭食与菜食逐渐明朗起来。由此以多种肉类、蔬菜、水果、山野等为原料制成的脍炙、羹臛等菜肴系列开始了真正意义上的发展，菜肴制作技术水平也开始了独立的创新发展之路。从商末至周初，历经千余年的进程到了周代的末期，也就是历史上被称之为的春秋战国时期，中国菜肴的制作水平已经相当发达，南北两大风味菜肴体系的不同风格也初步展示出来。而最为令人称道的是，由于这一时期菜肴制作技术的发展，促进了烹饪理论研究的进步。以《吕氏春秋·本味篇》为代表的我国早期的烹饪理论由此诞生，开创了中国菜肴制作技术理论研究的先河。

第一节　天子的"八珍"之膳

因为历史文字资料的短缺，夏商两代菜肴制作情况无法完全弄清楚，因而很难有一个详细的介绍与梳理。但有的历史学家经过研究认为，"夏商高级权贵大都懂得较好的烹饪技术，往往在重大飨饮场合充当主厨师角色。"原因是夏商之际的人们仍然沿袭原始社会"酋长掌勺，合族以食，别之以礼"的古老饮食习俗。①商代的开国君王汤就是一位颇懂菜肴的食品制作者。《淮南子·泰族训》有："汤之初作囿也，以奉宗庙鲜犒之具。"无论用生鲜的牛肉还是干制的牛肉（犒，干肉）奉祀先祖，说明汤是懂得食肴加工制作的。尤其商汤的重臣伊尹，也是一位烹调菜肴的高手，《墨子·尚贤上》所谓："汤举伊尹于庖厨之中，授之以政。"即指此。《吕氏春秋·本味篇》中也记载了伊尹"说汤以至味"的故事。②《史记·殷本记》则说伊尹"负鼎俎，以滋味说汤，致于王道。"③关于伊尹对中国烹饪的贡献将在后面详述。

虽然这样，但毕竟没有详实的菜肴品种可以了解，其至连一个完整的菜肴名称都没有。因此，只能从周代的一些文字记载中来了解三代时期的菜肴制作情况。

一、周代"八珍"菜式

周代禁酒，但食馔发达。周代天子的饮食分饭、饮、膳、馐、珍、酱六大类，其他贵族则依等级递降。除了饭、饮之外，其中的膳、馐、珍、酱均属于菜肴之类，根据《周礼·天官·膳夫》所载，周天子之膳，皆用马、牛，羊、豕、犬、鸡六牲制作而成，都是副食菜肴之属，馐共百二十品，珍用八物，酱则百二十瓮。④其中的"珍用八物"就是八种名贵菜肴食品，被称为"周代八珍"，是周代厨师用独特方法精心烹制的八种珍味菜馔，其烹调方法完整地保存在《礼记·内则》中，是古代典籍中所能查找到的最古老的一份菜谱。《礼记·内则》记载的"八珍"的肴馔是淳熬、淳母、炮、擣珍、渍、熬、为糁、肝膋。⑤现分别简介如下。

1. 淳熬

"淳熬，煎醢加于陆稻上，沃之以膏，曰淳熬。"意思是说把肉酱煎熬之后，覆加在用稻米做成的饭上，之后再浇上一些动物的油脂，这叫做淳熬。

2. 淳母

"淳母，煎醢加于黍食上，沃之以膏，曰淳母。"意思是说把煎好的肉酱，覆

---

① 宋镇豪著. 夏商社会生活史. 北京：中国科学出版社，1994年，第206页。

② 邱庞同译注. 吕氏春秋本味篇. 北京：中国商业出版社，1986年，第7页。

③ 汉·司马迁撰. 史记·殷本记. 北京：中华书局，1997年，第94页。

④ 陶文台等. 先秦烹饪资料选注·周礼选注. 北京：中国商业出版社，1986年，第58~59页。

⑤ 陈澔注. 礼记集说. 上海：上海人民出版社，1987年，第160页。本书引用的"八珍"资料均依据此版本。

加在用小黄米做的饭上，然后再浇上一些动物的油脂，就是淳母。

3. 炮

"炮，取豚若将，刲之刳之，实枣于其腹中，编萑以苴之，涂之以谨涂，炮之。涂皆干，擘之。濯手以摩之，去其皽，为稻粉，糔溲之以为酏，以付豚，煎诸膏，膏必灭之。钜镬汤，以小鼎芗脯于其中，使其汤毋灭鼎，三日三夜毋绝火，而后调之以醯醢。"这段文字的意思是说，取一只乳猪，宰杀之后，剖开腹部，摘除内脏，再在其肚子里塞满红枣，乳猪外面用芦苇编的帘子裹起来，芦苇编的外面再涂上湿的黏土包裹起来，然后放在火上烧烤，等到黏土全部烤干硬结了，把泥土外壳劈开来，用冷水洗过的湿手抹擦去掉外皮上的灰层，再把米粉调成稀糊状，敷在乳猪的外表，之后放到脂油中炸，油要淹没乳猪。然后再准备一只大汤锅，把炸过的乳猪切成片状，配好香料，放在一个小鼎里，把小鼎放在大汤锅里，使大汤锅里的沸水不能漫过小鼎，用文火连续炖它三天三夜，然后起锅用酱醋调味食用。

4. 捣珍

"捣珍，取牛、羊、麋、鹿、麕之肉，必脄。每物与牛若一，捶反侧之，去其饵，孰出之，去其皽，柔其肉。"这段文字的大意是取用牛、羊、麋、鹿、麕的肉，一定要选用脊背两侧的嫩肉。各种肉的用量和牛肉的用量一样多，放在一起经过反复捶打，去掉它们的筋膜。然后下锅烧煮，烧熟之后拿出来，去掉肉上的膜，把肉揉软。

5. 渍

"渍，取牛肉，必新杀者，薄切之，必绝其理，湛诸美酒，期朝而食之，以醢若醯醢。"用今天的话说就是取用新鲜的牛肉，而且一定要用刚宰杀的，把牛肉切成薄薄的肉片，并且要逆着肉的纹路切，然后把肉片放在美味的酒浆中浸渍入味，等到第二天早上就可以食用了，吃的时候加上肉酱以及醋鲊、梅酱等调味品。

6. 熬

"为熬，捶之，去其皽，编萑布牛肉焉，屑桂与姜以洒诸上而盐之，干而食之。施羊亦如之。施麋、施鹿、施麕皆如牛羊。欲濡肉则释而煎之以醢，欲干肉则捶而食之。"熬的意思是说，先把要食用的牛肉进行反复捶打，去掉它的筋膜，然后把它铺在芦苇草编的帘子上面，撒上剁碎了的桂皮与生姜的细末，再加盐腌制，等到晾干后食用。如果用羊肉，也采用和上面一样的方法。用麋、用鹿、用麕都同制作牛羊肉的方法一样。如果要制作柔软湿润一点的肉，则可以将肉放在肉酱中煎，如果要制作干爽一点的肉，就把肉捶打之后使其干爽食用就可以了。

7. 糁

"糁，取牛、羊、豕之肉，三如一，小切之与稻米，稻米二，肉一，合以为饵，煎之。"大意是说取用牛、羊、猪肉，三种肉的量要一样多，把它们细切成和稻米一样大小的肉粒状。按照两份稻米一份肉的比例，混合在一起，之后做成饼的形状，用热油锅煎熟即成。

8. 肝膋

"肝膋，取狗肝一，幪之以其膋，濡炙之举燋。其膋不蓼。取稻米举糔溲之，小切狼臅膏，以与稻米为酏。"意思是说取一副完整的狗肝，用狗的网油把狗肝包裹起来，然后将包好的狗肝浸润湿了后放到火上去烤，等到外表全部烤的焦香熟透，就完成了。食用"肝膋"的时候，不要加香蓼来调味。

实际上，通过介绍可以看出，"周代八珍"大多是一些饭、菜合二为一的馔馐，按照现在的标准，能够算是菜肴的只有"炮豚""擣珍""渍""为熬""肝膋"5种。如果按现在烹调方法的分类进行分析的话，"炮豚"实际上是运用了包括烤、炸、炖等数种烹饪方法制作而成的乳猪菜肴；"擣珍"是一种经过捶打而后烧成的肉块；"渍"是一种经过美酒浸润的生吃牛肉，类似今天的"生鱼片"一类的菜式；"为熬"则属于一种经过桂、姜、酒入味后制成的肉干；"肝膋"是一种烤制类的狗肝菜肴。如果加上其他版本的《礼记·内则》中的"炮牂"，就成为6种菜肴。应该说，这六道菜肴的诞生，在中国菜肴史上极具重要意义。周代"八珍"中的菜肴制作可以看作是周代及其以前烹饪发展水平的代表之作，无论在选料、加工、调味和火候的掌握上，都有一定的技术含量，形成了一定的菜肴加工技术规范，开创了用多种烹饪方法制作菜肴的先河，奠定了中华民族传统菜肴烹饪技术的基础。

二、60瓮醢的加工制作

《周礼·天官·冢宰》说："王举，则供醢六十瓮，以五齐、七醢、七菹、三臡实之。宾客之礼，共醢五十瓮。凡事，共醢。"[1]在周朝的宫廷厨房中，有专门加工制作"醢"的技术人员，称为"醢人"，是负责掌管向四种豆中放置食物的专职人员。这四豆之食是用来供天子用的。在向四豆盛放食物的种类中，以"醢"类食物最多，估计这是"醢人"之名的由来。

根据先秦的资料记载，周代的"醢"就是肉酱，从广义上说是用来佐食下饭的一类菜肴。"醢"的制作技术在汉代人郑玄注的《周礼·天官·醢人》中有

---

① 陶文台等. 先秦烹饪资料选注·周礼选注. 北京：中国商业出版社，1986年，第79页。

较为详细的说明："作醢及臡者，必先膊干其肉，乃后剉之，杂以粱曲及盐，渍以美酒，涂置瓮中，百日则成矣。"由此可见，醢是把动物的肉剁成碎块或肉粒后，加入粱曲、盐、酒等腌制酝酿而成的发酵食品。

根据《周礼》的记载，当时在西周时期，"醢"是宫廷饮食和接待客人的主角之一，无论是充当菜肴或是蘸食用的调味品，都是非常重要的。周王之食，有六十种不同的"醢"，而用于接待宾客的"醢"，也有五十种，真可谓洋洋大观了。这么多的"醢"都有哪些品种呢?《周礼》《礼记》《礼仪》等先秦史籍所记载的"醢"主要有:

"醢豕炙""醢豕裁"，即豕醢，是用烤熟的或大块的猪肉为原料制成的。

"醢牛炙""醢牛裁""醢牛胔"，即牛醢，是用烤熟的牛肉或切成大块、片状的牛肉为原料加工制作而成的。

"麋臡""昌本麋臡""茆菹麋臡""菁菹鹿臡"，也就是各种鹿醢，是用带骨的鹿肉搭配腌菜制作而成的。

"芹菹兔醢"，即兔醢，用兔肉配以腌制蔬菜而制成的。

"箈菹雁醢"，就是雁醢，是用大雁肉配以腌制蔬菜制作而成的。

"醢醢昌本""韭菹醢醢""醢醢"，统称为醢醢，是用动物的肉汁腌渍发酵制成的，并配以腌制蔬菜，具有现在酸菜的酸味。

"笋菹鱼醢""豚拍鱼醢"，即鱼醢，是用鱼肉为原料与其他动物肉或腌菜经发酵制成的。

"蠯醢""蠃醢"，是用蛤、螺等海鲜肉制成的。

"蚳醢"，是用大蚂蚁的卵为原料制成的。

"腶脩蚳醢"，是用干肉和大蚂蚁的卵，加上生姜、鲜桂经过捶打成泥蓉状而制成的。

"卵酱实蓼"，也就是卵酱，是用一种鱼子为原料制成的。

"蜗醢"，是用蜗牛的肉经过加工成泥而制成的。

凡此种种都是在先秦时期常见的"醢"，至少是在当时上流社会人群的生活中是如此。可以看出，三代时期，醢的种类之所以有很多，是由于制酱用的肉或配料的不同，就可以认为是不同种类的醢，也就是广义上不同的菜肴。

三、最早的"御膳"菜肴加工

三代时期天子及其家族的膳食状况，只有周代在建立了比较完备的御膳制度的情况下，并对此作了详细的记录。在周代由于"礼治"的实施，整个社会建立起了严格的等级制度，并且具体的体现在了饮食活动之中，其中御膳的加工制作自然就是等级最高的水准了。在整个御膳的加工制作中，菜肴部分的加工制作又是重中之重，为此建立了完备、庞大的机构。掌管周王饮食的最高长官叫"膳夫"，负责膳、馐、珍、酱等几大类的食品加工，其中的膳、馐、珍、酱均属于菜肴制作。根据《周礼·天官·冢宰》的记载，当年仅负责周王饮食中各类菜肴制作的部门或机构就有十个，其中：

庖人，掌共六畜、六兽、六禽、辩其名物；

内饔，掌王及后世子膳羞之割、烹、煎、和之事；

外饔，掌外祭祀之割、亨。共其脯、脩、膴，陈其鼎、俎，实之牲体、鱼、腊；

亨人，掌共鼎、镬，以给水、火之齐。职外，内饔之爨、亨、煮。辨膳、羞之物。

其他还有兽人、渔人、鳖人、腊人等负责不同菜肴加工制作的部门。

这些不同的菜肴加工制作部门分别提供不同种类的菜肴，以供周王及其王侯世子等整个家族的饮食之需。加工的主要菜肴有如下几类。

1. 炙类菜肴

就是烤肉，汉人许慎《说文解字》："炙，炮肉也。从肉在火上。凡炙之属皆从炙。"[①]烤肉是中国最古老的一类菜肴，但加工精细的程度当属王世之炙。商纣王时有烤马肉的制作。《帝王世纪》中记有"纣官九市，车行酒，马行炙"的记录。到了周朝，烤肉的制作品种越来越多，据《礼记》《仪礼》等书的记载有牛炙、羊炙、豕炙、鱼炙等。

2. 羹类菜肴

史料中对我国早期羹的记载较多，羹的种类也非常多，但各种羹的制作方法是不一样的，它可以指烧肉、带汁肉、纯肉汁，也可以指用荤、素原料单独或混合烹制而成的浓汤。有时，为了增加汤的黏稠度，还得往汤中加米屑，类似于现在流行于山东地区的"糁""疙瘩汤"之类的食馔。

羹是我国带汤汁类菜肴的鼻祖，因而它的起源较早，传说与史料都记载说帝尧时期就已经有羹的制作了。《韩非子》记载说："尧之王天下也，粝粢之食，藜藿之羹。"显然，"藜藿之羹"是一种菜羹。传说中尧的大臣彭铿最擅长制作天鹅羹，并因羹食养生而寿达800余岁。这也说明，我国在原始社会的末期，已经有了菜羹、肉羹等多种羹类菜肴的制作技术。

到了商周之时，羹类菜肴的品种日益多了起来。《周礼》《礼记》《仪礼》等书中记载了数十种用羊、牛、鸡、犬、兔、鹑、雉及一些蔬菜制作的羹。尤其是

① 汉·许慎撰. 说文解字. 北京：中华书局出版，1963年12月，第212页。

在西周时期，随着烹饪技艺的进步，制羹的方法也日益复杂起来。这时羹的名目繁多，使用的食物原料也非常广泛，几乎所有可以入口的动植物食物都可以用来做羹，此时见于古代文献中的羹有羊羹、豕羹、犬羹、兔羹、雉羹、鳖羹、鱼羹、脯羹、鼋羹、鸡羹、鸭羹、鹿头羹、羊蹄羹、苇羹、牛羹等，不胜枚举。不过，这些以肉为主要原料制作的羹是属于周天子及其贵族阶层的食品，在当时一般平民百姓是享受不到的。西周时羹的制作除了用动物肉外，还要加上一些经过碾碎的谷物，这是周人作羹的传统方法。所以，郑玄在《礼记·内则》注中说："凡羹齐宜五味之和，米屑之糁。"[1]一般平民如要食羹，多用藜、蓼、芹、葵等菜来代替肉，正如《战国策·韩策》中所说的那样："民之所食，大抵豆饭藿羹。"而已。羹在周代人的饮食中占有十分重要的地位，人们日常佐餐下饭，都以羹为主，虽然当时的羹的质量有高下之分，但羹却是当时最大众化的菜肴。所以《礼记·内则》中说："羹食，自诸侯以下至于庶人无等。"[2]因为，羹的品类众多，用什么样的羹与什么样品种的饭相配合，在当时西周的贵族饮食中都是有讲究的。《礼记·内则》中记载："食，蜗醢而菰，食雉羹，麦；食脯羹、鸡羹，折稌犬羹，兔羹，和糁不蓼。"大意说：雉羹宜配菰米饭，肉羹、鸡羹宜配麦饭，犬羹、兔羹宜配稻米饭。[3]不仅如此，就连制作铏羹时，什么肉适合于搭配什么品种的蔬菜都是有讲究的，在《仪礼·公食大夫礼》中就有记载说："铏芼，牛，藿，羊苦豕薇皆有滑。"大意是说：牛羹宜于藿（豆叶）搭配，羊羹宜于苦菜配合，而豕羹则宜于配薇菜等[4]。

这一时期羹不仅为人们的常食菜肴，而且还有大量的羹用于祭祀中。用于祭祀中的羹主要有两种：其一为"大羹"，是一种不加五味调和的菜肴，所谓"大羹不和"即指此，是在祭祀时用的；另一种叫做"铏羹"，是用动物原料加藿、薇等蔬菜及五味煮成的一种菜肴，常用作"陪鼎"祭祀。但这些用来祭祀的"大羹""铏羹"，仪式结束之后，估计还是由参加祭祀的人们把他们食用掉。

3. 膗类菜肴

如果按照现在的菜肴分类方法，古代的"膗"属于汤类菜肴，它是用动物原料煮成的浓汤，类似肉羹，但与肉羹比较又有一定的区别。秦汉以来的古人对"膗"有着不同的解释。汉代王逸在对《楚辞·招魂》中"露鸡膗臛"作注时说："有菜曰羹，无菜曰膗。"王逸认为，汤汁中投放了蔬菜的就是羹，而汤汁中没有

---

① 陈澔注. 礼记集说（影印本）. 上海：上海古籍出版社，1987年，第156页。

② 陈澔注. 礼记集说（影印本）. 上海：上海古籍出版社，1987年，多第158页。

③ 陈澔注. 礼记集说（影印本）. 上海：上海人民出版社，1987年，第157页。

④ 汉·郑玄注，唐·贾公彦疏. 十三经注疏·仪礼（二）. 上海：上海古籍出版社，2007年，第212页。

放蔬菜的是臛。唐代颜师古在《匡谬正俗》一书中则认为："羹之与臛，烹煮异齐，调和不同，非系于菜也。"唐人颜师古是以在汤汁中使用调味品的不同来区分羹和臛的，并认为不属于菜肴体系。当年先秦时对于菜的意义是否与唐代相同，还有待于研究。

4. 脯类菜肴

按照今天的理解，脯就是一种干制食品，而古代的脯就是肉干。汉人许慎《说文解字》云："脯，干肉也。"[①]《释名·释饮食》也说："脯（一本作膊），搏也，干燥相搏著也。"[②] 认识是一致的。当时在周王朝的皇家厨房里有专门主管"脯"的"腊人"。《周礼·天官·腊人》中记云："掌干肉。凡田兽之脯腊膴胖之事。"注："脯，薄析之曰干肉。"[③]综合上述三种说法，可以知道脯是薄片状的肉干。这一时期脯的品种也有一些，如《礼记·内则》中就记有鹿脯、田豕脯、麋脯、麇脯等。《论语·乡党》中有"沽酒市脯不食"的论述，说明在春秋之时的鲁国市场上，已有专门制作"脯"用于出售了。根据史料描述，三代时期的这种干肉应该类似于现在广为流行的腊味制品。所区别的是，现在的腊制品有调味的工艺，三代时期的"脯"没有关于加工过程是否入味的记载。

5. 脩类菜肴

脩是什么，《周礼·天官》云："腊人，掌干肉。凡田兽之脯腊膴胖之事……共脯腊凡干肉之事。"郑玄注云："大物解肆干之，谓之干肉，若今凉州乌翅矣。薄析曰脯。捶之而施姜桂曰锻脩。"[④]这说明商周时期的"脩"是要经过捶打并加姜、桂调味的干肉。《论语·述而》中有"自行束脩以上，吾未尝无诲焉"之语，近人杨伯峻注释说："束脩——脩是干肉，又叫脯。每条脯叫一脡，十脡为一束。束脩就是十条干肉。"[⑤]这里的"束脩"虽然也可以叫脯，但却是条形食品，是可以十条为束一束束的捆扎起来的肉干。由于"脩"是一种经过调味的肉干，类似后世的腊肉干，所以归"腊人"负责。因为，"脩"是以"束"为单位捆扎的，是当时用来送人的最好礼品。《礼记·内则》中有"牛脩"之制，应当是当时最为名贵的干肉食肴。

6. 菹类菜肴

菹是一种腌菜，是古人把整只的菜蔬经过腌制而成的菜肴。《周礼·天

---

① 汉·许慎撰. 说文解字. 北京：中华书局出版，1963年12月。第89页。

② 清·王先谦撰集. 释名疏证补. 上海：上海古籍出版社，1984年，第210页。

③ 林尹注译. 周礼今注今译. 北京：书目文献出版社，1985年2月，第43页。

④ 汉·郑玄注，唐·贾公彦疏. 十三经注疏·周礼（二）. 上海：上海古籍出版社，2007年，第42页。

⑤ 杨伯峻译注. 论语译注. 北京：中华书局，1980年，第67页。

官·醢人》："醢人，掌四豆之实，朝事之豆，其实韭菹……。"近人林尹先生注云："菹，以醯酱腌渍之醉菜"①说白了是一种腌渍食品。《释名·释饮食》："菹，阻也，生酿之，遂使阻于寒温之间，不得烂也。"②因为经过腌渍的菜肴是易于长期保存的。如果在蔬菜中加上一些肉品一起腌制，就成为荤素搭配的菹。因此，在《周礼》中，除了记载著名的韭菹、菁菹、茆菹、葵菹、芹菹、箈菹、笋菹外，还有蒲根菹、鹿菹、麋菹、野豕菹等。③这些用料不一、风味各异的"菹"是商周时期最为重要的菜肴系列。

7. 脍类菜肴

脍是商周时期应用极为重要的一类菜肴，孔子著名的"食不厌精，脍不厌细"几乎无人不知。《礼记·少仪第十七》有："牛羊与鱼之腥，聂而切之为脍。"注云："聂而切之者，谓先，聂为大脔，而后细切之为脍也。"④《说文解字》说的很明白："脍，细切肉也。"⑤《释名·释饮食》亦说："脍，会也。细切肉，令散，分其赤、白，异切之，已乃，会合和之也。"⑥脍，有时也写作"鲙"，是专指用鱼肉切成的丝。这一时期脍的品种较多，主要是区别于使用不同的肉制成的，如牛、羊、豕、鱼等各种肉均可以制脍。《诗经》中有"炰鳖脍鲤"的诗句，说明周代已使用鲤鱼制脍，也说明周代的鱼脍已经广泛流行。《孟子》中提到"脍炙"，被誉为当时一种美味佳肴，甚至成为成语"脍炙人口"而流传于后世。

8. 濡类菜肴

在《礼记·内则》中，还出现了一类以"濡"为名称的菜肴，包括濡豚、濡鸡、濡鳖、濡鱼等，属于富有特色的菜肴制作。

在《礼记·内则第十二》中记载说："濡豚，包苦实蓼。濡鸡，醢酱实蓼。濡鱼，卵酱实蓼。濡鳖，醢酱实蓼。"据陈澔先生注释说："濡，读为胹，烹煮之也。胹豚者，包裹之以苦菜，而实蓼于腹中。此四物皆以蓼实其腹而煮之。"⑦据此可知，这几种菜肴都属于煮制类的烹饪方法，而且是把蓼填充在乳猪、鸡、鱼、鳖的腹中进行煮制的。因此，我们可以进行如下的解释。

濡豚："包苦实蓼"，就是在乳猪的腹中塞入香蓼，然后用带苦味的菜把小乳猪包裹起来，经过煮制调味而成。

① 林尹注译. 周礼今注今译. 北京：书目文献出版社，1985年2月，第56页。
② 清·王先谦撰集. 释名疏证补. 上海：上海古籍出版社，1984年，第208页。
③ 陶文台等. 先秦烹饪资料选注·周礼选注. 北京：中国商业出版社，1986年，第78页。
④ 陈澔注. 礼记集说. 上海：上海人民出版社，1987年，第197页。
⑤ 汉·许慎撰. 说文解字. 北京：中华书局出版，1963年12月。第90页。
⑥ 清·王先谦撰集. 释名疏证补. 上海：上海古籍出版社，1984年，第211页。
⑦ 陈澔注. 礼记集说. 上海：上海人民出版社，1987年，第157页。

濡鸡："醢酱实蓼"，这道菜则是把用动物肉类制成的酱涂抹在鸡的表面，然后再在鸡腹中塞入香蓼，经过煮制调味而成。

濡鱼："卵酱实蓼"，这道菜是先把鱼子酱涂抹在鲜鱼的表面，然后再在鱼腹中填入香蓼，经烹煮成熟调味而成。

濡鳖："醢酱实蓼"，这道菜是将香蓼塞在鳖的肚子里，然后再用肉酱把鳖的外表涂抹包裹起来，经过烹煮至熟而成。

当然，也有的学者认为，"濡"的方法与"脯"相同，是包裹的意思，但被包裹的食物需要先经过蒸，使其入味后，再放到锅里煮，这样一来效果会更好。就菜肴制作技术而言，不管是先蒸后煮，还是把食物包裹后直接煮之，这类菜肴都是富有特色的，这种内外一起调味的方式被后来许多菜肴制作者发扬光大，成为中国菜肴调味的一大特色。

第二节　宴席中的"九鼎""八簋"

后人经常用"钟鸣鼎食"形容古代宫廷豪华排场的宴饮之食。这其中的"鼎食"就是流行于商周时期的"列鼎而食"，而西周时尤其盛行。鼎是我国古代早期的一种食器，是用来盛装食肴的用具，把多种不同风味的菜肴分别用鼎盛放，一一排列起来，摆在进食者的面前，就是"列鼎而食"的意思。这种"列鼎而食"实际上就是后世的宴席饮食活动。那么，周人鼎中的菜肴都是一些什么样的美味呢？

一、列鼎而食之肴

众所周知，周人借鉴商代的教训，实行"禁酒"的政策，结果酒饮渐衰，酒器无用，酿酒技术停滞不前。但周代的宴席饮食却极其发达，而且宴席中，菜肴成为主要角色，占有绝对的地位。因此，西周时期我国的菜肴烹饪技术异常发达，而且菜肴的种类繁多，其中最能集中体现菜肴水平的自然就是各种宴席了。由于西周是一种"礼治"社会，宴席中的列鼎是有严格规定的，这在《仪礼》一书中有较为详细的记述。如《仪礼·聘礼》中有这样的记载：

宰夫朝服设飧：饪一牢在西，鼎九，羞鼎三；腥一牢在东，鼎七；堂上之馔八，西夹六。门外米禾皆二十车，薪刍倍禾。上介饪一牢在西，鼎七，羞鼎三；堂上之馔六。门外米禾皆十车，薪刍倍禾。众介皆少牢。①

杨天宇先生在《仪礼译注》中说，"设飧，犹今日便宴"。就是这样的一桌聘礼的"便宴"，其菜肴的数量已是洋洋大观。整桌宴席包括的菜肴、饭食有三组，共计38种，其中包括14种饭食。

第一组是熟制的菜肴，包括：

"饪一牢"：指煮熟的"大牢"，包括牛、羊、豕各一整体制作；

"鼎九"：是用牛、羊、豕、鱼腊、肠、胃、肤、鲜鱼、鲜腊9种食物，在大鼎中熟制成的菜肴；

"羞鼎三"：是指辅助性的菜肴，是用动物的其他部位制作的菜肴，如用膷、臐、膮在鼎中煮熟的菜肴。

第二组是没有加热成熟的菜肴，包括：

"腥一牢"：和"饪一牢"的用料相同，是指用生的牛、羊、豕各一；

"鼎七"：是指用七个鼎盛装的生食，比前面的"九鼎"少了鲜鱼、鲜腊两种。

第三组是摆放在堂上的饭食：

"堂上之馔八，西夹六"：这些是用豆盛装的，包括饭和佐饭用的醯、醢、菹、酱等食物，有14种。

《聘礼》中的"便宴"菜肴如此丰盛，其"正式"宴会的食品品种就可以想见了。据《仪礼·聘礼》中记载，有26个鼎，鼎中分别盛放各种动物的熟肉、生肉制品，另有铏羹6种，醯醢100瓮，盛放韭菹、醯醢的豆有16种等，足见菜肴品种之繁多。

在《仪礼·公食大夫礼》中，记载诸侯招待来聘上大夫的宴席的菜肴由两部分组成，分为"正馔"和"加馔"。其中，"正馔"宴席的菜肴、食品有八豆、八簋、六铏、九俎，外加野鸡、兔、鹑、野鹅四种野味食肴。

八豆：盛在豆中的有韭菹、醯醢、昌本、麋臡、菁菹、鹿臡、茆菹、麋臡；

八簋：盛在簋中的有稷、黍等6种谷物制成的饭食；

六铏：盛在铏中的有豕肉羹、羊肉羹、两种牛肉羹、酒浆等；

九俎：放在俎中的有鱼、牛、腊、羊、胃肠、豕、肤等肉食菜肴；

加馔：加馔中则有膷、臐、膮；牛炙、醢；牛胾、醢；牛脂；羊炙；羊胾、醢；豕炙、醢；豕胾、芥酱；鱼脍等。

这里的"九俎"即"九鼎"。因为，"宴享时鼎不上席，只序列于庭中，镬中烹煮熟的肉食升于鼎，再由鼎升于俎（礼器）故有几鼎即几俎。"②

---

① 汉·郑玄注，唐·贾公彦疏．十三经注疏·仪礼（二）．上海：上海古籍出版社，2007年，第161页。

② 谢芳琳著．"三礼"之谜．成都：四川教育出版社，2000年，第152页。

从上面所列出的这份"宴席菜单"来看，整桌宴席中菜肴所占的比重是相当大的，充分反映出了周代菜肴烹饪技术的兴旺发达。

周代天子的饮食，也是列鼎列豆列簋而食的，颇具有宴席的进餐性质。据《周礼·天官》记载：

凡王之馈，食用六谷，膳用六牲，饮用六清，羞用百有二十品，珍用八物，酱用百有二十瓮。王日一举，鼎十有二，物皆有俎。以乐侑食。[①]

根据汉代郑玄注释，"鼎十有二"，包括"牢鼎九、陪鼎三"，鼎中所盛放的食物菜肴大凡牛、羊、豕、鱼、腊、肠胃、肤、鲜鱼、鲜腊等物，说明在周天子的饮食中菜肴也是占着主要地位的。

二、饭食八簋之肴

如上所述，商周时期的"九鼎""八簋"，分别代表的是菜肴和饭食两大部分。其中饭食用簋来盛放，盛在簋中的有稷、黍、稻、粱等各种谷物制成的饭食。但吃饭也需要菜肴相佐，这些菜肴在商周时期是用豆来盛放的，还有一些汤羹类的菜肴，一般用铏来盛放。由于周代禁酒，无论是宴席或是贵族日常饮食，大都以菜肴、饭食作为重点。因而，这一时期的宴席中，鼎的多少就代表了官阶与宴席的等级。《春秋公羊传·桓公二年》介绍周礼时说："天子九鼎，诸侯七，卿大夫五，元士三也。"[②]在这里，鼎的多少是主客身份、宴席规格、食物丰盛程度的标志，更是地位高低的彰显。

一般来说，两周之际，鼎食是用来侑酒的，而豆食则是用来下饭，当然也包括鼎食的配合之用。因此，这一时期的"豆食"我们可以简单地认为是饭菜之属，而豆的多少同样可以标志着宴饮者的地位与身份。

据《礼记·礼器》中记录说："礼有以多为贵者。……天子之豆二十有六，诸公十有六，诸侯十有二，上大夫八，下大夫六。"[③]两周吃饭时，关于豆的应用有明确的规定，天子进食时可以用26种菜肴，公爵为16种，诸侯12种，上大夫8种，下大夫则只有6种。古代豆的形制就像现今的高足盘。豆中主要盛各种酱类、菹类食物，而这两类菜肴均为众食物之首，因此这里以盛酱的豆代表进食的食物。至于一般民众，其豆数也是有规定的。《礼记·乡饮酒礼》说："乡饮酒

① 汉·郑玄注，唐·贾公彦疏. 十三经注疏·周礼（二）. 上海：上海古籍出版社，2007年，第37页。

② 汉·公羊寿传，唐·徐彦疏. 十三经注疏·公羊（三）. 上海：上海古籍出版社，2007年，第32页。

③ 陈澔注. 礼记集说. 上海：上海人民出版社，1987年，第133页。

之礼，……六十者三豆，七十者四豆，八十者五豆，九十者六豆，所以明养老也。"①按照古人的解释，所谓"乡饮酒礼"就是民间社区、家族尊贤养老的习俗礼仪。在这样的养老、寿庆的宴席上，平时最受人尊敬的90岁以上的贤长者，也只能接受六豆的礼遇，即相当于一个下大夫日常的生活水平。

那么，盛在豆里的都是些什么样的菜肴呢。《仪礼译注》中说，国君在接待外国来访大臣的宴席上，盛在豆中的菜肴主要有韭菹、醓醢、昌本、麋臡、菁菹、鹿臡、茆菹、麇臡等。②这可以视为贵族阶层的豆食菜肴，对于一般老百姓来说，恐怕盛在豆的菜肴就没有这么丰盛和高档了吧。

进食除了豆之外，还有六铏之品，是用来盛汤羹的，在高级的宴席中，羹也是不可少的菜肴。据《仪礼译注》云，盛在铏中的羹有豕肉羹、羊肉羹、两种牛肉羹、酒浆等。

三、《诗经》中的宴席菜馔

由于在两周时期宴席的广泛流行，几乎各种礼仪活动都与宴席有联系，因此在素有我国最早的诗歌总集的《诗经》中，更有生动形象的记录与描写。如《诗经·小雅·宾之初筵》：

宾之初筵，左右秩秩。笾豆有楚，肴核维旅。
酒既和旨，饮酒孔偕。钟鼓既设，举酬逸逸，③

"笾豆有楚，肴核维旅"两句，再明白不过的写出了宴席中菜肴的摆设与数量概念，虽然我们不知道都是些什么样的菜肴。这里写的是贵族宴饮活动，尽管宴席上有大量的美酒，但菜肴仍然是主要的角色。

在《诗经》有些篇什中，还有具体菜肴的描写。如《诗经·大雅·韩奕》中写道：

韩侯出祖，出宿于屠。显父饯之，清酒百壶。
其肴维何？炰鳖鲜鱼。其蔌维何？维笋及蒲。
其赠维何？乘马路车。笾豆有且，侯氏燕胥。④

在如此豪华的接风宴席中，除了"清酒百壶"，更有美馔佳肴，包括"炰鳖鲜鱼""维笋及蒲"等。这是一首描写显父设宴招待韩侯的情景：筵席上用的菜肴有炖甲鱼、生鱼脍等水产肉食，有用竹笋和蒲菜制作的素菜等，宴饮之后，还

① 陈澔注. 礼记集说. 上海：上海人民出版社，1987年，第328页。
② 杨天宇. 仪礼译注. 上海：上海古籍出版社，2004年，第318页。
③ 苏东天著. 诗经辨义. 杭州：浙江古籍出版社，1992年，第279页。
④ 苏东天著. 诗经辨义. 杭州：浙江古籍出版社，1992年，第312页。

赠送了许多装满果品的笾和盛其他食品的豆。此宴席中用酒虽多，但菜肴更是丰厚多样，菜肴无疑是宴席中的主角。

再如《诗经·鲁颂·闳宫》中写道：

享以骍牺，是飨是宜，降福既多，周公皇祖，亦其福女。

秋而载尝，夏而楅衡，白牡骍刚，牺尊将将，毛炰胾羹，

笾豆大房。①

这是一首描写征战取得胜利的庆贺宴席，席间有各种牺牲——即"太牢"之食的牛、羊、豕，有炖煮的大块的动物肉食，有用禽肉制作的汤羹之品。总之，菜肴也是非常丰盛的。

《诗经》中描写宴饮的场面很多，但记录具体的菜肴不是特别清晰，主要有烧肉、烤羊、烤豕、炖煮的肉品、炖甲鱼、生鱼脍、各种肉羹等。

四、《楚辞》中的菜肴之制

《楚辞》是汉代刘向编辑屈原、宋玉等人的骚赋类文学作品，在屈原的作品中，涉及了东周时期的长江中游楚国的筵席情况，反映的是我国当时南方的宴席菜肴。主要是在宋玉的《招魂》和屈原的《大招》中，有两张近似食单的文字，虽然说它写的是与招引亡灵有关的事情，但实际上是无意间对楚国当时的筵席菜肴进行了记录与描写。宴席的食品，有菜肴、点心、饭食、饮料等，其组合与当时北方中原地区的宴席结构大致相似。但其中的热制菜肴较之中原的宴席菜肴更多，而且颇具南方风格。

古人怀念死者，追悼亡魂，往往是借助一定的祭祀仪式进行的，在这样的仪式中，用来祭祀亡魂的供桌上摆满了各种各样的食品，其中包括死者生前最喜欢吃的菜肴、饭食等。我们先来看《招魂》中的内容：

室家遂宗，食多方些。

稻粢穱麦，挐黄粱些。

大苦咸酸，辛甘行些。

肥牛之腱，臑若芳些。

和酸若苦，陈吴羹些。

胹鳖炮羔，有柘浆些。

鹄酸臇凫，煎鸿鸧些。

露鸡臛蠵，厉而不爽些。

---

① 苏东天著. 诗经辨义. 杭州：浙江古籍出版社，1992年，第340页。

粔籹蜜饵，有餦餭些。

瑶浆蜜勺，实羽觞些。

挫糟冻饮，酎清凉些。

华酌既陈，有琼浆些。

归来反故室，敬而无妨些。

李维冰先生对这段文字的现代译文如下。

"宗族相聚举行祭祀，有多种多样的食物。精细的米麦，掺杂着黄粱。酸、甜、苦、辣、咸，五味俱全。肥牛的蹄筋，炖得又烂又香。酸味苦味相互调和，呈上吴国的羹汤，炖甲鱼，火炮羔羊，调味料还有糖汁。醋烹天鹅肉，野鸭做肉粥，煎炸鸿与鸽。还有红烧龟肉和卤鸡，滋味浓烈不伤口。各色点心甜又脆，蜜糕糖饼味道香。美酒如蜜，斟满了酒杯。撇开酒糟出春酒，酒味醇厚又清又凉。豪华的酒具已经摆开，如玉的美酒待你品尝。回来吧！返回你的故乡，人们尊敬你对你无妨。"[1]

这是一桌五味俱全、菜馔丰盛的宴席，其中被记录下来的菜肴就有烧甲鱼、炖牛腱、烤全羊、烹天鹅、扒肥雁、卤油鸭、烩野鸭、焖龟肉等8种，另外有酸辣汤、甘蔗汁等汤羹，还有饭食、点心各4种。[2]用今天的宴席标准看，这是一桌组合完整的豪华宴席，其中菜肴仍然是占有主要地位的。

而在《大招》中，其菜肴的数量更加丰富，较之《招魂》中的菜肴、面点更加讲究，下面是《大招》的内容：

五谷六仞，设菰粱只。鼎臑盈望，和致芳只。

内鸧鸽鹄，味豺羹只。魂乎归来！恣所尝只。

鲜蠵甘鸡，和楚酪只。醢豚苦狗，脍苴蒪只。

吴酸蒿蒌，不沾薄只。魂兮归来！恣所择只。

炙鸹烝凫，煔鹑陈只。煎鰿臛雀，遽爽存只。

魂乎归来！丽以先只。四酎并孰，不涩嗌只。

清馨冻饮，不歠役只。吴醴白蘗，和楚沥只。

魂乎归采！遽不惕只。

下面是李维冰先生的译文。

"许多精细的谷物，用菰米来做饭。食物放满了桌子，香味扑鼻诱人。肥嫩的黄莺鹁鸠天鹅肉，伴和着鲜美的豺肉汤。魂啊，回来吧！美馔佳肴任你品尝。鲜美的大龟，肥嫩的鸡，再加上楚国的乳浆。剁碎的猪肉、苦味的狗肉，掺上切

① 陶文台等. 先秦烹饪资料选注·楚辞选注. 北京：中国商业出版社，1986年，第211页。

② 陈光新著. 中国烹饪史话. 武汉：湖北科学技术出版社，1990年，第159页。

细的苴蓴。吴国做的酸菜，浓淡正恰当。魂啊，回来吧！任你选择哪样。烤乌鸦，蒸野鸭，枭的鹌鹑肉放在桌上。油煎鱼，雀肉羹，如此佳肴爽人口。魂啊，回来吧！味美的请你先尝。四缸醇酒已经成熟，其味纯正不刺喉咙。酒味清香最宜冷饮，奴仆难以上口。吴国的白谷酒，掺入楚国的清酒。魂啊，回来吧！酒味醇和不要害怕。"[1]

如果从烹饪专业的角度来看的话，这桌丰盛的祭祀宴席中，罗列排摆的各种菜肴达到了近20种之多，可谓洋洋大观一桌美味佳肴。而且，从宴席菜肴、饮料的构成来看，这是一桌富有典型荆楚古国风味的宴饮体系。

五、《吕氏春秋》中的肉食菜肴

《吕氏春秋》[2]是诞生于我国先秦时期一部重要典籍，由秦相吕不韦召集门客集体编纂而成，有着十分丰富广泛的内容。其中的"本味篇"被认为与我国的烹饪文化有着密切的关系。虽然《吕氏春秋·本味篇》是从"得贤治国"的角度探论治国的道理，但却从"伊尹以至味说汤"的故事，来阐明君主要备享天下至味必须"知道""咸己"，最后要归结到务本上来。篇名题为"本味"，就是在追求至味时应该务本的意思。而在引用"伊尹以至味说汤"的叙述中，从不经意的一个方面，反映出了当时许多有关烹饪技艺的发展状况，记录了许多菜肴食品，其中记录的肉食菜肴最富有特色。

《吕氏春秋·本味篇》记录的肉食菜肴有："猩猩之唇，獾獾之炙，隽觾之翠，述荡之擘，旄象之约。"这几种在今天看来都属于国家保护动物的肉食被认为是"肉之美者"。因此，在当时用来制作各种美味的菜肴。

所谓"猩猩之唇"，指的就是猩猩那厚厚的嘴唇，这嘴巴上的肉是富有活动力的肉，与猪的嘴唇肉有些相同的质感，它既不是富含脂肪的肥肉，也不是丝络明晰的精肉，是一种富含胶原蛋白的一种特殊组织，宜于烧、煮食之，爽而脆，糯而滑，不仅肉香浓郁，且愈嚼愈有味道，被历代美食家视为珍馐。

而"獾獾之炙"则又是一番风味。据学者研究说，"獾"类狼，有多种，先秦时食用哪种不得而知。但有一种猪獾，体短而肥，肉质鲜美。这里的"炙"同"跖"，指的是脚（爪）掌。而"炙"的本身是否还意味着是一种烹调方法也未可知。因此，"獾炙"当是一种经过烧烤的动物脚掌。动物的脚掌也是富含胶质蛋白的肉类组织。"熊掌"是古今皆知的美味食肴，具有肉质肥厚，黏糯滑嫩的

---

① 陶文台等. 先秦烹饪资料选注·楚辞选注. 北京：中国商业出版社，1986年，第213页。

② 张双棣等译注. 吕氏春秋. 北京：中华书局，2007年，第114～115页。

特点，烧煮熟烂后，不但味道殊美，而且是滋补佳品。貛掌应当具有与熊掌相类似的菜肴特点，所以能够赢得先秦人的喜欢。

"隽觾之翠"，在今天看来属于奇珍异馔之类。"觾"是一种身体肥美的燕子，隽是肥腴之义。而"翠"是指燕子的尾肉，按照现在的习惯叫法就是"燕翠"。今人把鸭子的尾肉叫做"鸭翠"，但鸭翠有一股异味，一般不用于制肴。把鸡尾肉称为"鸡翠"，有人喜欢品吃"鸡翠"的肥美翠爽不油腻，因而可以制成菜肴。而"隽觾之翠"不仅没有鸭翠的异味，却兼具鸡翠之美而更胜一筹，加之得之不易，尤显珍美。

"述荡之擘"，根据许多人的研究，应该是一种不常见怪兽的腿肘。一般动物的腿肘由于承受重力和运动，其肌肉特别发达，它是融筋络、胶质、精肉为一体的肉质部位，用来烧制菜肴，香滑鲜美，咀嚼有劲，胶黏而又滋糯。因而，是一款无比的美味佳肴，所以被《吕氏春秋》列为肉食菜肴中的上乘。

对于"旄象之约"的解释，学者似乎有些分歧。关于"旄象"，一般认为是牦牛和大象，基本一致。而对于"约"，有的认为是牦牛与大象的尾巴，[①]有的则认为是牦牛和大象的尾肉或腰子，[②]还有的认为就是牦象的腰子。[③]但无论是牦象的什么部位，在先秦用来制作菜肴是非常普遍的，而且被视为珍贵的菜肴。《韩非子·喻老》中有："象箸玉杯必不羹菽藿，则必牦、象、豹胎。"[④]记述的是商纣王使用玉杯盛装用牦牛、大象、豹胎制作成的肉羹。用玉杯来盛装的菜肴，可想而知是何等的珍美。记录中虽然没有说清楚使用牦牛、大象制作肉羹时使用的哪个部位，但作为"肉之美者"加工成的菜肴还是被得到公认的。

第三节　神圣的祭祀肴品

在我国的三代时期，人们由于对大自然的了解不多，对于许多自然现象、祖先神灵等往往是通过各种形式的祭祀活动来进行沟通的。而在这些祭祀活动中，使用的祭供品美味佳肴是必备之物，其中的菜肴制作尤其不可缺少。王充在《论

① 张双棣等译注. 吕氏春秋. 北京：中华书局，2007年，第120页。
②《中国烹饪》杂志资料汇编. 烹饪史话. 北京：中国商业出版社，1988年，第69页。
③《中国烹饪》杂志资料汇编. 烹饪史话. 北京：中国商业出版社，1988年，第69页。
④ 陶文台等. 先秦烹饪史料选注. 北京：中国商业出版社，1986年，第21页。

衡·卷第二十五·祀义篇》中即云："世信祭祀，以为祭祀者必有福，不祭祀者必有祸。……谓死人有知，鬼神饮食，犹相（飨）宾客，宾客悦喜，报主人恩矣。"[1]
在祭祀活动中，人们以为被奉祀的对象也会像活着的人一样，喜欢享受美味佳肴。于是，祭祀活动的登案祭品与献荐之物，最重要的部分就是食馔菜肴之类。

三代时期，人们把献荐食品之祭的行为称为"登"，于是登祭先王，先登后飨。《合集》中记载有"翌乙酉其登祖乙，飨。"之句，说的就是这个意思。当时人们用于祭祀所献荐的食品、菜肴种类繁多，但都有一定的规定，不是可以随便乱来的，这也充分体现出了三代时期等级制度的社会特征。

一、太牢、少牢之祀

我国进入商代以后，用青铜铸造的"鼎"已经不再单纯的是一种炊煮器了，而成为礼乐制度中的重要内容之一，被赋予了神圣的色彩，成为贵族的专用品以及统治权力的象征，更多是用于皇室、贵族一系列的祭祀活动中。使用不同的"鼎"盛放各种祭祀食品，而鼎的数量和食物种类的不同搭配方式，就形成了不同规格的祭祀活动内容和等级区别。于是使用菜肴、食品祭祀就有了"太牢""少牢"等名称，用以区别不同情况的祭祀活动和不同等级的祭祀规格。

"太牢""少牢"等各类规格的祭祀活动内容，在先秦史料中是有着严格的规定的，它是与用鼎制度紧密联系在一起的。在先秦文献中，用鼎制度的记述，主要见之于《仪礼》一书中。《仪礼》虽然成书于春秋战国时期，但内容大都源于西周古礼。我国南宋时期，著名的儒学家杨复根据《仪礼》的记载，进行详细的整理，并编写出了《仪礼旁通图·鼎数图》，对《仪礼》中有关用鼎制度作了整理和归纳，对于我们今天研究"太牢""少牢"等祭祀菜肴、食品的情况，提供了翔实的一手资料。兹将有关"太牢""少牢"内容摘录如下。

"一鼎（特豚无配）：特豚。

《士冠》'醮子'（特豚载合升。煮于镬曰亨，在鼎曰升，在俎曰载。载合者，明亨与载皆合左、右胖）。

《士昏》'妇盥馈舅姑'（特豚合升，侧载右胖，载之舅俎；左胖载之姑俎）。

《士丧》'小敛之奠'（特豚四剔去蹄，两脾脊肺）。

《既夕》'朝祢之奠'（《既夕》朝庙有二庙则馔于祢庙，有小敛奠乃启）。

三鼎（特豚而以腊、鱼配之）：豚、鱼、腊。

① 东汉·王充著，张宗祥校注. 论衡校注（卷第二十五）. 北京：上海古籍出版社，2010年，第503页。

《特牲》（有上、中、下三鼎，牲上鼎，鱼中鼎，腊下鼎）。

《昏礼》'共牢'（陈三鼎于寝门外）。

《士丧》'大敛之奠'（豚合升，鱼祬鲋九，腊左胖）。

《士丧》'朔月奠'（朔月用特豚、鱼、腊，陈三鼎如初）。

《士虞》'迁祖奠'（陈鼎如殡）。

五鼎（羊、豕曰少牢。凡五鼎皆用羊、豕，而以鱼、腊配之）：羊、豕、鱼、腊、肤。

《少牢》（雍人陈鼎五，鱼鼎从羊，三鼎在牛镬之酉，肤从豕，二鼎在豕镬之西，伦肤九，鱼用鲋十有五，腊一纯）。

《聘礼》'致飨众介，皆少牢五鼎'。

《玉藻》'诸侯朔月少牢'。

少牢五鼎，大夫之常事。又有杀礼而用三鼎者，如《有司彻》'乃升羊、豕、鱼三鼎，腊为庶羞，肤从豕，去腊、肤二鼎，陈于门外如初'，以其绎祭杀于正祭，故用少牢而鼎三也。又士礼特牲三鼎，有以盛葬奠加一等用少牢者，如《既夕》'遣莫'：'陈鼎五于门外'是也。

七鼎：牛、羊、豕、鱼、腊、肠胃、肤。《公食大夫》（甸人陈鼎七，此下大夫之礼）。

九鼎：牛、羊、豕、鱼、腊、肠胃、肤、鲜鱼、鲜腊。《公食大夫》：'上大夫九俎'，九俎即九鼎也。鱼、腊皆二俎，明加鲜鱼、鲜腊。牛、羊、豕曰大牢。凡七鼎、九鼎皆大牢，而以鱼、腊、肠胃、肤配之者为七，又加鲜鱼、鲜腊者为九。"[1]

由此可以看出，西周时期祭祀菜肴、食品的使用情况，大抵分为四个等级，所用菜肴种类和数量是不同的。

"士"一级，祭祀菜肴为"特牲"，有两种情况：普通祭祀活动，用一鼎，盛小猪一只，不过根据不同的情形盛猪的器具有时用镬，有时用鼎，有时用俎，但只是单一的猪献；特殊场合，可以使用三鼎，分别盛上豕、鱼、腊三种菜肴，都属于"特牲"范围。

"大夫"一级，祭祀菜肴为"少牢"，用五鼎，分别盛有羊、豕、鱼、腊、肤五种菜肴，所用食品菜肴种类较之"士"有了很大的增加。

"卿大夫"一级，祭祀菜肴为"大牢"，用七鼎，分别盛有牛、羊、豕、鱼、腊、肠胃、肤七种菜肴，所使的食品菜肴种类较之"大夫"又有了很大的增加。

① 汉·郑玄注，唐·贾公彦疏. 十三经注疏·仪礼（二）. 上海：上海古籍出版社，2007年，第1~397页。

"天子"，祭祀菜肴为"大牢"（或称为"太牢"），用九鼎，分别盛有羊、豕、鱼、腊、肤、鲜鱼、鲜腊等九种菜肴，而且有时还有陪鼎三个，共计十二鼎，所用食品菜肴种类是最高级别的一种。

对此，著名史学家郭宝钧先生有进一步的研究，所反映的也是西周时期祭祀活动中，对于祭祀器具和祭祀菜肴食品的应用规定。具体内容如下。

一鼎：据《士冠礼》《士昏礼》《士丧礼》《士虞礼》和《特牲》的记载，'一鼎'的鼎实是豚，并规定为'士'一级用。

三鼎：据《士昏礼》《士丧礼》《士虞礼》《特牲》和《有司彻》等记载：

情况比较复杂，鼎实也不完全一样，《士丧礼》说是豚、鱼、腊，《特牲》说是豕、鱼、腊，而《有司彻》则说是羊、豕、鱼，即所谓'少牢'这是'士'一级在特定场合下用的。《孟子·梁惠王下》也说到士用'三鼎'。

五鼎：《聘礼》《既夕》《少牢》《有司彻》《玉藻》等都有'五鼎'的记载，其鼎实大概是羊、豕、鱼、腊、肤五种，亦称'少牢'。《孟子·梁惠王下》：'前以士，后以大夫；前以三鼎，而后以五鼎'，与《少牢》《有司彻》等记载相合，可见'五鼎'是'大夫'一级用的。

七鼎：《聘礼》《公食大夫》和《礼器》都有记载，其鼎实为牛、羊、豕、鱼、腊、肠胃、肤七种，即所谓'大牢'，是'卿大夫'用的。

九鼎：《聘礼》《公食大夫》都有记载，其鼎实为牛、羊、豕、鱼、腊、肠胃、肤、鲜鱼、鲜腊九种，亦称'大牢'。《周礼·宰夫之朝》记载：'王日一举，鼎十有二。'郑《注》：十二鼎为牢鼎九、陪鼎三，可见'九鼎'是天子用的，但东周的国君宴卿大夫时也用'九鼎'。[①]

用牛、羊、豕、鱼、腊、肠胃、肤、鲜鱼、鲜腊等作为祭祀菜肴食品，看来在三代时期，特别是西周时非常流行，它们虽然不是严格意义上的菜肴制作，但人们必须本着祭祀就要做到"必洁、必丰、必诚、必敬"[②]的虔诚态度，也就是说应该在祭祀中奉献自己最精美的食品，以示诚心。从这样的意义上来看，这些祭祀菜肴食品的制作水平也应该是相当讲究的。

对于西周时期祭祀菜肴食品的使用情况，从后世的孔府祭祀活动中也能够窥见一斑。据研究表明，孔府后世对孔子进行每年一度的祭祀大典，是严格传承了西周时期的礼仪制度的。据《阙里志》记载，用于祭孔的菜肴食品多达几十种。在大成殿内孔子正坛陈设前，其供祭菜肴食品有：

① 汉·郑玄注，唐·贾公彦疏. 十三经注疏·仪礼（二）. 上海：上海古籍出版社，2007年，第1~397页。

② 孔健. 新论语. 北京：中国工人出版社，2009年，第177页。

整牛一头、整猪一头、整羊一头

白饼、菱、榛、黍、稻

韭菹、菁菹、兔醢、黑饼

芡、粟、稷、粱

芹菹、笋菹、鱼醢、脾析

鹿脯、枣、形盐、藁鱼

醓醢、鹿醢、豚胉

和羹、太羹、铏羹[1]

这些用来祭孔的菜肴食品，不仅种类众多，而且颇具古代遗风。与史籍查对，发现所用之品与《周礼·天官》所记载的周天子之食颇相类似。据载当年周天子所食之品有：

麋臡、鹿臡、蠃醢、脾析

蜃醢、雁醢、蜃醢、蚳醢

豚拍、鱼醢、醓醢、兔醢

蜗醢、醓醢、卵酱、韭菹

昌本、菁菹、茆菹、葵菹

芹菹、深蒲、箈菹、笋菹

芥酱、酏食、糁食[2]

祭孔所用的食品，其中除了有些随着时代的变迁已被淘汰外，大部分与先秦相同。从这些菜肴祭品来看，除了生食品外，主要的是冷食品，醢是肉酱，脯为腌干肉，菹为腌菜类。这些菜肴的制作与热菜相比，较为简单，但要求却是相当严格的。

二、百姓祭品之荐

西周时期，最低等级的统治阶层可以用“一鼎”，盛上整只小猪进行祭祀活动，但对于一般老百姓来说是不可以用的，尽管当时的老百姓也都要进行各种各样的祭祀活动。据《国语·楚语》记载说：“庶人食菜，祀以鱼。”[3]说明，在先秦时候，一般的平民百姓日常的饮食是以菜蔬为主的副食菜肴，只有祭祀的时候，才能使用鱼。因而，与在先秦时期是庶民阶层用于祭祀的供

① 明·陈鎬撰. 阙里志. 明刻清修本。

② 林尹注译. 周礼今注今译. 北京：书目文献出版社，1985年，第55页。

③ 尚学峰，夏德靠译注. 国语·楚语. 北京：中华书局，2007年，第308页。

品是一样的。

其实，在先秦时，一般老百姓用什么食品进行"祭品之荐"，好像没有发现史料中有严格的规定。不过，对于一般老百姓来说，即便想使用更加像样一点的菜肴食品来祭祀先祖，其生活条件也是达不到的。尽管到了周代时，社会生产力水平大为提高，但其整体水平仍然无法与后世相提并论。特别是抵御自然灾害的能力还相当低下，遇有荒年，平民无粮可食，则只能挖野菜、食糟糠，或糠菜各半掺而食之，以维持生存。《战国策·韩策》云："民之所食，大抵豆饭藿羹，一岁不收，民不厌糟糠。"除了稷粟之外，豆类也是当时贫民阶层的主食。《礼记·檀弓》有"啜菽饮水"的记载。清朝著名经学家郝懿行释"啜菽"是豆半之，菜半之，合煮而成，或曰豆饭。"难怪孔子的弟子子路见此情景，大声疾呼："伤哉贫也，生无以为养，死无以为礼也。"[1]这种情况下，老百姓即使想用"少牢"之类的菜肴食品用于祭祀，也是做不到的。因此，只能用鱼一类的食馔来表达自己的虔诚之情。

因为在西周时，祭祀活动多样，祭祀内容也非常广泛，特别是在一些上层达官阶层与老百姓共同进行的一些祭祀活动中，其内容也是多样化的。据《史记·孔子世家》云："鲁世世相传以岁时奉祀孔子冢，而诸儒亦讲礼乡饮大射与孔子冢。"[2]据记载，孔子在先秦时期，由于地位不高，死后主要是他的学生每年给孔子进行祭祀，初时仅为少数人的行为，称为"路祭"，祭祀菜肴食品也是非常简单的。

"盟祀"在当时也很流行，据邾国《邾公华钟》铭云："以恤其祭祀盟祀，以乐大夫，以宴士庶子。"称为"荐祭礼"。"荐祭礼"也用于饭前的一些活动中。《论语·乡党》记录孔子得到君的赐食时，就进行"荐祭礼"，云："君赐食，必熟而荐之""食于君，君祭，先饭。"又说："虽疏食菜羹，必祭。"由此来看，孔子在布衣时，也和一般的老百姓差不多，有时即便是吃"疏食菜羹"，也要按照礼仪规范进行"荐祭礼"的。所以说，对于普通的老百姓来说，只要心怀诚意，祭祀所使用的食品菜肴是不怕简单寒酸的。

---

① 清·刘宝楠撰，高流水点校. 论语正义. 北京：中华书局，1990年，第98页。
② 汉·司马迁著. 史记. 卷一百二十九. 乌鲁木齐：新疆人民出版社，1996年，第594页。

第四节　运刀技艺与调和之术

菜肴制作水平的发达与否，取决于烹饪技术的发达情况。而烹饪技术在某种意义上体现在菜肴制作的刀工技艺与调味艺术之中。在我国的三代时期，尤其是在商周以后，随着青铜冶炼技术的广泛应用，锋利的厨刀与传热效果优良的炊具的出现，有力地促进了这一时期菜肴的制作加工水平。

一、"脍不厌细"的刀工技术

孔子的弟子在所编辑的《论语·乡党》篇中，记录了孔子"食不厌精，脍不厌细"著名的饮食训导，并还提出了"割不正不食"的菜肴制作标准。这两句中，都牵扯到了菜肴制作中的一个较为关键的环节，就是刀工技艺。我国古代典籍中总是把古代的烹饪技术称之为"割烹"之道，就已经说明了刀工技术在菜肴制作中的重要性。因此，割而有烹（也就是先割后烹）就成为中国菜肴制作的特殊标志了。

随着饮食水平的提高以及薄刃青铜刀具在商周时期的出现，这一时期烹饪中的刀工技术也有了很大的发展，特别是在对整体、大型原料的处理技术上，有了很大进步，包括从鲜活原料的宰杀、剔骨出肉，到原料的分档取料等各个方面。

据古代文献记载，商代宰割牲畜的方法是对剖牲畜的整体，甲骨文中的杀牲曰"卯"，就是对剖牲畜全体的意思，还是一种较为粗糙的刀工处理方式。但发展到了周代，由于周王及其贵族们对食肉是十分讲究的。首先要挑选适宜屠宰的牲畜，辨别牲畜各种部分，然后再进行宰割和清洁处理。这一方面是为便于解削牲体，另一方面也是为了把牲畜的肉进行分类。

根据《周礼》的记载，西周时，人们对牲畜的宰割分类非常细致，大的分法称为"豚解"，细的分法称为"体解"。豚解是将牲体分割为七块，即肱二、股二、脊一、胁二。其中左右前肢叫肱，左右后肢为股，体中曰脊，脊的左右是胁。体解则是将牲体分割为二十一块，即肱骨六、股骨六、脊骨三、胁骨六。如前肢肱骨：最上是肩，肩下为臂，臂下为臑；后肢股骨：最上是肫，也叫膞，肫下为胳，或作骼，胳下为觳；中体正中脊骨：前为正脊，中为脡脊，后为横脊；

脊两旁之肋胁骨：前为代胁，中为正胁，后为短胁。[①]

因为有了非常细致的对牲畜肉体的分割与分类，厨师可以针对不同部位的肉质情况，进行不同的切割处理，以便于根据菜肴的技术要求进行烹制，这样制成的各种肴馔，其品质和风味必然会有很大的提高。如当时人们把动物体上肉多体实的部分称为"敫"或"大脔"，它们都是大块的肉，可以红烧、焖炖。这些大块的肉还可以细切成为肉片或肉丝，即古代的"脍"。"脍不厌细"即指此，这种脍便于人们直接烹炒制成菜肴。脊椎两侧的精肉称为"朊"或"胰"等，这些部位的肉除了可以鲜烹成为菜肴外，还可以用来腌成肉干之类。其他如舌、心、肺、胃、肠等，则根据不同的食用要求，制作各种肴馔，是周王室"庶羞"的主要原料。

由于周代重视菜肴制作中对动物肉的切割要求，所以当时庖人必须掌握精湛的刀工技术，才能够胜任菜肴制作的工作，尤其是在为周天子及其家族服务的厨房里。庄子在所写的《庄子·养生主》中撰写了一个"庖丁解牛"的故事，其中有对当时"良庖"刀工技艺的描写，反映的就是我国周人刀技精湛的内容。《庄子·养生主第三》云："庖丁为文惠君解牛，手之所触，肩之所倚，足之所履，膝之所踦，砉然响然，奏刀騞然，莫不中音……。良庖岁更刀，割也，族庖月更刀，折也。今臣之刀十九年矣，所解数千牛，而刀刃若新发于硎，彼节者有间，而刀刃无厚，以无厚入有间，恢恢乎其于游刃必有余地矣。"这个庖丁的刀工技艺确已达到出神入化的境地，一把用了近二十年的刀，在牛的身上依然游刃有余，可以随意将牛分解成为制作菜肴需要的不同的部位。

二、菜肴的造型之美

中国菜肴的造型之美，历来就是一个评定菜肴的质量标准，习惯上衡量菜肴质量优劣是由"色、香、味、形、器"五大标准构成的，可见菜肴形状的重要性。菜肴的造型，一般来自于两个方面，一是自然之美，二是艺术之美。要达到艺术美的菜肴，就必须依靠运用刀工技艺来实现。《论语》中的"割不正，不食"，就属于菜肴形态美的范畴。为了达到菜肴的形态之美，就要根据美的标准把食品原料切割成为不同的形状，如丝、片、丁、条、块、米、粒等。商周时期，尤其是西周时期，菜肴制作对于刀工的要求相当讲究，特别是上层社会中的宴席菜肴尤其追求刀工切割技术的应用，实际上是追求菜肴的造型之美。孔子的

---

① 中国社会科学院考古研究所编. 殷周金文集成. 第一册. 北京：中华书局，2007年，第149页。

"脍不厌细"所反映的就是这一时期菜肴制作的刀工要求。

《礼记·内则》中对于不同原料的切割处理，都有具体的规定。云："肉腥，细切为脍，大者为轩。或曰：麋、鹿、鱼为菹，麕为辟鸡，野豕为轩，兔为宛脾，切葱若薤，实诸醯以柔之。"这段话的意思是说，无论畜肉还是鱼肉，切细的叫脍，切成块的叫轩。又有一种说法，麋、鹿、鱼要切成薄片，麕要细切，野猪要切成块，兔肉宜细切。这些规定应该是出于菜肴烹饪的需要，也有经验的总结。同书所记录的"八珍"菜肴，就具体反映宫廷菜肴对于刀工技术的应用。如：

"炮，取豚若将，刲之刳之"。

"渍，取牛肉，必新杀者，薄切之，必绝其理。"

"糁，取牛、羊、豕之肉，三如一，小切之与稻米酏。"

"肝膋，……，小切狼臅膏，以与稻米为酏。"

"刲之刳之""薄切之，必绝其理""小切之"等的具体要求，都是当时烹饪刀法的应用和菜肴制作的要求。这在西周时"脍"的切制最为明显。《礼记·少仪第十七》有："牛羊与鱼之腥，聶而切之为脍。"注云："聶而切之者，谓先，聶为大脔，而后细切之为脍也。"[1]《说文解字》说得很明白："脍，细切肉也。"[2]《释名·释饮食》亦说："脍，会也。细切肉，令散，分其赤、白，异切之，已乃，会合和之也。"[3]《诗经》中有"炰鳖脍鲤"的诗句，《孟子》中提到的"脍炙"，都是体现菜肴的刀工技术的。

三、"雕卵"技艺

这一时期的菜肴制作，还出现了我国最早冷菜制作与食肴的雕刻装饰。春秋战国时期，我国的经济各地区发达情况不一，但在像齐国等经济发达地区，出现了鼓励民众高消费来促进经济发展的政策。被认为成书于这个时期的《管子·侈靡》篇中，就提出了"莫善于侈靡"的消费理论，提倡"上侈而下靡"，号召人们尽管去吃喝玩乐。其结果是从某种程度上促进了菜肴制作技艺的发展。人们把各种食物拼摆成各种美丽造型的冷菜拼盘，用于宴席或祭祀场所，这种艺术冷盘叫做"饤"，就是类似现在的花色拼盘。还有食品菜肴雕刻技艺，《管子·侈靡》记录说："雕卵然后瀹之，雕橑然后爨之"，[4]是说在鸡蛋上雕刻上图纹再拿去煮着吃，木柴上也雕刻上花纹再拿去烧。对此，晋人《荆楚岁时记》说："左传有

① 陈澔注. 礼记集说. 上海：上海人民出版社，1987年，第197页。
② 汉·许慎撰. 说文解字. 北京：中华书局出版，1963年，第90页。
③ 清·王先谦撰集. 释名疏证补. 上海：上海古籍出版社，1984年，第211页。
④ 陶文台等. 先秦烹饪史料选编. 北京：中国商业出版社，1986年，第156页。

中国菜肴文化史

季郈斗鸡，其来远矣。古之豪家，食称画卵，今代犹染蓝茜杂色，仍加雕镂，递相饷馈，或置盘俎。"①查《左传》中确有记载季氏与郈氏斗鸡的故事，但无"雕卵"之说。"雕卵"就是经过雕刻上花纹的鸡蛋，而"画卵……仍加雕镂"是先经过绘画后再行雕刻，以便使图案刻画得更加准确。而且这些经过雕刻的鸡蛋虽然开始是为了"斗鸡子"之用，但又可"递相饷馈，或置盘俎"，说明是可以食用的菜肴食品无疑。实际上，"雕卵"之技在三代以后得以传承，晋人《荆楚岁时记》还记载说："寒食禁火三日，造饧、大麦粥、斗鸡、镂鸡子。"②所谓"镂鸡子"就是在鸡蛋上雕刻镂画各种图案花纹的意思。宋人《文昌杂录》则记载唐代对此仍有沿袭。云："唐岁是节物……寒食则有假花鸡球、镂鸡子。"③

第五节 "五味三材"的菜肴烹调理论

随着烹饪技术和菜肴制作水平的不断提高与发展，在烹调实践中积累起来的许多菜肴制作的经验越来越引起时人的重视，甚至有一些政治人物借用菜肴烹饪的原理来比喻治国的道理。于是，在这一时期出现了对我国早期烹调技术与菜肴制作理论性总结的文章，进入了中国菜肴烹调制作理论的萌芽期。

一、伊尹的"本味"之论

在我国的三代时期，由于菜肴烹饪技术水平的高度发达，许多先秦著作中都有关于烹饪理论的总结和运用，其中较为完整、而且具有系统性的理论总结，当是在《吕氏春秋》④一书中。《吕氏春秋》亦称《吕览》，是战国末年秦朝相国吕不韦组织他的门客们编写的一部杂家著述，全书26卷，分12纪、8览、6论，

① 清·蒋廷锡等编. 岁时荟萃. 影印本. 上海：上海文艺出版社，1993年，第018册之39页下。
② 清·蒋廷锡等编. 岁时荟萃. 影印本. 上海：上海文艺出版社，1993年，第018册之39页下。
③ 清·蒋廷锡等编. 岁时荟萃. 影印本. 上海：上海文艺出版社，1993年，第018册之38页下。
④ 陶文台等. 吕氏春秋本味篇选注. 北京：中国商业出版社，1986年，第7～11页。

共160篇，约20万字。这部书以儒、道思想为主，兼及名、法、墨、农及阴阳家言，汇合了诸子百家的学说，是秦统一天下，治理政事的思想武器。该书还广集"天地万物古今之事"，引证许多古史旧闻以及天文、历数、音律、农学、食饮等方面的知识，是研究先秦史的重要资料。

在《吕氏春秋》中有"本味"一篇，里面记述了烹饪之圣"伊尹"的故事。著作中通过伊尹之口，谈调味的要诀，论用火的功效，述天下的美味，分析不同动物肉的优劣，评述菜肴质量的高低，是我国第一篇烹调理论专著，具有很大的研究价值。《吕氏春秋·本味》，充其量不过是一篇文章，但却简明扼要地对中国先秦及其以前的烹饪实践进行了系统总结，尤其首先开创了对菜肴烹饪调味理论的研究。

自古以来，人们就认为中国菜肴制作是一个"水火相济"与"五味相和"的有机结合过程。因此，《吕氏春秋·本味》首先从菜肴的"味"入手，论述了菜肴烹饪用水、用火及调味的重要性，并且介绍了有关的方法。《吕氏春秋·本味》，认为：首先，在菜肴制作过程中，水不仅是传热介质，而且还是调味介质。所谓"凡味之本，水最为始，五味三材，九沸九变，"就是讲调味料下锅以后，只有通过水才能渗透到内层原料中去。水量不同，渗透的程度不一，水温不同，味道的组合也有很大的差异。它提醒烹饪工作者，在菜肴烹制中一定要学会用水。其次，在菜肴制作过程中，去掉原料的异味是调味的关键，而除去原料异味的关键是灵活掌握用火的技巧，即掌握火候。说："火之为纪，时疾时徐，灭腥去臊除膻，必以其胜，无失其理。"这就是说，火力的大小应当根据原料成熟的情况恰当掌握，根据变化情况适时变通。只有这样，才能利用不同的火力把各种异味去掉，使香气溢出。再次，使用调味料时要注意调味的层次感，准确掌握不同调味料的使用分量与加入的时间，是非常关键的。云："调和之事，必以甘酸苦辛咸，先后多少，其齐甚微，皆有自起。"这里所说的"先后多少"四字就是调味的要诀，是在无数实践中得到的调味技巧，如果失之毫厘，就会差之千里。所以说，无论是菜肴的基础调味、确定性调味和辅助调味，抑或是味道的组合与味感的层次效果，关键都在于调味料加入时的种类、分量与时间是否掌握的恰如其时和恰到好处。这是"五味调和百味香"的原因所在。最后，菜肴在烹饪过程中，必须要随时注意菜料和调味品、水火等的变化，因为"鼎中之变""精妙微纤"，稍不注意就会使其前功尽弃，而烹制不出美味的菜肴来。

《吕氏春秋·本味篇》除了对菜肴烹饪的用水、用火、调味进行了总结外，还在其他方面进行了论述。第一，是对动物原料的性味论述，云："夫三群之虫，水居者腥，肉攫者臊，草食者膻。臭恶犹美，皆有所以。"水居者指的是鱼虾蟹等水产类动物，肉攫者指的是虎豹等食肉的野生动物，草食者指的是牛羊等

中国菜肴文化史

食草类家养动物。不同的生活环境与食源，决定了这些动物分别带有腥、臊、膻等异味。无论是鱼虾、虎豹，还是牛羊的肉质都是好的，但其气味较大。这就要求厨师在烹饪时首先必须把其中的异味去掉。第二，从人的感官意义上对菜肴的评价标准进行了总结，说"久而不弊，熟而不烂，甘而不哝，酸而不酷，咸而不减，辛而不烈，淡而不薄，肥而不𦞼，"这些要求表面上看是非常刻薄的，但它却反映出了古人特别重视菜肴味感的和谐之美。第三，是总结了对食物原料的选择经验，并对当时天下的各种原料和地方特产进行了介绍，对我们今天研究先秦时期的烹饪原料情况具有非常重要的价值。

《吕氏春秋·本味篇》是借助伊尹的口，对我国早期的烹饪实践进行了理论总结，是我国历史上第一篇烹饪理论文章。根据史料记载，伊尹名挚，生活在约公元前16世纪的夏末商初，辅佐商汤，立为三公，官名阿衡。

伊尹从小是在庖人的教导下长大成人的，成了远近闻名的能人。商汤听到伊尹的声名，三次派人向有莘氏求贤。后来商汤向有莘氏求婚，这使得这个小邦之君十分高兴，不仅心甘情愿地把女儿嫁给了商汤，而且还答应让伊尹做了随嫁的媵臣。商汤郑重其事地为伊尹在宗庙里举行了除灾去邪的仪式。到了第二天，商汤正式召见伊尹。伊尹开口就从饮食调味、烹饪之道说起，以此引起商汤的兴趣。伊尹认为，凡是当政的人，都要像厨师做菜调味一样，懂得如何运用好甜、酸、苦、辣、咸五味。在此基础上，掌握各种烹饪技巧，最后烹制出来的菜肴必定是"五味调和"。作为一个国君，自然也要体察民间百姓的疾苦，洞悉广大劳动者的心愿，才能满足他们的要求，把国家治理好。

二、美味菜、羹

《礼记·内则》记载说："大夫燕食，有脍无脯，有脯无脍；士不贰羹胾；庶人耆老不徒食。"在下面的注释中又云："疏曰，若朝夕常食，则下云羹食，自诸侯以下至于庶人无等。"[①]这种饮食上的尊卑之分，反映出了周代时期严格森严的等级制度。但当时在饮食菜肴品类中，只有羹是无等的，是什么人都可以享用的。

那么，羹在周朝时为什么会成为如此被广泛食用的菜肴呢？

羹字从羔从美，羔是小羊，美是大羊，由此可知最初的羹主要是用肉为原料制作而成的一类菜肴，所以《尔雅》中有"肉谓之羹"的说法。但当时对于一般老百姓来说，没有许多肉可以用来做羹的，所以就用蔬菜为之，于是后世才有以

---

① 陈皓注. 礼记. 上海：上海古籍出版社，1987年，第158页。

蔬菜为羹的菜肴制作，发展到后来羹也就成为普通汤菜的通称，不专指肉煮的汤菜系列了。

我国三代时的羹类制作种类极其繁多。最初的肉羹，称之为太羹、铏羹，它们是一种不用五味调和的肉汁类菜肴，这也是羹的最原始做法。这种羹在西周时主要用于祭祀，《周礼·天官·烹人》说："辨膳馐之物，祭祀，共大羹、铏羹，宾客，亦如之。"①祭祀之外，也用来招待客人。用大羹作祭品菜肴时，其意思是人们想以质朴之物交于神明，以讨得神明的欢心，带有讨好的意味。如果用太羹来招待宾客，则是为了让人们回忆饮食的本始，带有追溯往昔的意味。因此，西周时的大羹，更多的则是代表一种高贵的食品菜肴。这种羹食用时，要放在火炉上持续加热，以便进食时能够热着吃。由于"大羹不调五味"，所以只有热时味道会好一些，因此古人的大羹是要"在爨"的。所谓"在爨"，就类似现在的火锅。考古发现过不少周代的炉形食鼎，鼎中可以放上木炭燃烧，可能就是用作温热大羹的器具。

西周时期，太羹、铏羹之外，随着菜肴烹饪技艺水平的日益提高，制羹的方法也日益复杂起来。这时羹的名目很多，几乎所有可以入口的动物肉都可以作羹，羹的名称随着肉的品种不同而有了许多不同的称谓。据不完全统计，仅见于古代文献中的羹名就有羊羹、豕羹、犬羹、兔羹、雉羹、鳖羹、鱼羹、脯羹、鼋羹、鸡羹、鸭羹、鹿头羹、羊蹄羹、芼羹、牛羹等，其种类丰富多彩，不胜枚举。这些羹在制作过程中，除了要用肉、蔬菜外，有的还要加上一些经过碾碎的谷物粉剂，以达到黏稠的效果，这是古代人制作羹的传统方法。所以，郑玄在《礼记·内则》注中说："凡羹齐宜五味之和，米屑之糁。"②也有人称之为"糁羹"。在当时，一般平民百姓食的羹，多用葵、藜、蓼、芹等蔬菜来代替肉，制成"菜羹"。正如《战国策·韩策》中云："民之所食，大抵豆饭藿羹。"这也证明了平民百姓的羹食用料是以蔬菜、米屑为主加工而成的。

在先秦时期，人们对吃羹是非常有讲究的，尤其是在西周的贵族阶层。他们除了羹的用料极为讲究以外，还注意与饭菜的搭配，《礼记·内则》中记载：雉羹宜配菰米饭，肉羹、鸡羹宜配麦饭，犬羹、兔羹宜配稻米饭等。《仪礼·公食大夫礼》也记载了肉羹与蔬菜的搭配方法，说：牛羹宜于藿叶（豆叶），羊羹宜于苦菜，豕羹宜于薇菜相配等。

羹在三代人的饮食中占有十分重要的地位，特别是在周代，人们日常佐餐下饭，都以羹为主，羹是最大众化的菜肴，所以《礼记·内则》中说："羹食，自

① 林尹注译. 周礼今注今译. 北京：书目文献出版社，1985年，第40页。
② 陈皓注. 礼记. 上海：上海古籍出版社，1987年，第158页。

中
国
菜
肴
文
化
史

诸侯以下至于庶人无等。"中国人吃羹食的历史应该在其后一直延续了很长的时间，羹的品种也有不断增加，只是到隋唐以后，由于菜肴制作技术的不断提高，菜肴的种类和数量也在日益增多，羹在菜肴中的地位有所下降，逐渐由主菜变成了辅助性菜肴，即后世人们所谓统称的"汤羹"类菜肴。

羹是先秦及其以远时代人们最为重要的菜肴，但在当时只称为"羹"，不是后世菜肴的概念。当时菜肴一般统称为"膳羞"。由于周有鉴于商的教训，禁止大量饮酒，其结果反而成就了西周时期的烹饪技艺发展，所以周代的饮食文化贡献主要是在菜肴的制作技艺上。西汉人郑玄在所注释的《周礼·天官·膳夫》时，把当时的菜肴制作统称为"膳"，云："膳，牲肉也，膳之言善也。"[1]当时饮食之善者必备肉，所以古人总以肉来解释"膳"。而"羞"，也是当时一类菜肴的统称。

郑玄在对"羞"作注时说："有滋味者"，又说"出于牲及禽兽以备滋味，谓之庶羞"。"羞"字从"羊"，羊在古人的心目中为肉食中的佳品。因此，羞字从羊，与美、善同义。可见，"膳羞"在当时就是以肉为主体加工制成的美味佳肴，它们都是用来祭祀神灵、祖先和招待客人的美味之品。所以，《说文解字》释云："羞，进献也。从羊，羊所进也"。[2]

羞在当时也是种类繁多的一大类菜肴，古在《周礼·天官·膳夫》中有"百羞"的说法。云："膳夫，掌王之食饮膳羞，以养王及后世子。凡王之馈，食用六谷，膳用六牲，羞用百有二十品。"[3]一百多种羞类菜肴的制作，堪称洋洋大观，其制作自然也就是多种多样的了。但至于哪些菜肴属于"羞"，当时又有些什么样的"羞"品菜肴，限于资料，就不得而知了。但通过综合古代文献，可以看出，羞在当时除了泛指肉类菜肴之外，也指用各种谷物粮食加工精制而成的具有美好滋味的饭食点心。

由于"羞"是有滋有味的菜肴食品总称，所以我国至少在周代时，菜肴的调味水平已经达到了一个相当高的技术层次，反映了当时菜肴烹饪技术的发达程度，也展现了我国古代人无限的聪明才智。

三、孔子当年所吃的菜肴

中国儒家文化的创始人孔子，是一个生活在春秋战国时代的思想家，由于他对中华民族文化繁荣的伟大贡献，被后世奉为"圣人"。我们今天可以通过孔子

---

① 林尹注译. 周礼今注今译. 北京：书目文献出版社，1985年，第34页。
② 汉·许慎撰. 说文解字. 北京：中华书局，1963年，第310页。
③ 林尹注译. 周礼今注今译. 北京：书目文献出版社，1985年，第34页。

当年的饮食状况，来窥见我国先秦时的菜肴发展情况。

孔子的一生非常丰富多彩，他小时候的家庭条件也是非常贫困的，他曾亲口对他的弟子说过："吾少也贫贱，故多能鄙事。"他做过鲁国的高官，离职后又过着流浪的生活等。通过一些零散的资料，我们可以发现，当年的孔子所吃的菜肴大约有如下的种类。

《论语·乡党》记录说："自行束脩以上，吾未尝无诲焉。""君赐食，必正席先尝之。君赐腥，必熟而荐之。君赐生，必畜之。""沽酒市脯不食。""割不正不食，不得其酱不食。""不撤姜食，不食。"在这些零散的记录中，出现的菜肴有肉脯、鱼、猪羊、酱、姜等。

鱼在先秦时，是老百姓用于祭祀食品菜肴，孔子在未出仕之前，就曾得到过鲁君赐予的食品，就是鱼。孔子是在贫困艰苦生活条件下，通过艰苦的学习和奋斗把自己锤炼成了一个意志坚强的青年人，二十九岁时，便由于他的学识出众，在鲁国已小有名气。就连当时鲁国的国君鲁昭公也对孔子的才学赞赏几分。所以当孔子的妻子生下第一个孩子时，鲁昭公竟破例派人送去了两条大鲤鱼以示庆贺。孔子因是庶民阶层，国君只能送鱼以贺。由于在当时的鲁国还是严格周礼的等级制度的。周礼规定：天子祭祀用太牢，士大夫可用少牢，而平民阶层只能用鱼和蔬菜荐之庙事。国君赐鱼贺喜这对孔子来说已经是受宠若惊了。

肉脯在先秦时是广为流行的肉类菜肴，"自行束脩以上，吾未尝无诲焉。""沽酒市脯不食。"说的都是肉脯的事。在当时，肉脯就像我们现在的各种点心一样，是可以拿来作为礼品馈赠人的，在孔子那里，还可以充当学费使用。因此，肉脯的制作技术也是当时最发达的菜肴制作表现之一。孔子晚年时，当他的得意弟子颜路喜得贵子的时候，他也是拿出了6条肉脯送给颜路作为贺礼的。

乳猪的制作在当时堪称菜肴之珍贵者，《论语·阳货》有这样一段有趣的文字："阳货欲见孔子，孔子不见。归孔子豚，孔子时其亡也，而往拜之，遇诸涂。"《孟子·滕文公下》也有类似的记载，云："阳货孔子之亡也，而馈孔子蒸豚。"说起来，这里面有一段鲜为人知的故事。阳货为了拉拢孔子，就趁着孔子不在家的时候送了一只乳猪给孔子，但孔子不想和他们同流合污，就趁着阳货不在家的时候，又送了回去。乳猪在西周时的制作方法有烤、蒸、炙、炮等，其烹饪技术水平都是相当高超的。

"醢"，也就是酱，在当时是从皇室到民间最为流行的佐餐菜肴，《论语》有"不得其酱不食"的记录，说明孔子对酱的喜好程度。但《礼记·檀弓上》记云："孔子哭子路于中庭，有人吊者，而夫子拜之既哭。进使者而问故。使者曰：'醢之矣。'遂命覆醢。"这段文字记录的是孔子因痛失爱徒子路而弃不食酱的故事。

"菹"类菜肴在西周时也是比较流行的一类菜肴，孔子在学习和探研"周礼"

的过程中，曾吃过"菖蒲菹"。孔子在一次与人的交谈中，听说当年周文王有一个嗜好，喜欢吃菖蒲。然而，菖蒲的味道苦涩难咽，周文王为什么要吃呢？原来，在《周礼》中规定，"菖蒲菹"是用于祭祀祖庙的必备之物。周文王之所以要吃，并不是因为有什么饮食怪癖，而是为了证明周礼规定的权威性和实用性。味虽不美，也要坚持食用。孔子听后，心里非常激动。不久回到曲阜后，也开始学习周文王的精神，尝食"菖蒲菹"验证当年周文王的感受。但是菖蒲的味道实在太不合乎孔子的口味了。孔子不怕苦涩，皱着眉头，梗缩着脖子强咽硬食。就这样，孔子坚持吃了三年，才逐渐习惯了菖蒲的味道。

在孔子贫困的时候，也吃过"粝羹米糁""蔬菜瓜齐"之类的蔬食菜肴，如孔子生活最为艰苦的日子，是他的十四年周游列国的奔波生涯。其间有遇到优裕生活礼待的时候，也有连饭都没得吃的日子。先秦及其后世诸多史籍所记载的"孔子困于陈蔡之间，即三经之席，七日不食，藜羹不糁，弟子有饥色，读书习礼乐不休。"[①]的史实，就是这一阶段的最好写照，也反映了孔子当年在生活艰辛时的饮食状况。

四、《黄帝内经》的调和养生观

从饮食养生的角度来看，成书于先秦时期的《黄帝内经》一书，是中国历史上最伟大的著作之一。其所反映的我国早期人们对于饮食调和养生的思想，即使在今天也具有一定的进步意义。

首先，科学的膳食平衡原则，是《黄帝内经》的重要观点之一。《素问》篇明确提出了"五谷为养，五果为助，五畜为益，五菜为充，气味合而服之，以补精益气"的配膳原则。其时，人们已经认识到谷物、水果，畜禽、蔬菜对人体不仅是保持健康的必须食物，而且具有"养""助""益""充"的不同作用。

"五谷"在古代泛指各种谷类和豆类。"养"，即养育之意，"五谷为养"是指人们应该主要依靠谷物来养育机体，以保生存及从事生产劳动。现代营养科学研究阐明，人体要维持正常的机体代谢等生理功能，必须要有充分的能量供应，谷物中的成分主要是淀粉，进入人体后即转化为糖，成为人体热能的主要来源。谷物中还含有一定数量的蛋白质（一般为7%~10%），且为人体所必需。因而，"五谷"可以"养"体。

"五畜"在古代并非指五种牲畜，乃是泛指畜肉、禽类、乳蛋类的荤食品而言。动物肉类食物含有充足的优质蛋白质、丰富的脂类物质及足量而平衡的B族

---

① 汉·韩婴撰，许维遹校释. 韩诗外传. 卷七. 北京：中华书局，1980年。

维生素等。这些营养物质对生长发育，增强体质具有重要的作用。"益"即补益的意思，所以"五畜为益"的观点是非常正确的。

同样，在我国古代，"五果"与"五菜"是泛指所有的果品类和蔬菜类。果类及菜类是人体所需要几种主要维生素与矿物质的主要来源。食用蔬菜、水果，不仅能使人体摄取较多的维生素C和胡萝卜素，以防止维生素缺乏症，而且其中足量的钠、钾、钙、铁、镁、锰、钼等矿物质元素的存在，使果菜类成为碱性食物，在人体的生理活动中，起着调节体液酸碱平衡以及对心血管健康的维护作用。果菜中的纤维素与半纤维素可刺激胃液分泌和大肠的蠕动，增加食物与消化液的充分接触，从而促进消化道对食物的消化吸收，同时有利于体内废物的排除，以免残物久滞于消化道内所造成的毒害作用，减少某些食道性疾病的发生。果菜中所含的糖及有机酸等物质，既可为人体提供一定的热量，又可形成良好的风味，从而增进食欲。某些果菜中还含有挥发性芳香油，因此，不但味美增食欲，而且可以杀菌。

由此可见看出，《黄帝内经》所提出的配膳理论，不仅完全符合现代科学的研究成果，而且高度地概括了中华民族的饮食特色及饮食养生原则。

建立合理严格的用膳制度，是《黄帝内经》的又一伟大贡献。《黄帝内经·素问》说："人以水谷为本，故人绝水谷，则死。"在指出水谷对于机体生存有着无比的重要性之后，接着又提出"食饮有节"，"无使过之"的观点。这一观点也和今天的营养科学相一致。据现代营养学研究认为，人生命的早期，如过度进食，就会促成早熟，而成熟之后，若营养过量，则可增加肥胖症和某些衰退性疾病的发生，从而导致寿命缩短。从国内外关于一些著名的长寿村及长寿者的调查来看，长寿的妙法之一，就是坚持执行定时、定量、有节制、低能量的饮食制度。而这种养生之道被两千多年前的我国古代人认识，实在难能可贵。

提倡膳食的多样化也是符合现代营养学原则的。《黄帝内经·素问》提出了"谨和五味"的论点，提倡膳食多样化，反对偏食。我国传统医药学历来认为，食物有寒、热、凉、湿、平、咸、酸、苦、辛、甘，以及补、泻等气味之分。若长期吃某种或某类食物，就为单味、偏食。只有多样化的膳食，才可能从各种食物中获得足够且平衡的各种养分，以满足机体多方面的需要。同时，在《黄帝内经》中，还记录了我国最早的药膳菜肴的配方与制作技艺，是了不起的伟大贡献。

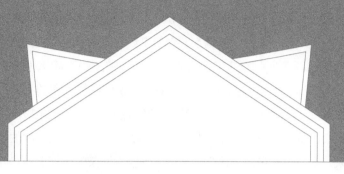

第三章

奢侈华美的两汉菜肴

我国的两汉时期，由于铁制工具的大力推广应用，不仅有力地提高了生产力水平，经济进入中国封建社会第一个发达阶段，而且，随着烹饪设备、工具等的改革，食品加工、菜肴烹饪等技术有了非常大的改进与提升，我国汉代的菜肴制作技术达到了一个新的水平，菜肴品种逐渐丰富起来。

西汉桓宽在所撰写的《盐铁论·散不足》中说："今民间酒食，肴旅重叠，燔炙满案……众味杂陈"，[①]就是当时食肴烹饪与饮食水平提高的真实反映。之所以两汉时期出现了如此发达的经济繁荣景象与较高的生活水平，主要是由于汉朝自公元前206年建立以后，统治者采取了一系列恢复生产的措施，通过重视农业，减少劳役，减轻赋税等措施，使当时的人们从长期的战争破坏中得到了休养生息的机会，从而促进了农业的发展。农业的快速发展又使当时的工商业也随之活跃起来。到了汉武帝时，社会已经进入到较为繁荣的时期。

经济的繁荣昌盛，必然要体现在饮食烹饪的水平上。根据史籍的记载与我国许多地区出土的汉代陶俑、砖石画像等显示，我国汉代的宴饮水平、菜肴制作水平已经从先秦粗犷的审美风格中，向精致细腻的方向发展，因而食馔的制作分工日益细化。至少在东汉时期我国的肴馔加工已有了红、白案分工，即有了专门以菜肴制作为主要职责的"红案"庖厨，使菜肴制作的技艺在专门化的分工情况下得到了更快的发展。

两汉时期的饮食发展状况以及菜肴制作技术的水平，可以通过以下几个方面得到了解与总结。

第一节　竹简刻石上的食单

文献中记录的汉代菜肴资料极其零散，主要是在《汉书》《后汉书》《盐铁论》及汉赋中，而最能集中反映汉代菜肴状况的是在汉代出土的大量文物中，尤其是在竹简和刻石画像中，汉代的菜肴制作与菜肴种类等情况在竹简、刻石中有大量的记录，为我们研究汉代菜肴烹饪情况提供了可靠的史料证据。

---

① 汉·桓宽原著. 盐铁论. 上海：上海人民出版社，1974年，第67页。

一、马王堆汉简上的菜肴

在许多历史资料中，记录汉代菜肴最多的是在湖南省长沙市东郊出土的马王堆汉墓遣策，其中记录了大量的菜肴，包括炙菜、羹菜、脍菜、烩菜、熬菜、煎菜等，成为今天我们研究汉代菜肴烹饪珍贵的历史资料。马王堆汉墓指西汉初期长沙国丞相、轪侯利仓及其家属的墓葬。在该墓葬中，仅一号汉墓中出土记录随葬品情况的"遣策"竹简就有313枚。[①] 其中，半数以上是记录随葬食品的，计有调味品、饮料、主食、面点、菜肴、果品等类。下面对马王堆遣策中的菜肴情况简要描述如下。

1. 羹类菜肴

马王堆遣策中记录的菜肴数量最多的是羹类菜肴，计有23种之多。其中有的是使用单独的动物肉加工成的，有的是肉粮配合制成的，也有的是肉菜混合而制成的，还有一些是肉、粮、菜等多种原料配合制成的。这些汉代羹类菜肴各具特色，风味美好。马王堆遣策中记录的羹类菜肴有：

牛首醢羹、羊醢羹、鹿醢羹、豕醢羹、豚醢羹、狗醢羹、鳪醢羹、雉醢羹、鸡醢羹、牛白羹、鹿肉鲍鱼笋白羹、鹿肉芋白羹、小叔鹿泤白羹、鸡白羹瓠菜、鳙白羹、鲜鳜禺鲍白羹、狗巾羹、窟巾羹、鳙禺肉巾羹、牛逢羹、豕逢羹，牛苦羹、狗苦羹等。

因为羹类菜肴属于带汁的汤菜类，古代人是用鼎盛的。在马王堆遣策中则是用"×××羹一鼎"的记录来表示的。如"鹿肉鲍鱼笋白羹一鼎""狗苦羹一鼎"等。在这23种羹中，如"牛首醢羹""羊醢羹"等是使用腌菜配合制成的。根据研究成果表明，有学者认为"醢"即腌菜，则凡是带有"醢"字的均为加入腌菜的羹，约有9种。其中带"白"字的为白米饭，也就是说凡是带有"白"字的羹，均为加入白米饭的羹，如"牛白羹""鹿肉芋白羹"等，共有7种。而"巾"字指的"芜菁"菜，"逢"字指的是"蓴菜"，"苦"指的是"苦菜"。那么，"狗巾羹""窟巾羹""鳙禺肉巾羹""牛逢羹""豕逢羹""牛苦羹""狗苦羹"就是分别配用芜菁菜、蓴菜和苦菜制作而成的羹了。

虽然这些羹类菜肴的主料不外乎使用牛肉、羊肉、犬肉、野鸡肉、鸭肉、鸡肉、鹿肉等制成，但由于每一种羹的配料不同，使用了包括稻米、小豆、芹菜、芜菁、苦菜、笋、瓠、藕等，使羹类菜肴更加丰富多彩，羹类菜肴的口味与特色自然也就有一定的区别。这不仅在某种程度证明了汉代菜肴制作趋于精细的发展

---

① 本书所引用的马王堆遣策汉简，以唐兰《长沙马王堆汉轪侯妻辛追墓出土遣策考释》
为主要依据，见《文史》第十辑。

倾向，同时也使菜肴的品种得到了不断的增多。

2. 脍炙类菜肴

我国"炙"的烹调方法由来已久，所以炙类菜肴在古代一直占有重要的地位，在汉代依然延续了这一特点。在马王堆出土的汉代遣策中，记录的炙类菜肴近十种就是证明。马王堆汉代遣策中记录的炙类菜肴有：

"牛炙一笥"（简38）。牛炙，就是类似现在的烤牛肉；

"牛劦炙一笥"（简39）。牛劦炙，就是烤牛肋排；

"牛乘炙一器"（简40）。牛乘炙，就是现在的烤牛里脊条；

"犬其劦炙一器"（简41）。犬其劦炙，此为烤狗肋排；

"犬肝炙一器"（简42）。犬肝炙，这道菜当为烤狗肝；

"豕炙一笥"（简43）。豕炙，就是烤猪肉；

"鹿炙一笥"（简44）。鹿炙。就是烤鹿肉；

"炙鸡一笥"（简45）。炙鸡，就是现在的烤鸡。

从汉代食简中可以看出，在汉代用于炙的原料非常广泛，牛肉首当其冲，其次有狗肉、猪肉、鹿肉、鸡肉，以及动物的内脏等。尤其是使用牛的不同部位可以炙出不同的菜肴，其风味也是不同的，这与近世引进的巴西烤肉有异曲同工之妙。但中国炙烤菜肴的历史到了汉代已经非常成熟了，因此能够广为流行。

脍类菜肴在汉代并不是特别发达，但仍延续了先秦时期脍的制作。在马王堆出土的竹简中没有脍字，据刘辰先生在《中国文化饮食史》一书的研究中认为，马王堆遣策称为"癌"，假作脍。汉简中有牛脍、羊脍、鹿脍、鱼脍等[1]。对于脍类菜肴的加工制作，由来已久，而且各种史籍的解释都是"薄切肉"，即广为流行的"生鱼片"。

3. 其他类菜肴

在马王堆出土的汉简中，除了羹、炙、脍类菜肴之外，还有其他烹饪方法加工的菜肴种类。

首先是"烩"类菜肴。马王堆遣策称为"濯"。而"濯"的意义与现今的烩又不是完全一致。汉人《说文解字》："肉及菜汤中薄出之也。"烩菜包括纯肉杂烩和肉与蔬菜制成的杂烩。在马王堆出土的汉简中有一款用牛肚、舌、心、肺制成的烩杂碎，名叫牛濯肸脾心肺。还有濯豚、濯鸡，类似现在的烩猪肉、烩鸡肉之类。

其次是"熬"类的菜肴。马王堆出土汉简中有熬鸡、熬豚、熬鹤、熬鹄、熬鹑、熬雉、熬雁、熬雀、熬鹧鸪等，这表明在我国的两汉时期，熬类菜肴的制作

① 徐海荣主编. 中国文化饮食史·卷二. 北京：华夏出版社，1999年，第491页。

还是非常流行的，而且熬类菜肴的种类也较多。

另外，马王堆出土汉简中还有"烝"即今之"蒸"。但运用看来不是很广泛，简文只有"蒸秋"，即蒸泥鳅。汉代蒸菜的制作典籍中偶有记录，如《盐铁论·散不足》有"蒸豚"类似后世的蒸乳猪。

二、汉石、砖画像上的菜肴烹饪

从现在出土的文物中发现，我国汉代是一个运用砖、石等材料进行刻画最为发达的时期，而在这些种类繁多的汉砖、石画像中，也有大量的宴席欢饮、美馔佳肴的记录。但因材料零散，而且有的极难识别，故给研究带来很多的困难。但仍有许多研究者还进行了许多努力。王仁湘先生对汉代石画像上鱼的研究就是最好的代表。[①]

我国的山东、河南、河北、湖北、重庆等地是汉砖、石画像出土较多的地区，尤其以山东居多。在出土的砖、石画像中有大量的有关菜肴烹饪与菜肴的资料。如在山东嘉祥武氏祠出土的"庖厨图"中，就明显刻画着一个厨师正面对一个大盆，双手在清理洗涤一条大鱼，而此时他背后了的墙壁的架子上还挂着几条鱼，以及鸡或是雉、羊之类的菜肴原料。另有两厨人也在做着同样的加工工作，但具体是在加工什么样的食品原料，就看不清楚了。而在另一幅石画像上，则可以清楚地看到有一个厨师是在烤制菜肴，可能是烤鱼，也可能是烤制禽类的菜肴。因为，在他的身旁的原料架上挂着许多的鱼和禽类原料。这个炙烤菜肴的厨师坐在烤炉前面，左手在翻动烤炉上的菜肴，右手拿着一把扇子不断地扇着风，以增加炭烤炉的火力。同图画中的另外几个厨人，有的在点火，有的在宰杀，有的在洗涤，总之都在从事着不同的菜肴原料的处理工作，整个厨房里一片忙碌的景象。

类似上面庖厨图的场景，在汉代石画像中还有许多，它们的共同点是，厨房的规模看上去不是很大，有点像家庭厨房。但厨房的墙壁或是食品架上都挂许多有整条的鱼，整只的禽鸟，整只的羊、牛或是猪的头等菜肴原料。几个厨人则在忙碌着，或宰杀、或洗涤、或生火等。在山东嘉祥宋山出土的一幅石画像中，有两个人面对着案上的一条整鱼，一人空手，另一人手中拿着一把长刀，看上去好像两个人都是厨师，其中的一个厨人在指挥着另一个厨人切鱼脍，当然也可能是在宰杀鱼。这些刻画着菜肴加工的石画像都是对我国汉代菜肴制作的形象反映与细微描述。

尤其令人高兴的是，从汉代画像石上的宴饮场面中，可以看到许多摆在桌面

---

① 台湾饮食文化基金会编. 中国饮食文化. 第二期. 台湾：2008年，第75~112页。

或几案上的各种菜肴，不过要明确看出这些菜肴的具体材料是很不容易的。如山东嘉祥武氏祠出土的石画像，在食案上摆放的食盘中就有两种用鱼制作的菜肴和两个用禽类原料制作的菜肴，菜肴制作方法或是蒸、或炙、或烤，只能猜测，因为要在粗糙的石像画面上辨别出来是不容易的。在河南南阳出土的石画像中，食案上的菜肴非常丰盛，摆满了全案，其中的一只食盘中是一条特别大的鱼，应该是蒸或是炙的，有四个盘子上摆放的是禽类原料制作的菜肴，像是水禽，但也是整只加工的。由此看来，汉代时候一般宴席上的大菜主要是以鱼、家禽为原料制成的。在一幅山东沂南出土的石画像上，拥挤的食品条案上摆满了各种食馔，但鱼、鸡（大概是吧）还是最主要的菜肴。而在江苏徐州出土的一幅石画像中，虽然刻画的是一种建筑装饰图案，但却以食盘内盛放着整鱼为主题图案，看来也与饮食习俗有关。

在汉代，人们不仅把一些重大活动内容刻画在石头上，也常常刻画在砖、木等材料上面，也是一种非常好的保存史料的方法。在四川出土的一幅砖画像中，就刻画了一个厨师加工菜肴的场面。画中有三个厨人，其中两人在案上切割原料，或是在洗涤处理等作业，案前各有一盆，是用来盛放原料的。另一个人在灶上的锅前，正在一手扶锅，一手向锅里放置一只禽鸟类原料，灶上那边的烟囱清晰可见。在另外的两幅汉代砖画像上，是刻画记录当时人们宴乐的场景，在这些模糊不清的图画都可以明显看出人们在饮酒的同时，还在几案之上摆满了各种各样的菜肴，尤其是在汉代砖画像中，长长的食案上摆满了鸡、鱼等不同种类的菜肴，以供宴饮者侑酒之用。

汉代人之所以在砖、石等材料上刻画了大量的以饮食、宴饮活动为内容的画像，可能的原因有许多，但丰富多彩的菜肴加工与高超的菜肴烹制技术，为汉代人的宴饮活动提供了基础条件。而这些活动本身也成为当时人们记录生活情趣的主要题材，大场面的庖厨图和宴饮场面，把它们刻画在砖、石上，既是一种艺术创造活动，也是当时人们饮食生活与菜肴等食品加工技术的真实写照。

第二节　汉赋佳肴千古传

在中国的文学史上，汉代的最高成就是词赋。而词赋中描述歌颂的主题与内容是很宽泛的，其中就有大量的对宴饮场面、美馔佳肴的记录与描写。虽然这些汉代词赋属于文学作品，对菜肴食品的描写有夸大虚拟之嫌，但任何一个时代的文学作品都是离不开生活基础的。汉赋中对于当时宴饮场面、美味菜肴食品的记录和描述，也可以从一个侧面展示我国汉代菜肴制作水平之一斑。

一、张衡京都赋中的美味佳肴

在我国的汉代，用于写赋的题材是很多的，但大部分都是来自于当时人们的生活。因此，许多汉赋所描述的内容，可以说是汉代人们生活场景的真实写照。在众多的汉赋中，张衡的《二京赋》是非常有名的。张衡，字子平。南阳人氏。他生活在东汉由盛转衰的时代，对当时的社会生活尤其是统治阶级的奢侈生活，有较深的认识。《二京赋》就是他有感于"天下承平日久，自王侯以下莫不逾侈"的历史背景而创作的。"二京"即西京长安和东京洛阳，实际上它反映的西汉和东汉两个阶段的历史状况。《西京赋》为《二京赋》中的第一篇，其中有关于当时举办宴席的豪华场面。在此节选其中有关菜肴制作和宴饮部分。《东京赋》关于宴饮与菜肴描述较少，但也有一些零散的片段。张衡除了《二京赋》外，还有一篇《南都赋》，其中也有大量的对菜肴品种、食物物产、饮食习俗、宴饮盛况的描述，而且具有一定的真实性。南都，指当时的南阳郡，是张衡的老家，地辖包括今河南南阳与湖北襄阳的大部分地区。这里自古以来就是一个物产丰富、民俗敦厚的地方。

《西京赋》节选：

"……于是鸟兽殚，目观穷。迁延邪睨，集乎长杨之宫。息行夫，展车马。收禽举胔，数课众寡。置互摆牲，颁赐获卤。割鲜野飨，犒勤赏功。五军六师，千列百重。酒车酌醴，方驾授饔。升觞举燧，既醻鸣钟。膳夫驰骑，察贰廉空。炙炰夥，清酤腥；皇思溥，洪德施；徒御悦，士忘罢……。"[1]

如果把这段文字翻译成今天的文字，其大意是：于是鸟兽空尽，观赏穷遍。于是边退却边搜索，停集于长杨宫前。休息士卒，展列车马。集中活禽死兽，清查计算多寡。立起木架悬挂死物，猎获的活禽分赏众人。宰割野味单行野宴，犒劳辛苦赏赐有功。五军六师的将士，排成千列百行，酒车往来送酒，车驾并列分授熟肉。高举酒杯燃起烽火，对天干杯击鼓鸣钟。膳夫骑马来回奔跑，巡视检查重菜缺肴。烹烤丰盛，美酒盈多。皇恩普及，洪德遍施；车夫欢悦，士卒忘疲。

这是关于军队野炊的一段描述，虽然没有具体的菜肴记录，但宴中烹制烧烤

---

[1] 陈天宏等主编，阴法鲁审定. 昭明文选译注. 第一卷. 长春：吉林文史出版社，1988年，第91页。

的各种珍禽野兽的芳香似乎已经沁人心脾。词赋中还诸如"鸣钟列鼎而食"的场面很多，记录描述的各种鱼类、水产、禽鸟、蔬菜瓜果等菜肴原料应有尽有。

下面是《东京赋》节选的部分句子：

"……命膳夫以大飨，饔饩浃乎家陪。春醴惟醇，燔炙芬芳。君臣欢康，具醉熏熏。……

……于是春秋改节，四时迭代，蒸蒸之心，感物曾思，躬追养于庙祧，奉蒸尝禴祠。物牲辩省，设其福衡。毛臇豚膊，亦有和羹……。"①

宴饮菜肴如何，用"燔炙芬芳"作代表，不仅君臣宴饮如此，就连祭祀的菜肴也很讲究，所谓"毛臇豚膊，亦有和羹。"看来不仅丰厚，而且烹调也很精致。

《南都赋》节选：

"若其厨膳，则有华芗重秬，滍皋香秔，归雁鸣鵽，黄稻鲜鱼，以为芍药。酸甜滋味，百种千名。春卵夏笋，秋韭冬菁。苏蔱紫姜，拂徹膻腥。酒则九酝甘醴，十旬兼清。醪敷径寸，浮蚁若萍。其甘不爽，醉而不酲。及其纠宗绥族，禴祠蒸尝。以速远朋，嘉宾是将，揖让而升，宴于兰堂，珍羞琅玕，充溢圆方。琢瑂狎猎，金银琳琅。侍者蛊媚，巾鞲鲜明，被服杂错，履蹑华英。儇才齐敏，受爵传觞。献酬既交，率礼无违。弹琴擫籥，六风徘徊。清角发徵，听者增哀。客赋醉言归，主称露未晞。接欢宴于日夜，终恺乐之令仪。"②

下面根据《昭明文选译注》一书的译文，来看一下当时都有些什么样的美味佳肴。

说到饮食，尤其美妙。华芗的黑黍，滍水的粳稻，肥美的大雁，肉嫩的鵽鸟，米饭鲜鱼，调味佳肴。酸甜滋味，百种千名。春天的小蒜，夏天的竹笋，秋天的韭菜，冬天的芜菁，调料有苏蔱紫姜，能够除去膻腥。至于美酒，更是出名。九酝甘美，十旬纯清。米酒混浊，浮皮若萍。甜不伤人，醉而不病。团结宗族，四时祭祖。邀请远方朋友，佳宾纷纷而至。宾主拱手施礼，赴宴登上兰堂。佳肴美味，珍贵如玉，无比丰盛，充满餐具。美器雕饰花纹，满目金银琳琅。侍女妖媚，华服艳妆。每人穿戴，各不一样。小脚作细步，绣鞋生彩光。机灵敏捷，递盏传觞。互相劝酒，彼此谦让，恪守礼节，分寸相当。弹琴吹箫乐声起，乐声起处音回荡。角音徵音多凄清，使人听了增哀伤。客人赋诗"醉言归"，主

---

① 陈天宏等主编，阴法鲁审定. 昭明文选译注. 第一卷. 长春：吉林文史出版社，1988年，第145页。

② 陈天宏等主编，阴法鲁审定. 昭明文选译注. 第一卷. 长春：吉林文史出版社，1988年，第182页。

人和诗"露未晞"。宴饮通宵达旦，狂欢不失尊严。①

汉代的扬雄写过一篇《蜀都赋》，也是非常美妙的词赋。张衡《南都赋》的盛况，在扬雄《蜀都赋》中也类似的描述，虽然一个是中原，一个巴蜀，但是可以得到相互证实的，文章中记录的菜肴原料多达近百种，山珍海味、瓜果蔬菜、飞禽走兽无所不包。扬雄在《蜀都赋》说："调夫五味，甘甜之和，勺药之羹，江东鲐鲍，陇西牛羊，粲米肥猪，麖、麂不行，鸿乳，独竹孤鸽，狍被纰之胎，山麐髓脑，水游之腴，蜂豚应雁，被鶒晨凫，戮蜼初乳，山鹤既交，春羔秋鶵，脍鲮龟肴，粔田孺鹜，形不及劳，五肉七菜，蓫厌腥臊，可以颐精神养血脉者，莫不毕陈。"②

可以看出，这些菜肴中，有从辽东和陇西地区贩运来的海产和牛羊肉，有本地用大米催养的肥猪，有容易猎获的麐麂。人们在长期的烹调中，对制作菜肴积累了丰富的经验，鹅要吃大的，猪要吃小的，鸭和鸽要吃未经交配过的，狍鶵和被貔要吃胎儿，山麐要吃脑髓，鱼要吃腹部一段。应时的菜肴有大的野猪，随季节来去的大雁，小的斥鷃，会飞的水鸭，嫩的野鹅和山鹤，春天的羊羔，秋天的竹鼠，刚学起飞的秧鸡等。菜肴用料的搭配也很合宜，制作菜肴时，脍要用娃鲮鱼作材料为好，这是经过了选择的。对牛、羊、鸡、犬、豕肉菜肴的制法，则讲究火候适宜，或大火熟烂，或慢火炖焖。调料如葱、蒜、韭、葵、藿、薤、姜、椒、酱、酒等，也都配备齐全。这些情况，说明在我国的汉代，不仅中原发达地区菜肴烹制水平精美，就连西南地区的巴蜀一带，其制作菜肴的水平也是相当考究的。

二、"七体赋"中的汉代美馔

1. 枚乘的《七发》

枚乘，字叔，淮阴人，是汉代初期的重要辞赋家。"七体"是赋的一种，并且由枚乘的《七发》首开先河。《七发》是枚乘的代表作，篇幅宏大，描写细腻。内容是假设楚太子有病，吴客往问的谈话。《七发》中吴客所说的七事为音乐、饮食、车马、宫苑、田猎、观涛等，是为了启发太子，诱导他改变安逸闲适、无所用心的生活方式。《七发》中关于饮食的部分，有大量美味菜肴、食馔的描述记录，是汉代统治阶级饮食生活的缩影。但通过文学语言的表达，可以看出汉代

---

① 陈天宏等主编，阴法鲁审定. 昭明文选译注. 第一卷. 长春：吉林文史出版社，1988年，第198页。

② 熊四智主编. 中国饮食诗文大典. 青岛：青岛出版社，1995年，第35页。

的菜肴品种是比较丰富，取材也很广泛。

"……客曰：犓牛之腴，菜以笋蒲。肥狗之和，冒以山肤。楚苗之食，安胡之饭，抟之不解，一噬而散。于是使伊尹煎熬，易牙调和。熊蹯之胹，勺药之酱。薄耆之炙，鲜鲤之鲙。秋黄之苏，白露之茹。兰英之酒，酌以涤口。山梁之餐，豢豹之胎。小饭大歠，如汤沃雪。此亦天下之至美也，太子能强起尝之乎？"[1]

如果翻译成今天白话，其大意就是：吴客说："煮熟小牛腹部的肥肉，掺上竹笋和蒲作菜，用肥狗肉作汤，再盖上一层石耳菜。用楚国产的米和菰作饭，米粘成团，一吃到口就会化开。让伊尹来烹煮，由易牙来调味，有烂熟的熊掌，有用芍药调和五味的汤汁，有烤烧的兽背上的薄肉，有新鲜鲤鱼的肉片，再配上秋天叶子变黄的紫苏草，还有白露时节的蔬菜。兰草浸泡的酒酌来漱口，还有野鸡肉，豹子胎。少吃饭多喝汤，真像把开水浇在雪上一样畅快。这是天下最美的味道了。太子能强支起身体尝尝这些饮食吗？[2]"

这其中的菜肴有：清炖竹笋牛奶脯、石耳狗肉汤、红烧熊掌、五味芍药汤、烤炙狍脊肉、紫苏鲤鱼脍、烧烤雉胸肉、清蒸豹胎等，以及美味饭食和酒浆。其中虽然由于文学作品的需要未免有些夸张之词，但菜肴种类之丰富与制作技艺的高超还是可以由此见之一斑的。

2. 桓麟的《七说》

桓麟的《七说》中有汉代饮食与菜肴烹调方法的记述与描写，也是一篇具有饮食文化和菜肴技艺史料的"七体"赋文。惜此文传至后世已不全。桓麟，字元风，东汉人，桓帝时曾为议郎，侍讲禁中。兹将有关菜肴内容录于下。

"香其为饭，杂以粳菰，散如细蚳，抟似凝肤。河鼋之羹，齐以兰梅，芳芬甘旨，未咽先滋。磥一元之肤，脍挺祭之鲜。□□铭方，徽割不理。杂犹乱丝，聚若委采。蒸刚肥之豚。炰柔毛之羜。调胜和粉，糅以橙蒟。"[3]

显然，这是一篇记述美馔佳肴的美文，大意是用散发着芬芳气味的大豆、粳米、菰米做成的香饭，松散细腻，粒粒都像晶莹剔透的蚁卵般油亮，用手纂握成为饭团的感觉就像凝霜细腻的肌肤般滑润。有河里的大甲鱼制做成的和羹，用兰、梅进行调味，芳香浓郁，滑润如脂，即使不用嘴品尝，也能感觉到那甘美的滋味。有新鲜的鱼脍，大小均匀的鱼片叠在一起看上去犹如细腻洁白的肌肤，用

---

① 陈天宏等主编，阴法鲁审定. 昭明文选译注. 第四卷. 长春：吉林文史出版社，1988年，第93页。

② 陈天宏等主编，阴法鲁审定. 昭明文选译注. 第四卷. 长春：吉林文史出版社，1988年，第113页。

③ 熊四智主编. 中国饮食诗文大典. 青岛：青岛出版社，1995年，第40页。

刻着铭文的方型大盘盛放，纹丝清晰可见，精致极了。还有清蒸肥美的乳猪，有烧烤芬芳的小羊羔，新鲜的鱼肉调和细腻的粉浆，配上金黄色的香橙与蒟酱，美不胜收。

3. 桓彬的《七设》

桓彬是《七说》作者桓麟的二儿子，曾举孝廉，拜尚书郎。其文才不在其父之下。《七设》的内容和桓麟《七说》大致相同，只是所记具体馔肴和烹饪方法有一定差别，而其价值亦在于此。兹摘录如下。

"新城之粳，雍丘之粱，重穋代孰，既滑且香。精稗细面，芬麇异糇。三牲之供，鲤鲔之鲙，飞刀徽整，叠似蚋羽。口口大武，轾犊栗粱。刚鬣奉豕，肥腯云羊。合以水火之齐，和以五味之芳。菰粱雪累，班脔锦文。"①

《七设》的菜肴虽然无外乎乳猪、肥猪、鲤鱼、鲔鱼、肥羊、小牛之类的烧烤脍炙菜肴，但其中所记述的调味用料、刀工技艺、火候要求却是显而易见的。从一个侧面反映了汉代菜肴制作水平的发达与高超。

4. 傅毅的《七激》

所谓激发，就是有"激"有"发"，"七激"就是以七件事进行激发之意。这篇赋文基本上是摹仿汉代枚乘的《七发》写成的。文中叙述了七件事，其中一件就是饮食。本文所讲的饮食不仅是汉代的美味佳肴，也包括汉代以前的美味佳肴，并述了烹饪方法和宴饮程序，由此可见汉代统治者的饮食生活。作者傅毅为东汉人，曾为兰台令吏。下面将有关饮食部分摘录于此。

"玄通子曰：单极滋味，嘉旨之膳。刍豢常珍，庶羞异馔。鸼鸿之羹，粉粱之饭。湆养之鱼，脍其鲤鲂，分毫之割，纤如发芒；散如绝谷，积如委红。芳甘百品，并仰累重。异珍殊味，撧和不同。既食日晏，乃进夫雍州之梨。出于丽阴，下生芷隰，上托桂林。甘露润其叶，醴泉渐其根。脆不抗齿，在口流液。握之摧沮，批之离坼。可以解烦悁，悦心意。子能起而食之乎？"②

《七激》中记述的菜肴简略说来，大致有常珍食馔烧烤或蒸煮的乳猪、小羊、肥狗、小牛等，有用野鸭、大雁做的汤羹，有河鲤江鲂之鲜鱼脍，其他的饭食酒浆、异珍殊味不计其数。

5. 崔骃的《七依》

崔骃的《七依》也是一篇摹仿枚乘所创"七"体文而成的赋文。崔骃，字伯亭，东汉人，在当时文坛上与班固、傅毅齐名。文中记载了东汉时的珍奇馔肴，并讲述了许多的烹饪方法。原文部分摘录如下。

① 熊四智主编. 中国饮食诗文大典. 青岛：青岛出版社，1995年，第41页。
② 熊四智主编. 中国饮食诗文大典. 青岛：青岛出版社，1995年，第42页。

"客曰；乃导玄山之粱，不周之稻，万甑百陶，精细如蚁。砮以絺綌，砥以柔韦。雍人调膳，展选百味。……洞庭之鮒，灌水之鼉，丹山凤卵，粤泽龙胎，炊以口棫之薪，……滋以阳扑之姜，薪以寿木之华。瀡以大夏之盐，酢以越裳之梅。……膳史信羹。甘酸得适，齐和有方。木酪昌菹，鬯酒苏浆。成汤不及见，桓公所未尝。"①

《七依》中没有对具体的菜肴进行记述，但对菜肴制作使用的原料如鮒鱼、鼉鱼、凤卵、龙胎等，对所使用的调味料如阳扑之姜、寿木之华、大夏之盐、越裳酢梅等进行了详细记述。同时对当时菜肴的烹调技艺进行了记录，为我们现在了解汉代的菜肴烹调技术情况提供了不可多得的文字资料。

6. 张衡的《七辩》

张衡的《七辩》也是摹仿枚乘《七发》的文体，也述说了七件事，在此节选其中有关饮食部分的文字叙述。在这部分中，张衡比较集中地描述了东汉时期的美馔佳肴的品种，并记述到了菜肴烹饪原料和烹饪方法，有一定的研究价值。

彤华子曰："玄清白醴，蒲陶醲酴。嘉肴杂醢，三臡七菹。荔支黄甘，寒梨干榛。沙饧石蜜，远国储珍。于是乃有刍豢腊牲，麋麛豹胎。飞凫栖鹥，养之以时。巩洛之鳟，割以为鲜。审其齐和，适其辛酸。芳以姜椒，拂以桂兰。华芗重秬，泄皋香粳。会稽之菰，冀野之粱。瀋淩软面，糅以青粳。珍着杂遝，灼烁芳香。此滋味之丽也，子盍归而食之？"②

这可能是对一桌豪华宴席菜肴、食品的描写，仅菜肴部分就是"嘉肴杂醢，三臡七菹。"是何等的丰盛。所用的菜肴则有烧烤的或蒸煮的乳猪、小羊、肥狗、小牛，有烤炙的野味之肴麋麛豹胎、飞凫栖鹥，有用鳟鲤烹割的鲜脍鱼片等。至于菜肴调味使用的姜、椒、桂、兰和各种美味饭食酒醴等就不一一细说了。

7. 刘梁的《七举》

《七举》中有关的饮食与菜肴制作的内容不多，但寥寥数语却反映了当时菜肴搭配上的变化，而且也从某种程度上反映了菜肴烹饪方法的差异性。刘梁，字曼山，东平宁阳人。东汉时举孝廉，曾任北新城长，后召拜尚书令。节选《七举》有关饮食文字如下。

"刍豢既陈，异馔并羞。勺药之调，煎炙蒸臑。酤以醓醢，和以蜜饴。菰粱之饭，入口丛流。送以熊蹯，咽以豹胎。鲤鲔之腒，分豪析氂。"③

参考前面的文字，就可以约略了解《七举》中的美味佳肴，不再介绍。

① 熊四智主编. 中国饮食诗文大典. 青岛：青岛出版社，1995年，第43页。
② 熊四智主编. 中国饮食诗文大典. 青岛：青岛出版社，1995年，第44页。
③ 熊四智主编. 中国饮食诗文大典. 青岛：青岛出版社，1995年，第45页。

第三节　西食东传话胡馔

在汉代，随着国民经济的日益繁荣，国家势力逐渐强盛起来，对外交流也随之而来。当时主要是对我国玉门关以西广大地域上的地区和国家的出访与交流，汉代时把这些地区统称为西域。汉代历史上以官方为主的西域交流活动很多，但其中最有代表性的就是以张骞为首的多次出使西域的成功创举。张骞在多次出使西域的过程中，尽管受尽了磨难，但却在东西方物产交流方面起到了互通有无、互通贸易的作用，开创了丝绸之路繁盛交往的先河。张骞在历次出使西域中，不仅把大量的中原物产带到了中国西边的印度，以及中东的许多国家，而且也把这些国家中具有西域特色的物产带到了中国，使中国与西域进行了某种意义上的广泛交流。在众多的物产交流中，也包括大量的食物原料及具有西域特色的饮食，这就是人们所称为的"胡食"。

一、丝绸之路上胡食飘香

张骞的历次出使西域，从西域带回来了大量的物产，不仅使得当时的汉武帝兴奋不已，而且更重要的是丰富了我国的食物种类。据资料显示，在汉代从西域传来的食物物产有鹊纹芝麻、胡麻、无花果、甜瓜、西瓜、安石榴、绿豆、黄瓜、大葱、胡萝卜、胡蒜、番红花、胡荽、胡桃等，而这其中的瓜果、菜蔬至今仍然是我国人民最大众化的副食品和重要的制作菜肴的原料。[①]

虽然，这些物产并不是一次性同时从西域引进的，也可能不全部是由张骞所为，但人们还是把这些功劳统统记在了他的账上。从中国菜肴文化方面而言，汉代从西域传来的各种富有浓郁香味的原料，诸如芝麻、胡麻、大葱、胡蒜、胡荽、香菜等，尤其具有重要的意义。这几种用于菜肴调味的香菜香料，既丰富了当时人们的饮食口味，更起到了充实中国原料菜肴调味料的种类，促进菜肴烹调技艺发展的重大意义。如胡荽，又称芫荽，别名香菜，有特殊馥郁香味，成为中国菜肴中调羹制汤最美的原料。再如胡蒜，即今天的大蒜，较之原有小蒜辛味更

---

① 张征雁，王仁湘著. 昨日盛宴. 成都：四川人民出版社，2004年，第71页。

为浓烈，也是我国长期以来用于菜肴调味、特别是调制冷菜最重要的佳品。还有从印度传进了的胡椒，更是我们熟知的调味佳品，甚至后来成为我国某些地区菜肴风味流派形成的关键性用料，其意义不必细述。因此，可以毫不夸张地说，汉代丝绸之路上众多的食物特产，所散发出来的浓郁的"胡食"芳香，对中国汉代菜肴调味烹饪技术的影响是巨大的和长期的。

二、中原胡食之兴

在汉代，一方面随着大量西域菜肴原料引进的同时，菜肴的调味、制作技艺不断进步。而另一方面，许多风味独特的西域菜肴、面食等"胡食"品种也被传了进来，甚至在汉灵帝时期，形成了一股胡人生活方式大流行的局面。

东汉末年，由于桓、灵二帝的荒淫无度，宦官外戚专权，祸乱不断。灵帝刘宏不顾经济凋零的现实情况和仓廪空虚的事实，一味追求生活上的享乐。其中对胡食有特别的嗜好，就是一个典型的代表。史籍记载，灵帝好微行，不喜欢前呼后拥。他喜爱胡服、胡帐、胡床、胡坐、胡饭、胡箜篌、胡笛、胡舞，于是京师贵戚也都学着他的样子，一时蔚然成风。《续汉书》记录说："灵帝好胡饼，京师皆食胡饼。后董卓拥胡兵破京师之应。"[1]

汉灵帝和京师贵胄喜爱的胡食，主要有胡饼、胡饭及各种胡人风格的菜肴，这些菜肴、食品的烹饪方法主要是采用"烤"，被人们认为是具有西域胡人风格的饮食。比如胡饼，就是一种在饼的上面敷有胡麻的烤制食品。汉刘熙《释名·释饮食》记载说："胡饼，作之大漫沍也，亦言以胡麻著上也。"[2]指的是一种形状很大的芝麻饼，就是在饼的上面撒了些胡麻，然后在炉中烤成。唐代白居易有一首写胡饼的诗，其中有两句为"胡麻饼样学京都，面脆油香新出炉。"这种饼的制作方法应是汉代原来所没有的，为北方游牧民族或西域人所发明。胡饼之外，还有胡饭，是一种夹馅的饼，其制作方法在《齐民要术》等书中有较为完整和详细的记述。[3]

当然，饼食之外，更有许多菜肴。胡食中的菜肴以肉食为主，首推"羌煮貊炙"，具有一套独特的烹饪方法。就"羌煮貊炙"的字面意义就可以知道，"羌"和"貊"代表的是古代西北的少数民族，"煮"和"炙"则指的是具体的菜肴烹调技法。

① 宋·李昉等撰，王仁湘注释. 太平御览·饮食部. 北京：中国商业出版社，第498页。
② 清·王先谦撰集. 释名疏证补. 上海：上海古籍出版社，第203页。
③ 宋·李昉等撰，王仁湘注释. 太平御览·饮食部. 北京：中国商业出版社，第497页。

羌煮的菜肴制作方法在《齐民要术》中有记载："羌煮法：好鹿头，纯煮令熟，著水中，洗治，作脔如两指大。猪肉琢作臛，下葱白，——长二寸一虎口。——细琢姜及桔皮各半合，椒少许。下苦酒。盐，豉适口。一鹿头用二斤猪肉作臛。"①意思就是说选一只肥美上好的鹿头，煮熟、洗净，把皮肉切成两指大小的块，然后将砍碎的猪肉熬成浓汤，加一把葱白和一些姜、橘皮、花椒、醋、盐、豆豉等调好味，用鹿头肉蘸这肉汤吃。一只煮熟的鹿头，可以配食用二斤猪肉制作的肉汤正好。

那么，什么是"貊炙"呢？所谓"貊炙"即是烤全羊和全猪之类的菜肴，是传自汉代西域或北方少数民族的一种（或一类）特殊烤炙方法。②在我国汉代的典籍中是有记录的。汉代许慎《释名·释饮食》云："貊炙，全体炙之，各自以刀割出，于胡貊之为也。"③意思是说，把一个大型的家养牲畜或者是捕捉到的野兽，整只的用火烤炙成熟，然后人们围起来，用各自的刀割而食之，这是北方胡貊民族的饮食行为。清人王先谦在《释名疏证补》说："即今之烧猪"。④"貊炙"作为菜肴食品的名称至今在韩国还有保留。韩国著名饮食文化学者李盛雨先生在所著的《韩国食品文化史》一书中，第一章介绍的是"韩国传统食品文化"，而开篇介绍的传统食品就是韩国"貊炙"，⑤其地位的重要程度是不言而喻的。李盛雨先生认为，韩国的"貊炙"是源于中国古代的"貊族"饮食，富有典型的北方少数民族特色。他引用的历史典籍是中国晋代的《搜神记》中的记录，该书卷七："羌煮、貊炙，翟之食也。自太始以来，中国尚之，戎翟侵中国之前兆也。"⑥

无论在何时，"羌煮貊炙"都属于大型用料的菜肴加工，在汉代一般百姓估计是没有条件制作的。在北魏贾思勰所撰写的《齐民要术》中还记录了一种叫做"胡炮肉"的菜肴制作方法。云："胡炮肉法：肥白羊肉——生始周年者，杀，则生缕切如细叶，脂亦切。著浑豉、盐、擘葱白、姜、椒、荜拨、胡椒，令调适。洗净羊肚，翻之。以切肉脂内于肚中，以向满为限，缝合。作浪中坑，火烧使赤，却灰火。内肚著坑中，还以灰火覆之，于上更燃火，炊一石米顷，便熟。香美异常，非煮、炙之例。"⑦把整羊换成了羊肚，把子鹅换成了糯米肉馅，贾思勰

① 后魏·贾思勰撰，缪启愉校释. 齐民要术校释. 北京：农业出版社，1982年，第465页。

② 王利华. 中古华北饮食文化的变迁. 北京：中国社会科学出版社，2001年，第231页。

③ 清·王先谦撰集. 释名疏证补. 上海：上海古籍出版社，第212页。

④ 清·王先谦撰集. 释名疏证补. 上海：上海古籍出版社，第212页。

⑤ 李盛雨著. 韩国食品文化史. 首尔：（株）教文社，1984年初版，1997年再版，第14页。

⑥ 宋·李昉等撰，王仁湘注释. 太平御览·饮食部. 卷第八百五十九. 北京：中国商业出版社，第495页。

⑦ 后魏·贾思勰撰，缪启愉校释. 齐民要术校释. 北京：农业出版社，1982年，第479页。

也说这既不是煮的，也不属于炙的方法，是一种特别的加热方式，别有趣味，但却富有我国北方少数民族的饮食风格。这是否就是当时内地北方少数民族对"貊炙"传统方法的改革呢？

类似"胡炮肉"菜式至今在我国北方仍有沿承，流行于济南等地的"粉肚"，其制作工艺与《齐民要术》所记录的"胡炮肉"基本相同，只不过早已不用"灰火覆之"了，而是运用熏烤的方法，使其富有食品特色。

"羌煮貊炙""胡炮肉"属于纯粹的西域胡食菜肴，但汉代也有用原产异域的原料所制成的馔品。尤其是使用那些具有特别风味的调味品，如胡蒜、胡芹、胡麻、胡椒、胡荽等。如有一种当时很流行的"胡羹"就是，是用羊肉煮的汁，因以葱头、胡荽、安石榴汁调味，就有了"胡羹"之名。《齐民要术》对此有所记录："作胡羹法：用羊胁六斤，又肉四斤；水四升，煮。出胁，切之。葱头一斤，胡荽一两，安石榴汁数合。口调其味。"而在同书所记录的"胡麻羹"制作方法中就是因为使用了大量的"胡麻"而得名的。云："作胡麻羹法，用胡麻一斗，捣，煮令熟，研取汁三升。葱头二升，米二合，著火上。葱头米熟，得二升半在。"[1]这就进一步说明汉代西域调味品的引进不仅给中原人民的饮食生活带来了新的气息，而且又直接促进了汉代及以后我国菜肴烹调术的发展。

第四节 《盐铁论》中的"殽旅"之美

历时近四百年的汉代，是我国封建社会得以巩固、繁荣和颇多建树的时代，社会生产力在这一时期得到空前的发展，人们的饮食生活水平也得到极大地提高，特别是冶铁技术的提高和铁制器具的使用，农业得以迅速的发展，中外经济文化的交流使国外的食品和原料大量传入，这都给汉代的烹饪技术的提高提供了极其雄厚的物质条件和丰富的经验，因而，使我国汉代的烹饪技艺得到了空前的繁荣和发展。

西汉桓宽的《盐铁论·散不足》中，记录了一份包括汉代的烹饪原料、烹调技术、食单、饮食市场、饮食器具等方面的古老文字，是今天我们研究汉代烹饪文化和饮食状况不可多得的珍贵资料。其中尤其有一份难得的汉代菜肴名单，从

---

① 后魏·贾思勰撰，缪启愉校释. 齐民要术校释. 北京：农业出版社，1982年，第464页。

中国菜肴文化史

中可以窥见我国汉代的菜肴制作与发展情况，从这份虽不完整的资料中，也可以窥见我国汉代烹饪技艺之一斑。

一、菜肴制作

西汉桓宽的《盐铁论·散不足》中，有多处有关菜肴资料的记录，但最为集中的有两处，所记录的菜肴品种达三十余种之多，为研究方便，兹录于下。

"古者燔黍食稗，而捭豚以相飨。其后，乡人饮酒，老者重豆，少者立食，一酱一肉，旅饮而已。及其后，宾婚相召，则豆羹白饭，綦脍熟肉，今民间酒食，肴旅重叠，燔炙满案，臑鳖脍鲤，麑卵鹑鷃登拘，鲐鳢醢醯，众物杂味。"[①]

还有一处，记录说：

"古者不粥饪，不市食。及其后，则有屠沽，沽酒市脯鱼盐而已。今熟食遍列，肴旅成市，作业堕怠，食必趣时，杨豚韭卵，狗蹏马朘，煎鱼切肝，洋淹鸡寒，桐马酪酒，蹇捕胃脯，脯羔豆赐，毂膹雁羹，自鲍甘瓠，热粱和炙。"[②]

这份两千多年前的汉代古食谱，虽然字数寥寥，不到百言，但为我们今天了解和窥见汉代的菜肴制作技术与烹饪水平提供了宝贵的历史资料。这份菜单，虽然没有记录具体的制作工艺过程，却反映出了我国汉代菜肴烹饪技术的几个突出特点。

1. 肴馔精美，丰富多彩

从《盐铁论·散不足》所记录的菜单中，可以清楚地看出，我国汉代时期的菜肴不仅精美考究，而且其品种也是丰富多彩的。《散不足》中记录的菜肴有：清炖甲鱼、炒鲤鱼丝、清蒸鹿胎、五香扒鹌鹑、酱渍鲐鱼、拌乌鱼、嫩杨烤小猪、韭菜炒鸡蛋、白切狗肉、炖马肉汤，腊腌羊肉、冷酱鸡、煎鱼、煮肝、兔肉干、羊胃干、精炖羊羔、红焖鸡块、酸辣天鹅羹及各种腌鱼、蜜汁瓠菜、烤肉，极其精细的鱼脍、熟煮肉、蒸小米干饭、甜味豆浆、煮豆粥、粳米饭等几十种。因为《盐铁论》毕竟不是烹饪专著，这些菜肴不过仅仅是汉代食谱的一小部分，也可能是用于某一宴席的菜品。但无论是用于一席间，还是作为常用的肴馔，确实已经是相当丰富多样的了，正是"肴旅重叠、燔炙满案"的盛况，一点也没有虚夸之辞。

透过《盐铁论》的记录可以看出，汉代肴馔除了名目繁多的特色之外，而且制

---

① 汉·桓宽原著. 盐铁论. 上海：上海人民出版社，1974年，第67页。
② 汉·桓宽原著. 盐铁论. 上海：上海人民出版社，1974年，第68页。

作技艺上还异常考究。例如口味醇厚的"红烧甲鱼"即是在现在也被广大食者视为名贵菜品；造型别致的"五香扒鹌鹑"是经过巧妙的加工处理、烹制而成的风味菜品；至于"清蒸鹿胎""酱滋鲐鱼"不仅精美，而且营养也极为丰富。"缕鲤鱼脍"则是以精美细致的刀工著称的，还有珍美的"天鹅羹""烤马肉汤""烤炙"等更是各具精美之特色，妙不可言。其中尤其值得烹饪研究者注意的是"嫩杨烤小猪"，原始的"烤小猪"在西周时早已为流行菜肴登席，但其制法和风味均是相当不考究的，"嫩杨烤小猪"则是在继承传统"烤小猪"的基础上加以改革，使之更加考究精致。由此可见，菜肴制作技术经过汉代的发展和创新，已将其提高到了一个崭新的相当高的水平，形成了制作精细，技术难度高，菜肴品类繁多的特色。

2. 用料广泛，选料严格

由于汉代工农业、畜牧业的空前繁荣和发展，农、牧、鱼各种产品极为丰富，品种极多，为汉代的菜肴烹饪技术发展提供了丰厚的物质基础。《盐铁论》成书是汉昭帝时期，已经是张骞出使西域后的一百多年了。张骞从西域带回来的瓜果、蔬菜、海外食品及调味品此时已经广泛地运用于汉代人民的生活中了。所以，汉代用于菜肴制作的原料极为广泛。瓜果菜蔬、禽蛋肉畜、野味山珍、海错湖鲜及虫鸟等无不可用于烹调制肴。正如《散不足》中所描绘的："铺百川，鲜羔驰，几胎肩，皮口黄，春鹅秋鶵，冬葵温韭，浚茈蓼苏，丰脮耳菜，毛果虫貉。"[1]真是应有尽有，制肴入馔者甚众。然而，原料虽多，但用于菜肴制作却需要进行严格的选择。首先畜禽虫兽以嫩雏者为佳，故羊羔、雏鸡、鹿胎、乳猪等便成了汉代人的美味佳肴，甚至可以认为成了当时饮食中的一种嗜好，无物不以嫩雏为贵；其次，用料最讲究季节的时令性，所谓"作业堕怠，食必趣时"是也。例如吃雏鹅以春天为佳，吃小鸡以秋天为好，因为，春天的鹅和秋天的小鸡，肉质最为肥美，制成的菜肴也最佳。为了在冬天亦能吃上新鲜的脆嫩菜蔬，便用温室培植韭菜、葵菜等，这也充分证明，我国汉朝时的温室栽培技术及蔬菜冬藏技术已经发展到了极高的水平了。无疑，这些都为菜肴烹饪技艺的发展和提高创造了良好的条件。

3. 技法众多，烹调精湛

精美繁多的菜肴美馔，除了用料广泛、选料严格之外，更重要的原因还在于多种多样的菜肴烹饪方法和种类众多的调味品，这是中国菜肴制作与烹饪技艺的最大特点之一，是中国菜肴制作技艺之奥妙所在。《盐铁论·散不足》中充分地反映了这一重要菜肴制作特征。书中所记录的三十余种菜肴，其口味类型有咸、鲜、五香、咸甜、酸、酥辣、甜等十几种，烹制菜肴所运用的烹调方法达几十种之多，常用的

① 汉·桓宽原著. 盐铁论. 上海：上海人民出版社，1974年，第66页。

烹法有：烤、炒、腌、腊、酱、煎、煮、炖、焖、烧、蜜汁、氽、拌，以及制羹、制糁、制脯等。正由于汉朝的厨师使用了这么众多的调味品和烹调法。使菜肴趋向了多样化。一种原料经过不同的烹调方法，采用不同的调味品，就可以制成若干种风味不同的精美菜肴。仅就羊而言，汉人用羊为原料制作的菜肴近十种，使用的烹调方法有腌、烤、炖、煮以及制腊和加工羊胃脯，而且这些烹调方法的使用，汉代厨师已经得心应手，极为娴熟，据《史记》载：汉朝京都有一个浊氏，专经营羊胃脯，由于他制作的"羊胃脯"味美质佳，赢得了许多食者的欢迎，生意兴隆发达，誉满京都，数年之后浊氏竟一跃成为富翁。就这种意义上讲，汉代厨师的菜肴烹饪技术已经达到了非常精湛的境地。否则是不能靠"玩手艺"发家的。

毋庸置疑，汉代人的饮食，较之前代确实是过于奢靡。《盐铁论·散不足》通过将汉代和汉以前的饮食生活、宴席菜肴的豪华程度进行了对比。文章记述说过去行乡饮酒礼，受尊敬的老人不过两样好点的菜肴，年轻人连座位都没有，站着吃一酱一肉而已。即便有宾客和结婚的大事，设宴的菜肴、饭食也只是"豆羹白饭，綦脍熟肉"。然而汉代民间动不动就大摆酒筵："肴旅重叠，燔炙满案，臑鳖脍鲤，麑卵鹑鷃登拘，鲐鳢醢醯，众物杂味。"[1]并且又说汉以前非是祭祀乡会而无酒肉，即便诸侯也不能随便宰杀牛羊，士大夫也不能随意宰杀犬豕。汉代时则无论什么庆典活动，往往动辄就大量宰杀各种大牲畜，或聚食高堂，或游食野外。满大街都是肉铺饭馆，到处都有酒肆店铺。有钱有势的豪富之家往往是"金罍中坐，肴榴四陈，觞以清醴，鲜以紫鳞。"[2]桌上制作菜肴的原料可谓是"六禽殊珍，四膳异肴，穷海之错，极陆之毛。"[3]这些描写虽然由于出于艺术创作的需要，难免有夸张之嫌，但也是能够从一个侧面反映汉代菜肴制作技术水平的发达与精湛。

4. 市场发达，菜肴遍地

由于汉代经济的繁荣昌盛、生产力得到进步和提高，疆域辽阔，都市扩大，商业饮食业也异常发达起来，酒楼、饭店日益增多、比比皆是，也正是因为这样一来，极大地促进了汉代菜肴销售市场的普及与繁荣，尤其是民间酒肆、食店、饭馆的生意异常兴隆。正如《盐铁论·散不足》所云："今民间酒食，肴旅重叠，燔炙满案"。因而，酒店菜肴食品也是相当的讲究繁多。所谓"众物杂味"，就是真实的写照。所以，汉代京都的饮食市场空前的兴旺发达。正是"熟食遍列，肴旅成市"，一片生机勃勃的繁荣景象。鱼肉、禽蛋各种熟食品摆满了繁华的商业街道，各种规

---

① 汉·桓宽原著. 盐铁论. 上海：上海人民出版社，1974年，第67页。

② 陈天宏等主编，阴法鲁审定. 昭明文选译注. 第一卷. 长春：吉林文史出版社，1988年，第211页。

③ 陈天宏等主编，阴法鲁审定. 昭明文选译注. 第四卷. 长春：吉林文史出版社，1988年，第155页。

模的风味饮食店铺则是毗连栉邻，有卖羊胃脯、冷酱鸡等冷食品，有出售烤乳猪、蒸鹿胎的大店铺，热气腾腾的蒸米饭佐以炒鸡蛋、烤肉和清心爽口的酸辣汤羹，真可谓妙不可言。菜肴饭食丰富多彩，应有尽有，顾客可以择所需之品，丰廉俱备。发达的烹饪技艺，繁多的食品肴馔，丰富了都城之市场，满足了人民生活的需要。反过来，繁荣发达的饮食市场同样又促进了菜肴烹饪技艺的竞争和提高。

我国史学界公认，汉代政治、经济、文化、军事等各个方面的飞速而又稳固的发展，对整个后来我国封建社会的进步发展是起着不可估量的历史作用的。同样，汉代中国菜肴烹调技艺的发展与提高，在我国菜肴烹饪文化史上也起着承前启后的巨大历史作用。由原始社会几千年的奴隶社会所发展起来的菜肴烹饪技艺，在两汉的四百年间里，得到了长足的发展与提高，出现了中国菜肴文化繁荣与菜肴烹调技艺发展史上的第一个高峰，它为后来的我国菜肴烹调技术的不断提高和发展，开拓了广阔的前景，打下了深厚的基础。

二、厨师与厨技

通过对《盐铁论·散不足》中菜肴制作技艺的介绍与分析，可以看出，我国汉代厨师的菜肴烹饪技艺已经达到一个新的水平。不过，厨师的名称当时还没有出现，汉代时期无论是在皇宫、官府、贵族家中，或是饭馆、酒肆、小吃店铺里从事菜肴、面点等食品加工工作的称为"膳夫""庖人""养""爨人""庖宰"等。显然，这些对事厨者的称谓基本上是沿用了先秦时期的习惯。虽然事厨者在当时的社会地位很低，但为各色人等所提供的美味菜肴的服务还是被社会所承认的。如《韩非子·八说》中说："酸、甘、咸、淡，不以口断而决于宰尹，则厨人轻君而重于宰尹矣。"，[①]这里的"宰尹"是指厨师中菜肴烹调技术最高具有领导能力的事厨者，也就是管理厨师的专业官员，大约应是男性的。但实际上，历史资料表明，汉代贵族家中的厨师大部分是女性，他们的身份一般都是奴婢，平时负责达官、贵族、富豪家庭成员的菜肴制作与饮食安排。而在一般人的家庭中，则是由女主人承担厨事的。《全汉诗》中张衡有诗云："不才勉自竭，贱妾职所当，绸缪主中馈，奉礼助蒸尝。"描写的就是家庭女主人承担烹饪厨事的事实。何止汉代，长期以来在我国古代，主持中馈是社会对女性在家庭中的一项基本要求。当年韩信曾寄宿饮食于南昌亭长家里，亲自看到了"亭长妻苦之，乃晨炊蓐食。"[②]由于一般老百姓之家没有钱雇人事厨，自然要由家庭主妇从事菜肴制作与

---

① 陶文台等．先秦烹饪史料选注．北京：中国商业出版社，1986年，第173页。
② 汉·班固撰，宋·颜师古注．汉书．北京：中华书局，1997年，第1861页。

膳食安排等事。这在许多出土的汉代石画像中，女性的事厨者更是司空见惯。

不过，从出土的汉画像砖石中也可以看出，贵族家庭和官府中的厨师大都为男性。如浙江海宁东汉画像石上有4位厨事人员，除一女子在灶前添柴烧火之外，挑鱼、剁肉和手捧菜肴入厨者均为男性。当然，在一些菜肴、食品生产规模较大的场面中，组成的厨师作业队伍中也有相当数量的女性。如山东微山县出土的汉画像石上，9人下厨，5人是女性，4人是男性。不过从总体上看，贵族家中女性厨事人员的职责主要是做一些烧火、担水、送食物和洗涤食具等一般性项目，从事的都是技术含量低的厨事。而男性厨事人员则从事宰杀、烹饪、调制等技术含量高的厨事工作。

从出土的汉代画像砖石中尤其可以看出的是，随着大型厨房和大规模菜肴食品生产的形成，以菜肴烹调为主要活动的厨房生产，其专业性分工已经形成，不仅菜肴烹调和面食加工有了明显的划分，而且在菜肴生产的大型厨房中，不同的作业环节也是非常明显的。嘉峪关东汉画像砖中涉及烹饪情景的有20余块，其中，女性事厨者大多从事井上担水、灶前烧火、手持箸盘等食具、端食物运送、清洗器皿等。从厨房的分工来看，这些工作确实比较适合女性来做。而男性的厨师则以宰杀畜禽、切割骨肉、烤炙肉食、调制菜肴等为主要工作分工。从这些男性厨师所表现出来的作业姿势和动作来看，都是一些训练有素的、技术水平能力较高的厨师，形象地反映出了汉代厨师菜肴制作的技术水平。如在山东诸城前凉台出土的汉画像石的画面上，共有厨师42人，包括汲水者1人、制烤肉者4人、切肉者4人、取肉者1人、宰杀者9人、剖鱼者1人、洗涤食物者2人、劈柴烧火者2人、放置食物与食具者9人、烹制食物者2人、从事其他活动者7人。我们仅以忙于烤肉和切肉的厨师来观察，他们的操作动作娴熟、准确，互相之间有着密切的合作，充分体现出了他们有着较高的菜肴烹调技术修为，技术动作达到了极其熟练的程度。

第五节　食前方丈皆佳肴

在中国文学发展史上有一个非常有趣的现象，就是两汉的"公宴诗"成为一大特色，这就从某种意义上反映了汉代宴席蔚然成风的事实。在汉代宴饮是一种风气，从帝王公侯到文人雅士，莫不如是。举凡祭祀、庆功、巡视、待宾、礼臣、郊游都要举办宴席，大吃大喝一番，有些文人把这些活动运用艺术的手法记录下来，于是就有了"公宴诗"的形成。上行下效，各地的大小官吏、世族豪强、富商大贾也常常大摆酒筵，迎来送往，媚上骄下，宴请宾客和宗亲子弟。正是为官越大，食馔佳肴越美，所以封侯与菜肴鼎食成为一些士人进取的目标。《后汉书·梁统列传第二十四》记载有梁竦的话说："大丈夫居世，生当封侯，死当庙食。"①这足以表明汉代宴饮风气与当官封侯之间的关系，而宴饮之风的盛行，促进了汉代宴席菜肴制作水平的进步。

一、汉代宴席珍馐

"嘉肴充圆方，旨酒盈金罍。"②"金罍中坐，肴楅四陈，觞以清醥，鲜以紫鳞。"③透过这些记录和描述，宴席菜肴之丰盛是由此可见一斑的。那么在汉代的宴席餐桌之上，都是一些什么样的美味佳肴呢？"我归宴平乐，……脍鲤臇胎鰕。"④"肴旅重叠，燔炙满案，臑鳖脍鲤，麂卵鹑鷃登拘，鲐鳢醢醯，众物杂味。"⑤由此看来，真是美味杂陈，食前方丈了。

从前引文中可以看出，汉代宴席中的菜肴制作首推"炙"类菜肴。炙类菜肴在汉代史料记录中主要有脯炙、釜炙、餡炙、貊炙等。对此，《释名·释饮食》先对"炙"本身进行了解释。云："炙，炙也，炙于火上也。"对此清人王先谦在撰集的《释名疏证补》补充说："毕沅曰：说文，炙，炮肉也，从肉在火上。"查阅汉许慎《说文》有此解释无误。很显然，"炙"就是一种烤肉类菜肴。然后又对各种不同的炙法进行了分别解释。云："脯炙，以饧、蜜、豉汁淹（义同腌）之，脯脯然也。"据清人王先谦撰集的《释名疏证补》云："先谦曰：'脯脯'无义。'淹之'六字，吴校作'淹而炙之，如脯然也'。"⑥如此，则"脯炙"是先将原料用饧、蜂蜜、豆豉汁浸渍，然后再上火烤，并制成肉脯一样的菜肴。菜肴的味道，大约是甜中有咸，咸中带甜的风格。

至于"釜炙"，《释名·释饮食》曰："釜炙，于釜汁中和熟之也。"大概是将原料直接下到釜中的调和好的汁中搅匀慢慢焙煨至熟的一种菜肴，类似今天的

---

① 宋·范晔撰，唐·李贤等注. 后汉书. 北京：中华书局，1997年，第1172页。
② 陈天宏等主编，阴法鲁审定. 昭明文选译注. 第二卷. 长春：吉林文史出版社，1988年，第399页。
③ 陈天宏等主编，阴法鲁审定. 昭明文选译注. 第一卷. 长春：吉林文史出版社，1988年，第211页。
④ 熊四智主编. 中国饮食诗文大典. 青岛：青岛出版社，1995年，第53页。
⑤ 汉·桓宽原著. 盐铁论. 上海：上海人民出版社，1974年，第67页。
⑥ 清·王先谦撰集. 释名疏证补. 上海：上海古籍出版社，第211页。

烧焖类菜肴技术。还有"餂炙"《释名·释饮食》说："餂炙，餂，衔也。衔炙细密肉和以姜、椒、盐、豉已，乃以肉衔裹其表而炙之也。"[1]这里的"餂炙"，实际就是"衔炙"，是将切碎的肉末或小丁，加姜、椒、盐、豉拌和以后成馅，再用大片的肉将肉馅包裹起来，串在铁签子上，然后上火烤。烤熟后食用。类似菜肴的制法，在《齐民要术·炙法第八十》中也有记录，叫"衔炙法"。这种菜肴的制作工艺是"取极肥子鹅一只，净治，煮令半熟。去骨，剉之。和大豆酢五合，瓜菹三合，姜、桔皮各半合，切小蒜一合，鱼酱汁二合，椒数十粒——作屑——合和，更剉令调。取好白鱼肉，细琢，裹作串，炙之。"[2]由此可见，"衔炙"一类的菜，在汉魏南北朝之时是非常流行的，而且愈往后制作得更为讲究。这种"衔炙"菜肴，实际上是一种卷裹的烤肉串。这种名为"衔炙"的"烤肉串"和现在大街上流行的新疆烤羊肉串，在制作工艺上是有区别的。

在汉代，"脍"类菜肴是仅次于"炙"类菜肴的一大类。这一时期脍的品种有很多，如长沙马王堆一号汉墓遣册中就记有牛脍、羊脍、鹿脍、鱼脍等品种。《汉书·东方朔传》中亦提到以"生肉为脍。"汉赋中也屡屡描绘到"鱼脍"，如枚乘《七发》中有"薄耆之炙，鲜鲤之脍"之句，徐干《齐都赋》中有"焖鳖脍鲤，嘉旨杂遝"之句等等。《释名·释饮食》中对"脍"也有解释说："脍，会也，细切肉令散，分其赤白异切之。已乃，会合和之也。"[3]据汉赋、《盐铁论》等记载，汉代以鲤鱼为原料切的鱼脍最为常见和珍美，前文多有引用。但鱼脍之美，莫过于用"腴"部所切之脍。据《礼记》郑注："燕人脍鱼，方寸切其腴，以唅所贵。"[4]这儿的"腴"，指鱼腹部的肥肉，以此为脍，当有另一种风味，但这是北方人用以招待贵客的佳肴。而鲤鱼之腹是非常肥美的，所以多用来切脍以待宾客。不过，据更多资料表明，汉代最珍贵的鱼脍应当属于鲈鱼脍。史载曹操属下左慈用松江之鲈制作的鱼脍，虽说故事有虚妄的成分，但吴地的鲈鱼脍早在汉代已经成为佳肴是不成问题的。又据《后汉书·华佗传》记载："广陵太守陈登忽患胸中烦懑，面赤，不食。便请华佗诊治，佗脉之曰：'府君胃中有虫，欲成内疽，腥物所为也。'即作汤二升，再服，须臾，吐出三升许虫。头赤而动，半身犹是生鱼脍。"[5]这件事一方面说明由于鱼脍加工时卫生有问题，使吃鱼脍者因食用太多而患了疾病，另一方面也充分反映出

---

① 清·王先谦撰集. 释名疏证补. 上海：上海古籍出版社，1984年，第211页。
② 后魏·贾思勰撰，缪启愉校释. 齐民要术校释. 北京：农业出版社，1982年，第495页。
③ 清·王先谦撰集. 释名疏证补. 上海：上海古籍出版社，1984年。第211页。
④ 中华书局编辑部编. 唐宋注疏十三经·礼记注疏.（二）. 北京：中华书局，1998年，第329页。
⑤ 宋·范晔撰、唐·李贤等注. 后汉书. 北京：中华书局，1997年，第2738页。

了在汉代上流社会中，嗜食鱼脍之风是很盛的。由此也就促进了菜肴切割技术与调味技术的发展和提高。

汉代的宴席菜肴丰富多样，珍美豪华，脍炙美馔佳肴之外，还有许多品类，留待下面再叙述。

二、"五侯鲭" 奢华之肴

汉代豪华宴席之风的流行，使王侯达官府第的宴饮水平、菜肴制作极其奢侈，其中汉成帝时，广为人所向往的佳肴"五侯鲭"就是一个典型的代表。所谓"五侯鲭"，就是类似后世"全家福""烩什锦"之类的杂烩菜肴，因为用料、烹法独到，且为"五侯"之家的华美食肴，因而广为人知，甚至被载于史册。汉成帝时，加封自己的五个舅舅王谭、王根、王立、王商、王逢分别为平阿侯、曲阳侯、红阳侯、成都侯、高平侯，五人同日而封，世人谓之"五侯"。不过这五侯各怀心机，且互不服气，平日互不往来。当时有一个叫楼护的地方官员，凭着自己的能说会道，善于逢迎的手段，深得"五侯"信任和欢心。他经常到"五侯"家里，五侯争相送楼护美味佳肴、奇珍异膳，他也不知吃哪一样好，而且吃与不吃还会得罪其中的侯爷，于是他就想出了一个妙法，将"五侯"所送珍贵菜肴奇味倒在一起，合为一种菜肴，起名为"五侯鲭"。把各种本来就是美味的菜肴烩合一起，这就是我国"杂烩菜"或"什锦菜"之先河了，至于味道如何我们不得而知，然而菜肴的珍贵程度却是不言而喻的。这个"五侯鲭"的菜肴产生故事被许多史料记载："五侯不相能，宾客不得往来。楼护丰辨，传会五侯间，各得其意，竞致奇膳。护乃合以为鲭，世称'五侯鲭'，以为奇味焉。"[1]《世说新语》《太平御览·饮食部》对此均有记述。

三、其他菜肴品种概略

1. 羹类菜肴

羹类菜肴自先秦以来，是我国自上至下运用最为广泛的菜肴大类，汉代则延承了羹类菜肴的制作技术。羹，即类似今天带浓汁的菜肴，汉许慎《尔雅》云："肉有汁曰羹。"[2]《释名·释饮食》则说："羹，汪也，汁汪郎也。"[3]总之，是一类

① 晋·葛洪撰. 西京杂记. 北京：中华书局，1985年，第9页。
② 中华书局编辑部编. 唐宋注疏十三经·尔雅.（四）. 北京：中华书局，1998年，第49页。
③ 清·王先谦撰集. 释名疏证补. 上海：上海古籍出版社，1984年，第206页。

带有汤汁的菜肴无疑。根据史料，汉代的羹类菜肴除了一般的肉羹、菜羹而外，还有一些别有风味的羹菜。如《淮南子·修务训》记录曰："楚人有烹猴而召其邻人，以为狗羹也，而甘之。后闻其猴也，据地而吐之，尽泻其食。此未始知味者也。"①汉代楚国的地方有人用猴肉制成肉羹，还充当狗肉羹召唤邻居同食。我们姑且不论其用意何在，但同时证明了汉人用于制作羹的原料已经非常广泛，不仅有常见的牛肉、羊肉、猪肉等，而且狗肉、猴肉、大雁、乌鸦等也可以用来制作羹类菜肴。另据《释名·释饮食》记载有一种"肺䏶"，并解释说："䏶饡也，以米糁之如膏饡也。"②是一种特别风味的羹，但是如何制作加工的，语焉不甚详细。不过在北魏贾思勰的《齐民要术·羹臛法》中有名字与之相同的菜肴，并详细记录其制作方法。云："肺䏶法：羊肺一具，煮令熟，细切。别作羊肉臛，以粳米二合，生姜煮之。"③由此可见，"肺䏶"实际上就是一种用动物肺制作成的羹菜，所不同的羹中还加了粳米，制作更加精致。由于这种"肺羹"的风味殊美，所以直到南北朝时仍有沿承，才有机会被记录了下来。

2. 鲊、菹类菜肴

从古人对鲊、菹的解释来看，在加工工艺上应属于同一类菜肴，都是盐腌类菜肴，只不过"鲊"是指用鱼、肉类原料制作成的，而"菹"是指蔬菜类原料加工成的。《说文解字》"䰼，从卤，差省声。"又"鲝，藏鱼也，南方谓之䰼，北方谓之鲝，从鱼差省声。"④根据段玉裁的注释说："从鱼，差省声，侧下切，十七部，俗作'鲊'"。由此看来，鲊在汉代也叫"䰼"。但对于"鲊"的制作方法，《说文解字》没有记录，只说是藏鱼的一种方法。汉代刘熙《释名·释饮食》中对此有所记录："鲊，菹也。以盐米酿鱼以为菹，熟而食之也。"⑤说得非常清楚。鲊，就是一种菹，是一种用盐和米腌制鱼，使其能够长期收藏的一类菜肴。在古代"菹"一般指的是整体腌渍的蔬菜，这在《释名·释饮食》中也说得很清楚。云："菹，阻也，生酿之，遂使阻于寒温之间，不得烂也。"说得很宽泛，不论蔬菜、肉类，只要是以盐等调味品使之"生酿之者"均为菹，也就是腌菜。尤其令人值得注意的是，古典资料中的"酿"似乎除了有"腌"的意思之外，还应该有"发酵"的含义在里面，汉代的"菹"是否有类似后世的"酸泡菜"，尚有待进一步研究。不过，这一时期用蔬菜制作的菹的种类有很多，如韭菹、芜菁菹、蕹菹、芥菹、瓜菹、葵菹、藕菹等。著名辞赋家司马相如曾经写过一篇《鱼

① 吕不韦，刘安等著. 吕氏春秋·淮南子. 长沙：岳麓出版社，2006年，第423页。
② 清·王先谦撰集. 释名疏证补. 上海：上海古籍出版社，1984年，第214页。
③ 后魏·贾思勰撰，缪启愉校释. 齐民要术校释. 北京：农业出版社，1982年，第464页。
④ 汉·许慎. 说文解字. 北京：中华书局，1963年，第244页下。
⑤ 清·王先谦撰集. 释名疏证补. 上海：上海古籍出版社，1984年，第210页。

菹赋》①，可见“鱼菹”在当时的影响是何等的深远，不过非常遗憾的是这篇赋文没有能够流传下来。

3. 脯类菜肴

据史料的零星记录，汉代延续先秦时期对脯类菜肴的制作，其脯类菜肴的品种也是多种多样的，如牛脯、鹿脯、烁脯、囊脯、胃脯等等。根据史书的解释，“脯”类似后世的晾干肉条之类的菜肴加工。《释名·释饮食》中说：“脯，搏也，干燥相搏著也。又曰脩，脩缩也，干燥而缩也。”②由此看来，脯、脩在汉代都是一种晾干的肉干，可能在处理方法和含水量上有所区别而名称不同，实际上是一种菜肴。另外，《释名·释饮食》中还有一种“肉脯”，叫膊。曰：“膊，迫也，薄椓肉迫著物使燥也。”③《说文》对此也有解释说：“脯，干肉也。脩，脯也。薄脯，膊之屋上也。胸，脯挺也。”④几乎所有进行干燥处理的肉都可以叫做脯，但加工方法不同，或者是加工的部位不同，就出现了一些不同的名称，实际上是一类菜肴。

在我国西周时候，周天子的厨房里有专门负责干肉加工和管理的部门，其负责人叫“腊人”，也叫“脯人”。据《太平御览·饮食部》：“《周礼》曰：脯人掌干肉也。凡田兽之脯腊膴胖之事（大物解肆干之，谓之干肉。薄切曰脯；捶之而施姜、桂曰腶脩，腊，小物而干者）。凡祭祀，共豆脯、膴胖。”⑤汉代宫廷厨房是否有“腊人”或是“脯人”史无记载，不得而知。但随着汉代商业的发展，出现了以加工销售脯类菜肴为业的人群，甚至有的人由此而成为富豪巨商。据《史记·货殖列传》云：“胃脯，简微耳，浊氏连骑。”⑥汉代时候有一个姓浊的人由于销售“胃脯”而成为骡马成群的富豪。汉代“胃脯”的加工工艺《索隐》说：晋灼云：“太官常以十月作沸汤燖羊胃，以末椒姜粉之讫，暴使燥，则谓之脯。故易售而致富。”⑦由此可知，这种胃脯的制法是用沸水将羊胃焯熟，然后在羊胃上抹椒末、姜粉之类的香料腌味，再将其曝干而成。由于胃脯制作简便，便于保存，加上风味不错，所以制作售卖它的商人浊氏因此而“致富”。

---

① 北堂书钞. 卷一四. 清代刻本。

② 清·王先谦撰集. 释名疏证补. 上海：上海古籍出版社，1984年，第210页。

③ 清·王先谦撰集. 释名疏证补. 上海：上海古籍出版社，1984年，第210页。

④ 汉·许慎. 说文解字. 北京：中华书局，1963年，第89页上。

⑤ 宋·李昉等撰，王仁湘注释. 太平御览·饮食部. 北京：中国商业出版社，1993年，第617页。

⑥ 汉·司马迁著. 史记. 卷一百二十九. 乌鲁木齐：新疆人民出版社，1996年，第594页。

⑦ 刘莹、陈鼎如译. 历代食货志今译. 南昌：江西人民出版社，1984年，第74页。

4. 其他类菜肴

除了上面介绍的几大类菜肴之外，这一时期还有其他类别的菜肴，在此简单介绍一下。

鳀鮧——鱼肠酱。民间传说，当年汉武帝统领大军到东部沿海追赶反军时，在海边发现了一种当地渔民制作的鱼肠酱，名曰"鳀鮧"。其制作方法包括传说被《齐民要术》进行了记录："昔汉武帝逐夷，至于海滨。闻有香气而不见物，令人推求，乃是渔父，造鱼肠于坑中，以至土覆之。香气上达。取而食之，以为滋味。逐夷得此物，因名之，盖鱼肠酱也。"①根据这一记录，证明"鳀鮧"确为汉代风味菜肴，它的制作方法是："取石首鱼、鲨鱼、鲻鱼三种，肠、肚胞齐净洗，空著白盐，令小倚咸，内器中，密封，置日中。夏二十日，春秋五十日，冬百日，乃好熟。食时下姜、鲊等。"②贾思勰把这种"鱼肠酱"的制作方法已经说得很明白了。

豆豉——甘嗜之肴。豆豉在今天更多的是充当调味品使用，而在汉代时确是一款风味殊佳可以用来甘嗜的菜肴。豆豉之制始于何时，说法不一，但最早的记录是在西汉史游的《急救篇》中，说"芜荑盐豉醯酱浆"。又据《史记·货殖列传》记载，当时一些商人经营的货品有"蘖麹盐豉千答"，③生产规模和用量之大，足可见豆豉在当时的制作和食用是相当普遍的，可以说是常食菜肴类。《说文》云："配盐幽尗也。从尗，支声。豉，俗秘，从豆。"④《释名·释饮食》："豉，嗜也，五味调和，须之而成，乃可甘嗜。故齐人谓'豉'声如'嗜'也。"⑤根据这些字书类史料记录可以知道，豆豉是将大豆煮熟或蒸熟，而后经发酵等工序制作而成的。这种豆豉的制作方法在《齐民要术》有详细的记载，而且我国豆豉的制作工艺至今沿承古代的传统方法。另外，在后汉时期，还有一种外国豆豉，张华《博物志》云："外国有豉法，以苦酒浸豆，暴令极燥，以麻油蒸，蒸讫复暴，三过乃止，然后细捣椒屑，随多少合之。中国谓之康伯，能下气调和者也。"

至于书中的"外国"是指何处，史无确证，众说纷纭。但根据所使用的调味品来看，可能传于西亚域一带，而且后来在中原广为流行，至今山东出产的"八宝豆豉"中，以上的调味料是不可少的。

---

① 后魏·贾思勰撰，缪启愉校释. 齐民要术校释. 北京：农业出版社，1982年，第422页。
② 后魏·贾思勰撰，缪启愉校释. 齐民要术校释. 北京：农业出版社，1982年，第422页。
③ 汉·司马迁著. 史记. 卷一百二十九. 乌鲁木齐：新疆人民出版社，1996年，第593页。
④ 汉·许慎. 说文解字. 北京：中华书局，1963年，第149页上。
⑤ 清·王先谦撰集. 释名疏证补. 上海：上海古籍出版社，第209页。

第六节　有关典籍中食谱食单的记录

两汉时期，开始出现了记录当时菜肴、食品制作的食谱食单，虽然不是真正意义上的烹饪专著，但对后世菜肴烹饪专著的诞生具有重要意义。根据《隋书·艺文志》记载，汉代记录有关菜肴烹饪的书籍主要有《四时食制》《四民月令》等，[①]但可惜的是这些典籍的原书均已经亡佚，个别有后人的辑录本。

一、《四时食制》

据史料记载，后汉的曹操曾撰写过《四时食制》一书。原书已佚，现存部分佚文，被载入《曹操集》中，书中的内容是从古代类书中辑录出来的。曹操在汉献帝建安中任大将军，丞相，并封魏王。他死后，长子曹丕代汉即帝位，追尊他为魏武帝。曹操是三国时期著名的政治家、军事家、文学家。

《四时食制》中现存的内容，主要是十多条关于鱼的记述。有子鱼、黄鱼、鲇、鲸鲵、海牛鱼、望鱼、箫拆鱼、鮒肺鱼，蕃蹁甜鱼、发鱼、捕鱼、疏齿鱼、斑鱼、鲤鱼。主要介绍鱼的形状、产地，个别条提到该鱼的食用方法。如"子鱼：郫县子鱼，黄鳞赤尾，出稻田，可以为酱"。再如："鳝：一名黄鱼，大数百斤，骨软可食，出江阳、犍为。"又如"鲇：蒸鲇。"还有些条，指出了该鱼不宜食用。如"蜉肺鱼黑色，大如百斤猪，黄肥不可食……。"有些条目，则指出了该鱼的味道，如"疏齿鱼，味如猪肉，出东海。"等。[②]

大致说来，现存《曹操集》中的《四时食制》的内容比较单薄，与菜肴烹饪扣得也不紧。但是，《四时食制》作为东汉末年出于一个政治家之手的烹饪著作，其意义还是不应低估的。

---

① 唐·魏徵第撰. 隋书·典籍四. 北京：中华书局，1982年，第1055～1087页。
② 邱庞同著. 中国烹饪古籍概述. 北京：中国商业出版社，1989年，第26页。

二、《四民月令》①

由东汉崔寔撰写的《四民月令》是一本农业类的著作。原为一卷，大约在北宋时亡佚，清代有三个辑录刻本。近人石声汉有选注本，缪启愉有辑释本，是比较好的可供参阅的典籍资料。

崔寔，字子真，一名台，字元始，冀州安平（今河北省安平县）人。生卒年代已不可考，一种说法卒于公元169年，另一种说法死于公元170年，但都是大体推论得来的。他出生在一个"望族"之家，中年后出仕为郎。历任五原太守、议郎等职。

《四民月令》是一部"月令"体的农家著作。按一年十二个月为序，列举了当时社会中等阶层人家的经济活动与生活事实，涉及种植、养蚕、纺织、织染、缝制、酿造、籴粜、制药、祭祀、宴饷等方面，内容比较丰富，对于我们今天了解东汉时期士族的庄园生活状况，具有很高的资料价值。

举凡生活记录，饮食则是不可少的。在《四民月令》中也有关于菜肴、食品烹饪的内容，主要有以下三个方面。

1. 制酱、酿酒方面。如在"正月"中，记载说："可作诸酱。上旬翻豆，中旬煮之。以碎豆作末，至六、七月之交，分以藏瓜。可以作鱼酱、肉酱、清酱。"又在"二月"中讲到了制作"鶩酱""酉俞酱"等。并在"四月"中提到了"取鮦鱼作酱"及作"醯"。醯就是后世人们习以为常的食醋。"五月"中有讲到了作"酢"与"醢酱"……此外，在"正月"还提到了"椒酒"，在"二月"提到了收榆钱青荚"至冬以酿酒"等等。虽然记载的内容较为散乱，但意义重大。

2. 日常菜馔方面。《四民月令》随着月份的顺序，还记载了一些日常家庭菜肴、食品等。如在"四月"中，记载了"作枣糒"。"枣糒"是一种用枣泥与米粉混合制成的干粮。在"五月"中，还提到了"煮饼""水溲饼"，这应该说是我国饼食较早的历史记录，并告诉说接近立秋的时候不宜吃这两种饼，原因是立秋时吃难以消化，容易得病。在"八月"中提到了"可断瓠，作蓄""收韭菁，作捣齑"。在"九月"中，则提到了"藏芎姜、釀荷，作葵菹，干葵。"在"十月"中，还提到了"作脯腊"和"作冷饧，煮暴饴。"而后者的文字可能是我国麦芽糖制作的较早记录。从这些内容，可以了解到当时农村庄园中的饮食情况。

---

① 石声汉校注. 四民月令辑释. 北京：农业出版社，1981年。

3. 祭祀、宴饷方面。《四民月令》中关于祭祀、宴饷的内容也不少。如在
"正月"中记道"正月之旦，是谓正日。躬率妻孥，洁祀祖祢。前期三日，家长
及执事，皆致齐焉。及祀日，进酒降神毕，乃家室尊卑，无小无大，以次列坐先
祖之前，子、妇、孙、曾，各上椒酒于其家长，称觞举寿，欣欣如也。"类似记
载在其他月份也有。

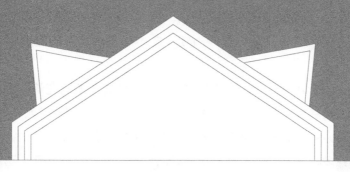

第四章

文士食风的庄园食谱

用"文士食风"来概况我国魏晋南北朝时期的饮食风格与菜肴发展状况，未必恰当。但在这个南北分割、战乱不堪的年代里，南朝北国的皇族在势力与地位上已经衰落到了连一般的名门望族都不如的地步。所以，这一时期代表势力就是由当时贵族中的大家族为主而发展起来的庄园经济，由此形成了一种庄园式的饮食特点。而这些庄园主又都是当时著名的官僚士大夫、文人雅士之流。这一时期，在中国整体菜肴的发展中有如下几个特征。

第一，战争的结果，导致北方人民大量向南方地区迁移，由此将北方的一些菜肴及其制作技术带到了南方，促进了南北菜肴在品种、制作技术、口味特点等方面的交流与融合。与此同时，北方少数民族的南进，也使少数民族中的许多特色菜肴进入到了黄河以南、甚至长江流域地区，与汉民族的饮食、菜肴实现了较大范围的融合，进而促进了中国菜肴的丰富发展。

第二，同样也是由于战乱的原因，导致当时的官僚士大夫、文人雅士由于对前途充满了无限的失望与落魄，救国无门、救民无望、前途渺茫。在这样的情势下开始追求醉生梦死的生活方式，奢侈的生活、豪华的住宅、精美的食馔等等，就成为他们麻痹自己肉体与灵魂的工具，这在某种程度上刺激并促进了中国菜肴在这一特殊时期的发展，虽然有些畸形的成分在里面。

第三，佛经虽然从汉代就开始进入中国，但真正得到发展与普及的却是在魏晋南北朝时期。人们从追求空灵的精神寄托到追求佛教的生活方式，由此佛教的斋食素馔开始大行其道，与中国传统的素食实现有机结合，奠定了中国素菜一派的发展基础。

第四，出现了如《食疏》《崔氏食经》《食经》《食馔次第法》等大量的记录菜肴制作与专门谈论饮食文化的书籍，把中国的烹饪技术与菜肴制作技术上升到了理论层面，并出现了一大批菜肴制作的高手和美食家。

总之，在我国的魏晋南北朝时期，虽然由于长时间的社会不安与战乱局面，但经济上在以铁器的广泛使用，在文化上的广泛交流，整个的社会依然在向前进步发展，中国烹饪技术水平与菜肴也跟随着时代的脚步在进步，在发展，而且可以说是在整体上得到了长足的提升。

第一节　日食万钱的豪门食馔

由于在我国的封建社会里，只有有钱的皇家、贵族阶层才有经济条件追求和享受美味的菜肴，尤其是在魏晋南北朝这个时期，在上层统治者的群体中，日食万钱的豪门之家各显神通，各种精美菜肴层出不穷。

一、"酿鱼、蜜蟹"的菜肴制作

把大量的金钱用于饮食的排场上，甚至互相之间以食馔的数量多少、档次高低、用料的珍奇程度来相争高下。如西晋时的元老级重臣何曾，每天仅用于吃饭的费用就达到了万元，还天天叫喊着没有什么可以让他下筷子的。他的儿子何劭更是有过之而无不及，达到了"食必尽四方之珍异，一日之供以钱两万为限，时论以为太官御膳，无以加之。"①的地步。其菜肴的精美与奢华程度连皇家御膳都不可及。为此，何曾亲自记录了自家的菜肴制作，写下了《食疏》一书，成为后人效仿的范例。北魏时高阳王元雍虽然不能如何氏一家那样奢侈，史籍记载："雍嗜口味，厚自奉养，一食必以数万钱为限，海陆珍羞，方丈于前。"②北齐时的勋臣子弟韩晋明"好酒诞纵，招引宾客，一席之费，动至万钱，犹恨俭率。"③如此奢靡之餐，必有佳肴制作。那么，如此豪华食馔都是些什么样的菜肴呢？可惜何曾《食疏》一书未有传世。《南史·何尚之传附何胤传》："侈于味，食必方丈，后稍欲去其甚者，犹白鱼、鳢脯、糖蟹。"虽然史书中没有记下"食前方丈"的全部菜肴，但从勉强被去掉的几种菜肴中便可窥一斑而见全豹。

先说用"白鱼"制作的菜肴，这在贾思勰的《齐民要术》中有几种做法。

一是"酿炙白鱼法"，这是"白鱼"最有代表性的菜肴制作方法："白鱼，长二尺，净治。勿破腹。洗之竟，破背，以盐之。取肥子鸭一头，洗，治，去骨，细剉。酢一升，瓜菹五合，鱼酱汁三舍，姜桔各一合，葱二合，豉汁一合，

---

① 唐·房玄龄撰. 晋书·皇甫谧. 北京：中华书局，1997年，第999页。

② 北魏·杨衒之撰，韩结根注. 洛阳伽蓝记. 济南：山东友谊出版社，2001年，第128页。

③ 唐·李百药撰. 北齐书. 北京：中华书局，1997年，第200页。

和，炙之，令熟。合取，从背入著腹中，串之。如常炙鱼法，微火炙半熟，复以少苦酒，杂鱼酱豉汁，更刷鱼上，便成。"①就是选用二尺长的白鱼，整治洁净，不要把鱼的肚皮弄破，洗干净后，从背上破开一刀，抹加些盐进去。取一只肥的子鸭，宰好，洗净，整治干净，去掉骨头，切碎。加一合醋，五合酱瓜，三合鱼酱汁，一合姜，一合橘皮，二合葱，一合豉汁，调和好，炒熟。将熟了的鸭肉，从鱼背灌进肚皮里，用串串起来，像平常炙鱼的方法，慢火烤到半熟。再用少量的醋，和上鱼酱豉汁，刷在鱼上，就成了。这种白鱼菜肴的制作确实是不同凡响的。

二是在"饼炙""作饼炙法""炙鱼"和"毛蒸鱼菜"等菜肴中都是白鱼为主料的。

饼炙："用生鱼，白鱼最好，鲇、鳢不中用。下鱼片离脊肋：仰砧几上，手按大头，以钝刀向尾割取肉，至皮即止。净洗。臼中熟舂之。——勿令蒜气！——与姜、椒、桔皮、盐、豉，和。以竹木作圆范，格四寸，面油涂。绢藉之，绢从格上下以装之，按令均平。手捉绢，倒饼膏油中煎之。出铛，及热置桦上，盌子底按之令拗。将奠，翻仰之。若盌子奠，仰与盌子相应。又云：用白肉生鱼，等分，细斫，熬，和如上，手团作饼，膏油煎如作鸡子饼。十字解，奠之；还令相就如全奠。小者——二寸半——奠二。葱、胡芹，生物不得用！用则斑，可增。众物若是先停此。若无，亦可用此物助诸物。"②

作饼炙法："取好白鱼，净治，除骨取肉，琢得三升。熟猪肉肥者一升，细琢。酢五合，葱、瓜菹各二合，姜、桔皮各半合，鱼酱汁三合，看咸淡、多少，盐之适口。取足作饼，如升盏大，厚五分。熟油微火煎之，色赤便熟可食。一本：用椒十枚，作屑和之。"③

由此可见，这是一种用鱼肉制作的菜肴，即把鱼肉加工成馅料。并且有两种方法，前一种用模子制作鱼饼，后一种用手作团成饼的，然后放入锅中用油煎熟。菜肴从选料、整治、加工到最后烹饪完成，显示了较高的烹调技艺。

炙鱼："用小殨白鱼最胜。浑用。鳞、治，刀细谨。无小，用大为方寸准，不谨。姜、桔、椒、葱、胡芹、小蒜、苏、欓、细切段。盐、豉、酢，和以渍鱼。可经宿。炙时，以杂香菜汁灌之。燥，复与之。数而止。色赤则好。双奠，不惟用一。"④

毛蒸鱼菜："白鱼鲤鱼最上。净治，不去鳞。一尺已还，浑。盐、豉、胡

① 后魏·贾思勰撰，缪启愉校释．齐民要术校释．北京：农业出版社，1982年，第496页．
② 后魏·贾思勰撰，缪启愉校释．齐民要术校释．北京：农业出版社，1982年，第495页．
③ 后魏·贾思勰撰，缪启愉校释．齐民要术校释．北京：农业出版社，1982年，第495页．
④ 后魏·贾思勰撰，缪启愉校释．齐民要术校释．北京：农业出版社，1982年，第497页．

芹、小蒜，细切，著鱼中，与菜并蒸。又：鱼方寸准。亦云五六寸。下盐、豉汁中，即出，菜上蒸之。奠，亦菜上。又云：竹篮盛鱼，菜上，蒸。又云：竹蒸并莫。"①这是一种把鱼放在菜上蒸的方法，装盘时仍将鱼放在菜上，也是别有风味的。

"鱓脯"就是用鳝鱼制作加工而成的鱼干，但在史籍中没有发现"鱓脯"的制作方法。但在《齐民要术》中有一款"鳢鱼脯"，还是非常有特色的。

《齐民要术》作鲤鱼脯法："一名铜鱼也。十一月初，至十二月末作之。不鳞不破，直以杖刺口中，令到尾。杖尖头作樗蒲之形。作咸汤，令极咸，多下姜、椒末。灌鱼口，以满为度。竹杖穿眼，十个一贯，口向上，于屋北檐下悬之。经冬令瘃。至二月三月，鱼成。生刳取五脏，酸醋浸食之，隽美乃胜逐夷。其鱼，草裹泥封，塘灰中煻之。去泥草，以皮、布裹而槌之。白如珂雪，味又绝伦。过饭下酒，极是珍美也。"②按照贾思勰的结论，这是一款"白如珂雪，味又绝伦。过饭下酒，极是珍美也"的无上嘉肴，难怪被视为豪门宴席之珍馐。

至于"糖蟹"，《齐民要术》虽然没有记录，但书中有两种藏蟹的方法："藏蟹法：九月内，取母蟹。母蟹脐大，竟腹下，公蟹狭而长。得则著水中，勿令伤损及死者。一宿则腹中净，久则吐黄，吐黄则不好。先煮薄饧。饧，薄饧，著活蟹于冷饧瓮中，一宿。煮蓼汤和白盐，特须极咸。待冷，瓮盛半汁，取饧蟹内著盐蓼汁中，便死，蓼宜少卓，蓼多则烂。泥封二十日，出之。举蟹齐，著姜末，还复齐如初。内著坩瓮中，百箇各一器。以前盐蓼汁浇之，令没。密封，勿令漏气，便成矣。特忌风裹，风则坏而不美也。又法：直煮盐蓼汤，瓮盛，诣河所，得蟹则内著汁裹，满便泥封。虽不及前，味亦好。慎风如前法。食时，下姜末调黄，盏盛姜酢。"③

两种方法都使用了"盐、姜、蓼汁"进行调味，但前一种要"先煮薄饧。著活蟹于冷瓮中，一宿。"这种把活蟹先放到饧糖汁液中浸渍一夜的方法，其实就是"糖蟹"，然后再加入其他的调味料和之，其珍贵美味的程度也是可想而知的。

二、"列肴同绮绣"为悦目的菜式

挥霍大量的金钱，过着帝王般的生活，在自己的权力范围内尽情享受几近腐

① 后魏·贾思勰撰，缪启愉校释. 齐民要术校释. 北京：农业出版社，1982年，第481页。
② 后魏·贾思勰撰，缪启愉校释. 齐民要术校释. 北京：农业出版社，1982年，第459页。
③ 后魏·贾思勰撰，缪启愉校释. 齐民要术校释. 北京：农业出版社，1982年，第422页。

朽的生活，这已经成为这一时期一些权贵的饮食追求。菜肴不仅要好吃，而且更追求一种形式上的美。《宋书·孔琳之传》记载孔琳之批评当时宴饮奢靡之风气时说："所甘不过一味，而陈必方丈，适口之外，皆为悦目之费，富者以之示夸，贫者为之殚产，众所同鄙。"①本来一个人能够在一餐中吃下去的食物不过一两种，但却要在桌上陈列十几种，乃至几十种。所谓"今之燕喜，相竞夸豪，积果如山岳，列肴同绮绣……未及下堂，已同臭腐。"②真个是"朱门酒肉臭，路有冻死骨。"在这样豪华的餐桌上都列了一些什么样的菜肴呢？但由于历史资料的短缺，今人已无法都知道，只能根据一些零散的资料来看一下这个时期的菜肴制作情况。

"裹蒸""人乳蒸豚""黄頷臛""醒酒鲭鲊""禁脔"等，是当时一些制作极为讲究，甚至带有猎奇色彩的一些菜肴。

1. 以"裹蒸""蒸豚"为代表的蒸制菜肴

"裹蒸"是一道宫廷御膳，据载："太官进御食，有裹蒸，帝曰：'我食此不尽，可四片破之，余充晚食。'"齐明帝因为太官所进的"裹蒸"太大，就把它分成了四分。③而"人乳蒸豚"则是一道官府菜肴。《世说新语·汰侈第三十》："蒸豚甚美，异于常味，帝怪而问之，答曰：'以人乳饮豚。'帝甚不平，食未毕，而去。"④这里的帝是指西晋的武帝。此事在《晋书》也有记载，说有一次，晋武帝到王济家中，见到王济所上饮食都盛放在琉璃器中，"蒸肫甚美，帝问其故，答曰：'以人乳蒸之。'帝甚不平，食未毕，而去。"⑤饮食奢侈已发展到这种程度，连皇帝都为之不平，说明当时的士族豪门是过着何等糜烂的生活。

"裹蒸""人乳蒸豚"都属于蒸制类的菜肴。"蒸"的烹调方法在魏晋南北朝时期运用极其广泛，许多精美菜肴都出自此法。《齐民要术》为此专门有"蒸缹法"一章，如果按照所使用原料种类的不同进行计算菜肴数量的话，书中共介绍了蒸制菜肴28种。其中就有"裹蒸生鱼""蒸肫法"等菜肴。

"裹蒸生鱼：方七寸准。——又云：五寸准。——豉汁煮秫米如蒸熊。生姜、橘皮、胡芹、小蒜、盐、细切，熬糁。膏油涂箬，十字裹之，糁在上，复以糁屈牖篸之。——又云：盐和糁，上下与，细切生姜，橘皮、葱白、胡芹、小蒜

① 梁·沈约撰. 宋书·孔琳之传. 北京：中华书局，1997年，第1563页。
② 唐·姚思廉撰. 梁书·贺琛传. 北京：中华书局，1997年，第142页。
③ 梁·萧子显撰. 南齐书·明帝. 北京：中华书局，1997年，第92页。
④ 宋·刘义庆著. 世说新语·汰侈第三十. 保定：河北大学出版社，2006年，第360页。
⑤ 唐·房玄龄撰. 晋书·皇甫谧. 北京：中华书局，1997年，第1206页。

置上，篸箸蒸之。既奠，开箸，褚边奠上。"①

"豚肶法：好肥肶一头，净洗垢，煮令半熟，以豉汁渍之。生秫米一升，勿令近水，浓豉汁渍米，令黄色，炊作饙，复以豉汁洒之。细切姜、橘皮各一升，葱白三寸四升，橘叶一升，合著瓹中，密覆，蒸两三炊久。复以猪膏三升，合豉汁一升洒，便熟也。"②

《齐民要术》中的"裹蒸生鱼"是一种鱼肴的制作，与北齐明帝所食用的"裹蒸"显然不是一种菜式，因为他吃的"裹蒸"菜肴体积很大，不得不把它分成几份。但通过《齐民要术》对"裹蒸生鱼"制作方法的了解，我们可以看到当时裹蒸的操作工艺相当复杂，风味也很独特。

同样，《齐民要术》的"蒸肶法"也不是王氏家族的"人乳蒸豚"，但估计这"人乳蒸豚"的烹饪方法应该与《齐民要术》的"蒸肶法"相差无几，所不同的是乳猪在喂养过程的差别。因为乳猪是使用人乳喂养的，那不仅味道不一般，更因为稀有而更显珍贵。

《齐民要术》中还一种"胡炮肉"的菜肴，是把羊肉装进羊肚内，是否也属于"裹蒸"，也值得研究，因为贾思勰书中说此法"非煮、炙之例"，所以把它放在了"蒸焦法"一篇中。下面是"胡炮肉"制作工艺。

云："胡炮肉法：肥白羊肉——生始周年者，杀，则生缕切如细叶，脂亦切。著浑豉、盐、擘葱白、姜、椒、荜拨、胡椒，令调适。洗净羊肚，翻之。以切肉脂内于肚中，以向满为限，缝合。作浪中坑，火烧使赤，却灰火。内肚著坑中，还以灰火覆之，于上更燃火，炊一石米顷，便熟。香美异常，非煮、炙之例。"③

可以看出，这种"胡炮肉"的制作，不仅技艺独特，富有北方少数民族的菜肴加工特色，而且风味佳好，如贾氏所谓"香美异常"是也。

2. "黄颔臛"与"醒酒鲭鲊"

《南齐书》卷三十七《虞悰传》：悰"善为滋味，和齐皆有方法。"说南朝齐时虞悰是一位非常追求美食的贵族，他不仅善于制作菜肴，而且具有极其高水平的鉴赏菜肴的能力。又云"豫章王嶷盛馔享宾，谓悰曰：'今有肴馔，宁有所遗不？'悰曰：'恨无黄颔臛，何曾《食经》所载也'。"他根据西晋何曾《食疏》的记录，来指出豫章王萧嶷宴席中存在的菜肴水平的不高与缺点。齐武帝要虞悰

① 后魏·贾思勰撰，缪启愉校释. 齐民要术校释. 北京：农业出版社，1982年。第页480页。

② 后魏·贾思勰撰，缪启愉校释. 齐民要术校释. 北京：农业出版社，1982年。第页478页。

③ 后魏·贾思勰撰，缪启愉校释. 齐民要术校释. 北京：农业出版社，1982年，第442页。

提供新鲜别致的菜肴美食，他进奉了米栅等十几种肴馔，其美好的滋味超过了太官所制作的御食。又有一次："上就惊求诸饮食方，惊秘不肯出，上醉后体不快，惊乃献醒酒鲭鲊一方而已。"①后来齐武帝向虞惊讨要菜肴制作的方法与配方时，虞惊却密而不献。结果齐武帝喝醉酒后身体不适，心里又特别不高兴，虞惊就献上一个名叫"醒酒鲭鲊"的菜肴配方。

这"黄颔臛"是何曾《食经》中的菜肴名称，而"醒酒鲭鲊"大概是虞惊的作品了，但遗憾的是如此菜肴都没有留下配方与制作方法。不过，"臛"与"鲊"是流行于魏晋南北朝时期的两大类常见菜肴，在《齐民要术》中均有记载，虽然书中没有"黄颔臛""醒酒鲭鲊"的记录有点缺憾，还是可以通过其他的同类菜肴见其一斑的。

《齐民要术》中专门有"羹臛法"一章，共记录了30种羹臛的制作方法。其中明确以"臛"命名的菜肴有十余种，诸如"芋子酸臛""鸭臛""兔臛""鳖臛""羊蹄臛""酸臛""鳢鱼臛""鲤鱼臛"等。下面举两例来看看"臛"的制作方法。

"作鸭臛法：用小鸭六头，羊肉二斤，大鸭五头。葱三升，芋二十株，橘皮三叶，木兰五寸，生姜十两，豉汁五合，米一升，口调其味。得臛一斗。先以八升酒煮鸭也。"②

"作鳖臛法：鳖且完全煮，去甲藏。羊肉一斤，葱三升，豉五合，粳米半合，姜五两，木兰一寸，酒二升，煮鳖。盐、苦酒，口调其味也。"③

在《齐民要术》一书中，臛与羹的制作方法是极其相似的，都是在含有肉的汤中加入米或糁的一种混合性汤羹菜肴。按照菜肴的性质，何曾《食经》中的"黄颔臛"在制作技术上应该也是如此，只是所用原料不同吧。

至于"醒酒鲭鲊"，是一种具有醒酒效果的菜肴，因为具有清爽、解酒的作用，应该属于口味酸爽一类的菜肴。幸好，贾思勰在《齐民要术》中也专有"作鱼鲊"一章，对此有详细的记录。《齐民要术》中的"鱼鲊"有多种，有两种"鱼鲊"，以及"裹鲊""蒲鲊""长沙蒲鲊""鱼夏月鱼鲊""干鱼鲊"等种，尤其还有两种"猪肉鲊"，与鱼没有关系。并且贾思勰在"脏、腤、煎、消法"中还有两种"脏鱼鲊"的作法。下面介绍《齐民要术》中的"作裹鱼鲊""猪肉酢法""脏鱼鲊法"的制作技艺。

"作裹鱼鲊法：脔鱼，洗讫，则盐和糁。十脔为裹，以荷叶裹之，唯厚为

---

① 《南齐书》卷37《虞惊传》，《太平御览》卷第八百六十二《饮食部》二十有转引文。
② 后魏·贾思勰撰，缪启愉校释. 齐民要术校释. 北京：农业出版社，1982年，第463页。
③ 后魏·贾思勰撰，缪启愉校释. 齐民要术校释. 北京：农业出版社，1982年，第463页。

佳，穿破则虫入。不复须水浸、镇迮之事。只三、二日便熟，名曰'曝鲊'。荷叶别有一种香，奇相发起香气，又胜凡鲊。有茱萸、橘皮则用，无亦无嫌也。"①

"作猪肉鲊法：用猪肥狿肉，净燖治讫，剔去骨，作条，广五寸。三易水煮之，令熟为佳，勿令太烂。熟，出。待干，切如鲊脔，片之皆令带皮。炊粳米饭为糁，以茱萸子、白盐调和。布置一如鱼鲊法。糁欲倍多，令早熟。泥封，置日中，一月熟。蒜齑姜鲊，任意所便。月正之，尤美，炙之，珍好。"②

"胚鱼鲊法：先下水，盐、浑豉、擘葱，次下猪、羊、牛三种肉，腤两沸，下鲊。打破鸡子四枚，写中，如沦鸡子法，鸡子浮，便熟，食之。"③

这三种"鲊"各有千秋，都是口味美好的菜肴，但其中的"裹鱼鲊"因为使用荷叶裹而产生清香，应该具有醒酒作用也未可知。

3. "炙车螯"与"鹅炙"

《宋书》卷六九《刘湛传》载："（刘）义真乃使左右索鱼肉珍羞，于斋内别立厨帐。会湛入，因命膳酒炙车螯。"④这"炙车螯"无疑就成为一种美味佳肴了。大概因为"炙"法制作的菜肴在魏晋时期极其流行，不仅有钱人家食之，就连一些文人雅士，乃至平民百姓也偶有制作。《江淹传》："淹素能饮啖，食鹅炙垂尽，进酒数升讫，文告亦办。"⑤像江淹这样的文人一次就能吃掉一只烤鹅，不仅仅说明他"能饮啖"，也说明烤鹅味道之美使人欲罢不能。西晋著名书法家王羲之有一次到周凯家作客，因为当时对一种"牛心炙"的菜肴特别看重，先吃到者视为无上光荣，周凯竟在大家都还没有开时用餐之前，就把"牛心炙"割下来送给了王羲之，以表示自己对王的仰慕之情。海鲜可炙，猪牛羊肉以及内脏等可炙，连野味也是烤炙最美。《孝子传》载曰："王祥后母病，欲黄雀炙，乃有黄雀数枚飞入其幕，因以供母。"⑥虽然这故事有点不可思议，但"黄雀炙"菜肴肯定不是假的。正因为运用"炙"法制作的菜肴在魏晋时期大行其道，所以《齐民要术》中所记录"炙"的菜肴种类也最多，其中包括"炙车螯"一类的鱼肉珍羞。

《齐民要术》中的"炙车螯"是一款具有保持"车螯"原汁原味风格的菜肴。原文是："炙如蛎。汁出，去半壳，去屎，三肉一壳。与姜、橘屑，重炙令暖。

① 后魏·贾思勰撰，缪启愉校释. 齐民要术校释. 北京：农业出版社，1982年，第455页。
② 后魏·贾思勰撰，缪启愉校释. 齐民要术校释. 北京：农业出版社，1982年，第455页。
③ 后魏·贾思勰撰，缪启愉校释. 齐民要术校释. 北京：农业出版社，1982年，第484页。
④ 梁·沈约撰. 宋书·刘湛传. 北京：中华书局，1997年，第1816页。
⑤ 唐·李延寿撰. 南史·江淹传. 北京：中华书局，1997年，第1449页。
⑥ 宋·李昉等撰，王仁湘注释. 太平御览·饮食部. 北京：中国商业出版社，1993年，第674页。

仰奠四，酢随之。勿太熟，则肕。"①

意思是说"炙车螯"要像炙蛎一样。等到车螯的汁烤出之后，去掉半边壳，把车螯肉发黑的"屎"去掉，三个肉搁在一个壳里面。加些姜、橘皮粉末，再烤熟。壳在下，肉朝上，一个盘里盛四个，另外用小盘盛些醋一起供上桌蘸食。不要烤得太熟，过熟了吃时肉就会坚硬而咬不动了。

那么，再看一下《齐民要术》中的"炙蛎"是如何制作的。《齐民要术》中是把炙蚶与炙蛎是放在一起记述的："炙蚶：铁鏊上炙之。汁出，去半壳，以小铜样奠之。大奠六，小奠八；仰奠。别奠酢随之。炙蛎：似炙蚶。汁出，去半壳，三肉共奠。如蚶，别奠酢随之。"②其实，《齐民要术》中的炙车螯、炙蚶与炙蛎都是把洗涤干净的车螯、蚶、蛎放在铁锅上炙烤。汁烤出来之后，去掉半边壳，用小铜盘盛好供上桌。每一盘盛的数量可根据大小灵活确定。上桌时要另外用小盘盛些醋一起供上桌蘸食。这是典型的山东沿海民间制作海产甲壳类菜肴的风格，而且现在运用烤炙海鲜的方法已经更多了。

《齐民要术》中炙鹅的方法有两种，分别是"捣炙"和"衔炙"，也是各有特色。

"捣炙法：取肥子鹅肉二斤，剉之，不须细剉。好醋三合，瓜菹一合，葱白一合，姜、桔皮各半合，椒二十枚——作屑——合和之。更剉令调。聚著充竹串上。破鸡子十枚，别取白，先摩之，令调。复以鸡子黄涂之。唯急火急炙之，使焦。汁出便熟。作一挺，用物如上。若多作，倍之。若无鹅，用肥㹠亦得也。"③

"衔炙法：取极肥子鹅一只，净治，煮令半熟。去骨，剉之。和大豆酢五合，瓜菹三合，姜、桔皮各半合，切小蒜一合，鱼酱汁二合，椒数十粒——作屑——合和，更剉令调。取好白鱼肉，细琢，裹作串，炙之。"④

两种作法都是把鹅肉制成馅料，裹在木棒上炙熟，具有特别的风味。这种方法至今还在烹饪中流行，像"蒲棒里脊"，就是把肉馅抹裹在一条竹签上，然后可炸可烤等制作而成。

遗憾的是在《齐民要术》中，没有"牛心炙"的制作记录，但有一款叫做"牛脾炙"的菜肴可供参考。

"牛脾炙：老牛脾，厚而脆。划、穿，痛蹙令聚。逼火急炙，令上劈裂；然后割之，则脆而甚美，若挽令舒申，微火遥炙，则薄而且肕。"⑤

① 后魏·贾思勰撰，缪启愉校释. 齐民要术校释. 北京：农业出版社，1982年，第497页。
② 后魏·贾思勰撰，缪启愉校释. 齐民要术校释. 北京：农业出版社，1982年，第497页。
③ 后魏·贾思勰撰，缪启愉校释. 齐民要术校释. 北京：农业出版社，1982年，第495页。
④ 后魏·贾思勰撰，缪启愉校释. 齐民要术校释. 北京：农业出版社，1982年，第495页。
⑤ 后魏·贾思勰撰，缪启愉校释. 齐民要术校释. 北京：农业出版社，1982年，第494页。

在《齐民要术》中，炙类菜肴中，对各类家畜、家禽的制作尤其多样，其中对猪肉类的加工制作也非常有特色，如炙豘法、膊炙豘法等等。

"炙豘法：用乳下豘，极肥者，雄牸俱得。㸙治一如煮法。楷洗、刮、削，令极净，去五藏，又净洗。以茅茹腹令满。柞木穿，缓火遥炙，急转勿住，转常使周匝，不匝，则偏燋也。清酒数涂，以发色。足便止。取新猪膏极白净者，涂拭勿住。如无新猪膏，净麻油亦得。色同琥珀，又类真金，入口则消，状若凌雪，含浆膏润，特异凡常也。"①

《齐民要术》的"炙豘"就是后世流传的"烤乳猪"，不过现今烤制乳猪时不再把茅草塞到乳猪的肚子里，处理上更加精细。但操作方法是完全相同的。这种"烤乳猪"的菜肴历来被美食家者视为珍肴佳馐，这是因为烤炙好的小猪颜色像琥珀，又像黄金的颜色，金黄光亮，吃到口里，立即就融化了，像冰冻过的雪一样，汁多、油润，和平常的肉食特别不同。即《齐民要术》所谓"色同琥珀，又类真金，入口则消，状若凌雪，含浆膏润，特异凡常也。"《齐民要术》中还有"膊炙豘法""捧炙""腩炙""肝炙"等特色各异的炙类菜肴，兹将其制作方法录在下面，以供参研。

"膊炙豘法：小形豘一头，薄开，去骨。去厚处，安就膊处，令调。取肥豘肉三斤，肥鸭二斤，合细琢。鱼酱汁三合，琢葱白二升，姜一合，橘皮半合，合二种肉，著豘上，令调平。以竹串穿之。——相去二寸下串——以竹箬著上，以板覆上，重物迮之。得一宿。明旦，微火炙。以蜜一升合和，时时刷之，黄赤色便熟。先以鸡子黄涂之，今世不复用也。"②

"捧炙：大牛用脊，小犊用脚肉亦得。逼火偏炙一面。色白便割，割偏又炙一面，含浆滑美。若四面俱熟然后割，则涩恶不中食也。"③

"腩炙：羊、牛、獐、鹿肉皆得。方寸脔。切葱白，㰵令碎，和盐豉汁。仅令相淹，少时便炙。——若汁多久渍，则䏰。拨火开，痛逼火迴转急炙。色白热食，含浆滑美。若举而复下，下而复上，膏尽肉干，不复中食。"④

"肝炙：牛、羊、猪肝，皆得。脔长寸半，广五分。亦以葱、盐、豉汁腩之。以羊络肚撒脂里，横穿，炙之。"⑤

以上的几种烤炙的菜肴从炙法上虽然大致相同，但菜肴的风味却是各有千秋的。"膊炙豘法"以肉馅抹在猪肉上面，竹签穿之并用箬叶裹起来，再用木板压

---

① 后魏·贾思勰撰，缪启愉校释. 齐民要术校释. 北京：农业出版社，1982年，第494页。
② 后魏·贾思勰撰，缪启愉校释. 齐民要术校释. 北京：农业出版社，1982年，第495页。
③ 后魏·贾思勰撰，缪启愉校释. 齐民要术校释. 北京：农业出版社，1982年，第494页。
④ 后魏·贾思勰撰，缪启愉校释. 齐民要术校释. 北京：农业出版社，1982年，第494页。
⑤ 后魏·贾思勰撰，缪启愉校释. 齐民要术校释. 北京：农业出版社，1982年，第494页。

第四章 文士食风的庄园食谱

107

一宿，使肉馅与猪肉融成一体，并经过一宿的板压，肉馅中的滋味还可通过竹签的穿透作用渗透到猪肉中去，然后再用炙之，实在是一种高妙的炙法，可惜的是此法今已不传；"捧炙"边烤炙边割下熟肉食之，再烤再割，有类于现在流行的巴西烤肉的风格，但其火候的掌握非常严格；"腩炙"与"肝炙"是一种烤炙小块肉的方法，类似于现在西式菜肴中运用烤盘把腌味的牛肉块烤而食之的方法；尤其是"肝炙"大有西餐串烤的风格。通过以上几种烤炙菜肴的了解，足见我国魏晋南北朝时期烤炙菜肴水平的精湛与高妙程度。这也难怪东晋皇帝把所吃的猪颈肉称为"禁脔"，因为经过烤炙的猪颈肉肯定是美味无比的，尽管史料中没有关于"禁脔"的烹制记录，但以《齐民要术》的介绍，当然还是"炙"食最美了。

其他如"黄雀炙""鲕鱼炙"①一类的特别菜肴，因为没有历史资料进行制作方法的记录，也就不进行详尽论述了，但一般地说应该与上面的几种菜肴制作有异曲同工之妙吧。

三、"咄嗟"间即成的菜肴技术

由于一些无聊官僚、富贵豪门之间在享受生活中的争强攀比，一种畸形的追求美食的现象生发出来，却无意间对这一时期中国菜肴制作技艺的发展起到了推动作用。不仅技艺运用得全面，菜肴制作精美，而且还更加追求菜肴制作的效率，使菜肴制作技艺达到了精妙绝伦的境地。

南朝宋时的刘义庆曾在所撰的《世说新语》下卷中专辟"汰侈"一篇，其中有："石崇为客作豆粥，咄嗟便办。"②的记载。这种"咄嗟便办"的制作效率确实高的可以，就连与石崇争胜的王恺也没有办法做到，只好密问石崇手下的一个都督，曰："豆至难煮，唯豫作熟末，客至，作白粥以投之。"豆粥制作如此，菜肴制作也是这样。即便是烤炙复杂的"牛心炙"一类的菜肴也是须臾便可制作完毕。《世说新语》中就记载了这样的一个案例。曰："王君夫有牛名'八百里驳'，常莹其蹄角。王武子语君夫：'我射不如卿，今指赌卿牛，以千万对之。'君夫既恃手快，且谓骏物无有杀理，便相然可，令武子先射。武子一起便破的，却据胡床，叱左右：'速探牛心来!'须臾，炙至，一脔便去。"③制作一款如此考究的菜肴能达到如此的熟练程度，其菜肴制作的技术运用非同一般。

须臾之间能制作出单个的菜肴也许算不得什么，但有时宴席菜肴制备也是如

① 沈莹《临海水土异物志》："鲕鱼至肥，炙食甘美。谚云：'宁去累世宅，不去鲕鱼额。'"
② 宋·刘义庆著. 世说新语·汰侈第三十. 保定：河北大学出版社，2006年，第361页。
③ 南朝宋·刘义庆著. 世说新语·汰侈第三十. 保定：河北大学出版社，2006年，第362页。

此的快速，就更加令人信服了。据载，南朝宋时的幸臣阮佃夫家中经常准备数十人的宴席，在出门路上遇到客人，一同返回，"就席，便令施设，一时珍羞，莫不毕备。凡诸火剂，并皆始熟，如此者数十种，佃夫尝作数十人馔，以待宾客，故造次便办，类皆如此。虽晋世王、石，不能过也"[1]为了应付主人随时都可以带客人回家进餐设宴的情形，厨房不得不随时置办好一桌供十数人使用的菜肴。一旦客人进门，便可以即时把丰盛的菜肴献上餐桌，以供宾主欢宴。

　　由于菜肴制作、宴席制备的前期工作都进行了成熟的准备，所以到了需要的时候，就会在很短的时间内完成，体现出了这一时期中国菜肴制作技术的成熟与菜肴烹制人员娴熟的操作本领。从甘肃嘉峪关出土的一组魏晋时期的砖画庖厨图可以看出，那种操作有序、作业熟练流畅的菜肴食品制作技术在当时委实已经达到了极其完备的程度。[2]

　　《齐民要术》记载的菜肴品种中，有一类属于类似后世爆炒烹调工艺的菜式，只要预先把原料加工等工作做好，临灶烹制的时间是非常短促的，有的在数分钟，甚至几十秒钟就可以完成的。如《齐民要术》"羹臛法"有"损肾"一款，其制作风格就很是类似现在鲁菜中的"爆炒牛百叶"和"爆炒腰花"一类的菜肴制作。《齐民要术》"羹臛法"中"损肾"的制作方法如下。

　　"损肾：用牛羊百页，净治，令白。薤叶切，长三寸，下盐豉中。不令大沸！大熟则肕，但令小卷，止。与二寸苏、姜末，和肉。漉取汁。

　　又用肾，长二寸，广寸，厚五分，作如上。奠，亦用八，姜薤，别奠随之也。"[3]

　　用今天的话来说，就是用牛羊的百叶，整治洁净，浸洗到颜色变成雪白时，切成薤叶宽的丝，约四寸长，然后把它放到经过调了盐和豉汁的汤里。略一沸即止，使其微微卷成花形，不要煮到大开。时间长了就会使原料大熟，而导致菜肴变的韧而不脆。再加入两寸的苏叶和一些姜末，和在肉里面。把汤汁漉去，盛放进盘子里，盛满了盘子即可上席。

　　另外，用肾也可以，但要切成二寸长，一寸宽，五分厚的片，其他像制作百叶一样作法就行。作好盛入盘子里面供上席。也是八件盛一盘。姜和薤，另外用小盘盛着，一同供上。

　　这里的"损"不是菜肴制作的一种烹调方法，而是指对原料的处理方法，就是把牛羊的百叶或肾脏进行切碎的损坏性处理，使其变成容易卷曲的小型原料。

① 梁·沈约撰. 宋书·恩倖. 北京：中华书局，1997年，第2314页。

② 张征雁、王仁湘著. 昨日盛宴. 成都：四川人民出版社，2004年，第82页。

③ 后魏·贾思勰撰，缪启愉校释. 齐民要术校释. 北京：农业出版社，1982年，第495页。

因为爆、炒类的菜肴制作时间短，讲究火候的运用，必须把大型原料处理成为小型的原料，这样才易于成熟，又便于入味，可以保持脆爽的特色。

《齐民要术》中说，用家畜的"肾"也可以运用同样的方法制作，但用哪种家畜动物的"肾"没有说明白。但从现在流传于鲁菜中的"爆炒腰花"来看，猪的肾具有异味弱、肉质嫩的特点，最适合于制作"损肾"。所谓肾，就是民间习惯上称谓的"腰子"。鲁菜厨师为了使猪腰子经过烹调成菜肴后，仍能保持良好的脆嫩效果，便在《齐民要术》传统"损肾"法的基础上进行了改革，把猪腰子剖开后，在其修整过的内面打上麦穗花刀，使其更加容易卷曲和入味，也便于成熟，而且形态也更加美观。

第二节　名士笔下的美味佳肴

我国的魏晋南北朝时期，虽然战争频仍，但却又是一个文人辈出的时代，诞生了许多名垂青史的文学、科技等作品。在这些著名的文学作品中，其中就有很多关于当时宴席饮馔情形的描写与记录。文人们以自己的生活体验，再加上艺术的提炼，使名目繁多的筵席、千姿百态的佳肴被写进了他们的作品中。

一、曹植诗文中的菜肴

曹植，字子建，是曹操的第三个儿子，三国魏国诗人，被封为陈王，谥号思，后世有"陈思王"之称。有大量的诗词文赋传世，而且其中有东拉西扯的关于当时宴饮情景的描述。他在所写的乐府诗《名都篇》云：

"……归来宴平乐，美酒斗十千。脍鲤臇胎鰕，寒鳖炙熊蹯。鸣俦啸匹侣，列坐竟长宴。"[①]

在这洋溢着美酒芳香的平乐宴席上，是少不了美馔佳肴的，其中有"脍鲤""臇胎鰕""寒鳖""炙熊蹯"等代表菜肴，但这肯定不是宴席菜肴的全部。

脍鲤，就是把黄河鲤鱼剔出鱼肉后再切成丝或片之类，然后再烹调成带汤汁或不带汤汁的菜肴，以供宴用的菜肴。

① 陈宏天等主编. 昭明文选译注. 第三卷. 长春：吉林文史出版社，1986年，第259页。

腪胎鰕，是用小虾或者是虾子烹制的一种臛。臛，在《齐民要术》一书的介绍是汤汁比较少的一种菜肴，类似于现在的烩菜。

寒鳖：可能是一种冷制菜肴，就是把甲鱼连裙边一起切成小块，经过长时间的熬煮后，胶质蛋白融化，盛出放凉，成为一种凝固的菜肴，类似现在的"冻"制菜肴。

炙熊蹯，熊蹯就是熊掌。炙熊蹯就是烧烤熊掌一类的菜肴。史料中烹制熊掌以煨、炖、蒸、烧见长，炙法用的不多。但熊掌外皮层较后，加工处理时需要用火烧烤使其焦煳后才能除去，这儿用炙法也是有道理的。

宴席中的四道菜，每一道都是佳肴珍馐，然而这仅仅是列举的几个富有特色的菜肴而已。

再如曹植所写的《七启》里面，除了饮宴之事的描述，也有一些菜式的记录。

"镜机子曰：芳菰精稗，霜蓄露葵。玄熊素肤，肥豢脓肌。蝉翼之割，剖纤析微，累如迭縠，高若散雪，轻随风飞，刃不转切。山鹍斥鷃，珠翠之珍。寒芳苓之巢龟，脍西海之飞鳞。臛江东之潜龟，腪汉南之鸣鹑，糅以若酸，甘和既醇。玄冥适咸，蓐收调辛。紫兰丹椒，施和必节。滋味既殊，遗芳射越。乃有春清缥酒，康狄所营。应化则变，感气而成。弹微则苦发，叩宫则甘生。于是盛以翠樽，酌以彤觞，浮蚁鼎沸，酷烈馨香。可以和神，可以娱肠。此肴馔之妙也。于能从我而食之乎？玄微子曰；予甘藜藿，未暇此食也。"①

在这篇著名的《七启》里面，借镜机子之口，述说的宴席食品有各种饭食、菜肴、饮料。而在众多的菜肴之中，则有蔬菜有肉食，并且以各地名产制作的水产与野禽菜肴见长，极其讲究刀工与调味。

文中的各色菜肴包括：有用黑熊、肥猪制作的脍炙之类；有用山鹍斥鷃制作珍珠羹；有芳苓的寒龟、西海的鱼脍；臛是应江东地区出产的潜龟制作的，腪是用汉南地区出产的鹌鹑烹调而成的等等。这些菜肴无不是精心设计和制作而成的，厨师们在菜肴烹调中"糅以若酸，甘和既醇。玄冥适咸，蓐收调辛。紫兰丹椒，施和必节。滋味既殊，遗芳射越。"有如此美味的菜肴，所以就能够达到"可以和神，可以娱肠。"的至高境界。

文学作品，虽然难免有所夸张，但菜肴制作技艺的高超却可以由此展现出来。

二、《七召》中的佳馐

类似曹植的文学作品，在当时还有许多，例如梁朝著名文学家何逊的《七

---

① 陈宏天等主编. 昭明文选译注. 第四卷. 长春：吉林文史出版社，1986年，第121页。

召》中也有类似美馔佳肴的描述，现节录其中的一段如下。

"公子曰：铜瓶玉井，金釜桂薪。六彝九鼎，百果千珍。熊蹯虎掌，鸡跖猩唇。潜鱼两味，立犀五肉。拾卵凤巢，剖胎豹腹。三脔甘口，七菹惬目。蒸饼十字，汤官五熟。海椒鲁豉，河盐蜀姜。剂水火而和调，糅苏荏以芬芳。脯追复而不尽，犊稍割而无伤。鼋羹流□，蚔酱先尝。鲙温湖之美鲋，切丙穴之嘉舫。落俎霞散，逐刃雪扬，轻同曳罽，白似飞霜。蔗有盈丈之名，桃表兼斤之实。杏积魏国之贡，菱为巨野所出。衡曲黄梨，汶垂苍栗。陇西白柰，湘南朱桔。荔枝沙棠，蒲萄石蜜。瓜称素腕之美，枣有细腰之质。并抗吻以除烦，永咀牙以消疾。于是三雅陈席，百味开印。玉玑星稀，兰英缥润。既夷志于坎壤，亦忘怀于鄙吝。此盖滋旨之极珍，岂从余而并进？先生曰：不贵婾食，岂甘醇酒。既深悟于腐肠，岂自迷于爽口。"[1]

这是一篇对当时贵族饮宴生活真实反映的妙文，虽然由于文学性质而难免有些夸张，但仍然可以看出，在那时的筵席上，菜肴的品种是相当多的，而且以追求原料的档次，讲究排场，讲究调味，讲究菜肴烹饪方法的变化为目的。正所谓"所甘不过一味，而陈必方丈，适口之外，皆为悦目之资。"[2]仅就其中的菜肴制作来看，真可谓集山珍海味、天下异馔献于一席之上。

有用熊掌、虎掌、鸡跖、猩唇制作的高级菜式，有一鱼两味两吃的艺术菜肴；

有盛于站立的犀角中的五味肉脯，有从鸡舍中刚拾出来的雏卵，有从剖开的豹腹中取出的豹胎；

有用牛、羊、猪等肥美肉块制作的菜肴味美适口，有用各种蔬菜做成的七色腌菜赏心悦目；

蒸制的面食是裂开四瓣的开花馒头，面条是用多种杂粮面制成的五色面条；

有海椒、鲁豉、河盐、蜀姜用于菜肴调味之用的各色调料；

更能够恰到好处的运用火候而达到和调五味的效果，还能够独运匠心的把苏子、荏子之类的香料巧妙融合而使菜肴具有芬芳的气味；

各种美味的肉脯怎么也是吃不尽的，整只的烧烤小牛割不了几片就够吃的；

有用大鼋肉作成的羹滑美流畅，用蚂蚁制作的肉酱还是先尝为快；

有用温湖出产的美鲋切成的肉丝，用丙穴出产的嘉鱼切成的薄片。

虽然有些菜肴没有说明是运用什么样的烹调方法制作的，但依据这一时期的史料分析，不外乎炙、烤、羹、膲、脯、菹，等等。

① 熊四智主编. 中国饮食诗文大典. 北京：青岛出版社，1995年，第122页。
② 梁·沈约撰. 宋书·孔琳之传. 北京：中华书局，1997年，第1563页。

三、《七命》与《蜀都赋》

与《七启》有着异曲同工之妙的是西晋文人张协的《七命》。张协，字景阳，西晋文学家，曾做过中书侍郎等官职。《七命》是一篇描写当时宫廷、官僚、豪门中生活中的七件事，包括音乐、服饰、饮食、居住等方面。其中饮食部分的描写就记录了当时美肴、美酒、美器等，可以说是对魏晋时期庄园贵族饮食生活的写真与总结。下面是节选与饮食有关的部分内容。

"大夫曰：'大梁之黍，琼山之禾，唐稷播其根，农帝尝其华。尔乃六禽殊珍，四膳异肴。穷海之错，极陆之毛。伊公爨鼎，庖子挥刀。味重九沸，和兼勺药。晨凫露鹄，霜鸧黄雀。圆案星乱，方丈华错。封熊之蹯，翰音之跖。燕髀猩唇，髦残象白。灵渊之龟，莱黄之鲐。丹穴之鹦，玄豹之胎。煇以秋橙，酢以春梅。接以商王之箸，承以帝辛之杯。范公之鳞，出自九溪，赪尾丹鳃，紫翼青鬐。尔乃命支离，飞霜锷，红肌绮散，素肤雪落。娄子之毫，不能厕其细；秋蝉之翼，不足拟其薄。繁肴既阕，亦有寒羞。商山之果，汉皋之榛。析龙眼之房，剖椰子之壳。芳旨万选，承意代奏。乃有荆南乌程。豫北竹叶，浮蚁星沸，飞华萍接。玄石尝其味，仪氏进其法。倾罍一朝，可以流湎千日，单醪投川，可使三军告捷。入神之所歆羡，观听之所炜晔也。子岂能强起而御之乎？'公子曰：'耽口爽之馔，甘腊毒之味，服腐肠之药，御亡国之器，虽子大夫之所荣，故亦吾人之所畏。余病，未能也。'"[1]

尽管这是一篇艺术夸张力很强的文学作品，其中的美馔佳肴肯定是有些夸大其词的，甚至可能有的还属于想象，但其高超的菜肴制作技艺是可以由此见之一斑的。而其中诸如"封熊之蹯，翰音之跖。燕髀猩唇，髦残象白。灵渊之龟，莱黄之鲐。丹穴之鹦，玄豹之胎。"一类的菜品则是实有其物的，蒸熊掌、炙鸡爪、煨猩唇、象肉羹，都是见著于这一时期的宴中珍馐，大抵豪华宴席概不能缺。至于其他菜肴，古籍也多有记述，如"莱黄之鲐"《盐铁论》中就有记载。[2]而像"范公之鳞，出自九溪，赪尾丹鳃，紫翼青鬐。"也非夸饰之语，不过是对出自九曲黄河的"金鳞鲤鱼"进行的艺术描述而已。文章中较为遗憾的是没有对菜肴的具体制作方法透露出一点蛛丝马迹。

还有，在西晋著名文学家左思的《蜀都赋》中也有类似的描述，虽然其中主要是对今天四川的物产、菜肴、宴席，以及饮食习俗的描述，但借此足可以证明

---

① 陈宏天等主编. 昭明文选译注. 第三卷. 长春：吉林文史出版社，1986年，第155~156页。

② 汉·桓宽. 盐铁论·通有第三. 上海：上海人民出版社，1974年，第7页。

这一时期我国菜肴制作技术水平的发达。

由于原文较长，兹节选其中与饮食有关的部分内容。

"三蜀之豪，时来时往。……若其旧俗，终冬始春，吉日良辰，置酒高堂，以御嘉宾。金罍中坐，肴槅四陈。觞以清醥，鲜以紫鳞。羽爵执竞，丝竹乃发。巴姬弹弦，汉女击节。"[①]

如果和曹植的《七启》、何逊的《七召》、张协的《七命》相比，《蜀都赋》中关于宴会的描述可能更接近实际。在豪华的"高堂"内举办筵席，盛酒的大"金罍"放在宴席餐桌的中央，四周摆放着各色菜肴，菜肴中的佳品当中有以"紫鳞"之鱼制作的鱼鲙。一桌豪宴不可能只有一款菜肴，因为是文学作品，只能运用这样的艺术手法表现宴席的场景。但宴席中都摆设了哪些美味的菜肴呢，早在汉代杨雄的《蜀都赋》中还有一段精彩的描述。

"调夫五味，甘甜之和，勺药之羹，江东鲐鲍，陇西牛羊，籴米肥猪，麋麈不行，鸿豺禋乳，独竹孤鶬，狍鸮被貔之胎，山麕髓脑，水游之腴，蜂豚应雁，被鹦晨凫，鹦□初乳，山鹤既交，春羔秋□，脍鲛龟肴，杭田孺鹭，形不及劳，五肉七菜，朦厌腥臊，可以颐精神养血脉者，莫不毕陈。"[②]这些菜肴中，有从江东和陇西地区贩运来的海产和牛羊肉，有本地用大米喂养的肥猪，有容易猎获的麋麈。当时人们运用这类原料制作菜肴的经验是，既要吃大的，也要吃小的，鸭和鶬要吃未经交配过的雏儿，狍鸮和被貔要吃胎儿。山麕要吃脑髓，鱼要吃腹部的一段，即腹腴部分。应时的菜肴有大的野猪，随季节南来北去的大雁，小的斥鹦，会飞的水鸭，嫩的野鹅和山鹤，春天的羊羔，秋天的竹鼠，刚学起飞的秧鸡等等。真是各种山野珍味，水鲜异禽，都成为宴席中的美味菜肴。

不仅如此，在菜肴的制作、调味也很合时宜。做菜时，脍要用鲛鱼作材料为好，这是经过了选择的。对牛、羊、鸡、犬、猪肉菜肴的制法，首先要去掉腥臊异味，再运用恰当的火候使其鲜嫩滑腴。调料则多用葱、蒜、韭、葵、薤、薤、姜、椒、酱、酒等。这些情况，都足以说明当时制作菜肴的技术已经有了一套很考究成熟的烹调技法了。关于菜肴原料方面的描述，文章显然是出于艺术的需要有些夸饰的成分，但应该是符合当时宴席实际情况的。

又有晋人弘君举的《食檄》一文中，有相当多的宴席菜肴描述。弘君举，史料中没有关于他的生平的详细记录。但清人严可均将其纳入晋代，根据他的文章风格应该属于这一时期无疑。"檄"为古代文体之一，多作征召、晓谕、申讨等用。《食檄》则顾名思义，其内容就是为了晓谕饮食的学问。文中对当时的菜

---

① 陈宏天等主编. 昭明文选译注. 第一卷. 长春: 吉林文史出版社, 1986年, 第211页。

② 熊四智主编. 中国饮食诗文大典. 青岛: 青岛出版社, 1995年, 第34页。

肴，烹饪技法等，作了较为详细的描述。

"烝太湖天头之白兰，肉乳之豚，饥仓之鸡，色如瑇瑠，骨解肉离。

又取嗫湖独穴之鲤，赤山后陂之莼。伺漉冷豉，及热应分。食毕作臊，酒炙宜传。酒便清香，肉则豆不牸麛。舭若波潘，急火中炙，脂不得熏。亲君子，延嘉宾，终日宴□□□。闻香者踯躅，干咽者塞门。罗奠椀子，五十有余。牛膝□擣，炙鸭脯鱼。熊白麛脯，糖蟹濡台。车螯主甜，滋味远来。日醉之后，闷下慷除。应有蔗浆木瓜，元李杨梅，五味橄榄，石榴玄拘。葵奠脱煮，各下一杯。

大市覆甗之蒜，东里独老之醢。大盐杂以姜椒，叛好使之春韭。

并催厨人，来作麦餅，熬油煎葱，例茶以绢。当用轻羽，拂去飞面。驯软中适，然后水引。细如委綖，白如求练。羹杯半在，才得一咽。十杯之后，颜解体润。"①

这篇文章的菜肴种类更加丰富多样，有"太湖天头之白兰，肉乳之豚，饥仓之鸡，色如瑇瑠"，有"嗫湖独穴之鲤，赤山后陂之莼"，有"牛膝□擣，炙鸭脯鱼。熊白麛脯，糖蟹濡台。车螯主甜"等。这是一桌富有江南风格的宴席菜肴配置，虽有用牛后大腿肉制作的擣炙，以及炙鸭、脯鱼、熊白、麛脯等菜肴，更有糖渍的蜜蟹和甜味的车螯等。其菜肴烹调方法之丰富多彩，足可见这一时期我国烹饪技艺水平之高超。

这一时期，类似的文章还有许多，仅在当时流行的"七体文"中，就有许多描写宴饮菜肴内容的篇目。除了前面所介绍的几篇之外，尚有杜预的《七规》、傅玄的《七漠》、萧纲的《七励》、萧统的《七契》等。

四、"莼鲈之思"的食肴风尚

在我国的魏晋南北朝时期，有一个著名的"莼羹鲈脍"的美食故事，说的是西晋时期，有个文学家叫张翰的，字季鹰，是江南吴地人氏。曾经在司马昭之孙司马冏的大司马府中任职，他一方面讨厌当时的那种南北战乱的世道，一方面心里知道像司马冏这样的乱世之官必定败亡。就故意放纵自己，成日饮酒。时人将他与阮籍相比，称作"江东步兵"。有一年，秋风一起，张翰想起了家乡吴中的菰菜莼羹鲈鱼脍，便弃官而归。《晋书·张翰传》："翰因见秋风起，乃思吴中菰菜、莼羹、鲈鱼脍，曰：人生贵得适志，何能羁宦千里以要名爵乎？遂命驾而归。"②张翰这个生在南方却要到北方洛阳做官的文人，因为秋风一起，开始思念

---

① 熊四智主编. 中国饮食诗文大典. 青岛：青岛出版社，1995年，第114页。

② 唐·房玄龄撰. 晋书·皇甫谧. 北京：中华书局，1997年，第2384页。

家乡的美肴菰菜、莼羹、鲈鱼脍，并发感叹说是人生一世贵在适意，何苦这样迢迢千里追求官位名爵呢，于是卷起行囊弃官而归。虽然张翰是借思念乡味佳肴为名，以避杀身之祸是实，但这莼羹鲈脍也确为吴中美味，不仅在当时有"东南佳味"的美称，至今亦然，是不可多得的地方佳肴。

莼羹鲈脍作为江南的佳肴，并不只受到张翰一人的称道，同是吴郡人的陆机也与张翰同嗜。当朝的侍中王曾问他江南什么食物可与北方羊酪媲美，他立即回答："有千里莼羹，未下盐豉。"[1]

莼只不过是一种极平常的水生野蔬，为什么受到晋人的如此偏爱，就是因为它的清、淡、鲜、脆，超出所有菜蔬之上，而且又有着良好的烹调方法作为保障。这不仅可以看出魏晋时期人们对饮食上的一种新追求，也反映除了菜肴制作水平的精湛，一种普通的野蔬在厨师的手中竟成为千古流传的菜肴。

至于鲈鱼，是长江下游近海的一种珍贵鱼类，河流海口常可捕到，肉味鲜美，今人皆知。那么，当时的菰菜、莼羹、鲈鱼是怎么制作的呢，这可以从《齐民要术》中找到一些线索作为参考。《齐民要术》中对以"莼"入馔制羹的菜式制作进行了详细的介绍，并还抄录了《食经》制作"莼羹"的方法。

"食脍鱼莼羹：芼羹之菜，莼为第一。四月莼生，茎而未叶，名作'雉尾莼'叶舒长足，名曰'丝莼'，五月六月用丝莼。入七月，尽九月十月内，不中食，莼有蜗虫著故也。虫甚微细，与莼一体，不可识别，食之损人。十月，水冻虫死，莼还可食。从十月尽至三月，皆食'环莼'。环莼者，根上头、丝莼下茇也。丝莼既死，上有根茇，形似珊瑚。一寸许，肥滑处任用，深取即苦涩。

凡丝莼，陂池种者，色黄肥好，直净洗则用；野取，色青，须别铛中热汤暂渫之，然后用：不渫则苦涩。丝莼、环莼，悉长用，不切。

鱼、莼等并冷水下。若无莼者，春中可用芜菁英，秋夏可畦种芮菘、芜菁叶，冬用荠菜以芼之。芜菁等，宜待沸，接去上沫，然后下之。皆少着，不用多，多则失羹味，干芜菁无味，不中用。豉汁于别铛中汤煮一沸，漉出滓，澄而用之，勿以杓抳，抳则羹浊——过不清。煮豉，但作新琥珀色而已，勿令过黑，黑则盐苦。唯莼芼而不得著葱，䪥及米糁、菹、醋等。莼尤不宜咸。羹熟即下清冷水。大率羹一斗，用水一升，多则加之，益羹清隽甜美。下菜、豉、盐，悉不得搅，搅则鱼莼碎，令羹浊而不能好。"[2]

这是贾思勰记录的"鱼脍莼羹"的作法，对菜肴制作的各个作业环节都进行了极其细腻的记述。并且强调说"芼羹之菜，莼为第一"，看来在当时"鱼脍莼

① 唐·房玄龄撰. 晋书·皇甫谧. 北京：中华书局，1997年，第1467页。
② 后魏·贾思勰撰，缪启愉校释. 齐民要术校释. 北京：农业出版社，1982年，第465页。

羹"确实为天下难得之美味之品。不过张翰思念的"莼羹鲈鱼脍",《齐民要术》作"脍鱼",究竟这"脍鱼"是指用鲈鱼切成的"脍",还是另外的一种鱼,书中没有说清楚。因为,在当时做"莼羹"用的鱼是不止一种的。《齐民要术》在接下来所转引《食经》中"莼羹"的制作,用的是鳢鱼和白鱼,而不是鲈鱼。

"《食经》曰:'莼羹,鱼长二寸,唯莼不切。鳢鱼,冷水入莼,白鱼,冷水入莼,沸入鱼与咸豉。'又云:'鱼长三寸,广二寸半。'又云,'莼细择,以汤沙之。中破鳢鱼,邪截令薄,准广二寸,横尽也,鱼半体,煮三沸,浑下莼,与豉汁渍盐。'"①

一般地说,在魏晋南北朝时期,羹、臛类的菜肴是运用最多的流行菜式,从豪华的宴席菜肴,到民间的日常饮食,大凡都有羹、臛类菜肴的制作。所以,在《齐民要术》一书中,不仅单独把羹、臛类菜肴作为一篇编写,而且在整理、记录的菜式中,最多的就是羹、臛类的菜肴,计有32种之多。由此可以看出时人对这一类菜肴的重视程度。

五、"食饼知盐味"的辨味之妙

中国菜肴自古以来就是以"五味调和百味香"而著称的,因此调味艺术就成为中国菜肴制作的核心技术环节。中国古代的厨师,之所以能够把菜肴的调味技术发展成为一门艺术,重要的是因为有一大批"知味"的美食家,尽管这些美食家大多数都是来自于封建社会中的统治阶层,但毕竟起到了推动菜肴调味艺术发展的作用。

到了我国的魏晋南北朝时期,见于史籍的知味者明显多于前朝。如西晋大臣、著作家荀勖,就是很突出的一位,他连拜中书监、侍中、尚书令,受到晋武帝的宠信。"荀勖尝在晋武帝坐上食笋进食,谓在坐人曰:'此是劳薪所炊成'。坐者未之信,帝密遣问之,外云:'实用故车脚。'"②意思说有一次荀勖应邀去陪武帝吃饭,他对坐在旁边的人说:"这是劳薪所炊成的饭。"当时参加宴席的人们都不相信,武帝马上派人去问了膳夫,膳夫说做饭时烧了一个破旧的车轮子。古代的车轮子是用木头制作的,一个破车轮子不知道出了多少的力,果然属于劳薪。这样的品味高手在历史上是确有其事,还是古代史家们的附会也是值得研究的。

北朝前秦的苻朗也是一位史有记载的品味家。苻朗是前秦自称大秦天王苻坚

---

① 后魏·贾思勰撰. 缪启愉校释. 齐民要术校释. 北京: 农业出版社, 1982年, 第466页。
② 宋·刘义庆著. 世说新语·术解. 保定: 河北大学出版社, 2006年, 第281页。

的一个侄子，字元达，被符坚称之为千里驹。符朗降晋后，官拜员外散骑侍郎。他知味、品味的水平之高是美食家中的佼佼者了，他甚至能说出所吃的肉是长在家畜身体的哪一个部位。东晋皇族、会稽王司马道子，有一次设盛宴招待符朗，几乎把江南的美味都拿出来了。散宴之后，司马道子道："关中有什么美味可与江南相比？"符朗答道："这筵席上的菜肴味道不错，只是盐的味道稍生。"后来一问厨师，果真如此。又曾有人杀了鸡做熟了给符朗吃，符朗一看，说这鸡是露天生养而不是笼养的，后来问明了鸡的来历，事实正是如此。符朗有一次用鹅制作的菜肴，虽然鹅是被切成小块的，但他仍能指点说哪一块肉上长的是白毛，哪块肉上长的是黑毛，人们不信。有人专门另杀了一只鹅，将毛色不同的部位仔细作了记号，烹调成熟后端上桌来，符朗一一指出，所说的竟与记号上的标识毫厘不差。他的事迹在《世说新语》有载。[①]这也是一位罕有的美食家，不仅有非常久的美食经验积累，恐怕也与个人的天赋有一定的联系，否则不可能达到这样的品味境界。

据史料记载，能辨出食盐生熟味道的人，还有魏国的侍中刘子扬，他"食饼知盐生"的味道，当时的人们把他称之为"精味之至"的食家。此外，晋人中还有自称"玄晏先生"的皇甫谧，也是一位辨别味道的一流高手。皇甫谧有一次去拜访他的好友卫伦，中午吃饭时，卫伦叫仆人制作了一种别具一格的包子来招待他。皇甫谧一尝，知道包子主要是用麦面做成的，但其中含有杏、李、柰三种水果的味道。于是他就问卫伦："三种果子成熟季节不同，你是怎么将它们糅合一体的呢？"卫伦笑而不语。等皇甫谧走后，卫伦才感叹地说："这老兄识味的本事，远在刘子扬之上，我是把麦面在杏成熟时糅以杏汁，在李、柰成熟时又分别糅以李、柰汁，所以才兼有三种味道的呀！"[②]

表面上看，这种品味水平的高超与菜肴的调味艺术及其制作技术没有直接的联系，但实际上，如果没有一定的对美食的鉴赏能力，厨师的烹调技艺是很难有所提高与发展的。虽然魏晋南北朝时期由于时代的特殊性，饮食烹调技艺与菜肴制作技艺的发展有一定的畸形因素，但对于中国菜肴制作水平的促进提高还是有积极意义的。

---

① 《世说新语》卷六引裴景仁《秦书》云：符朗"字元达，荷坚从兄，性宏放，神气爽悟。……善识味。会稽王道子为设精馔讫，问'吴中之食，孰若于此？'朗曰，'皆好，唯盐味小生。'即问宰夫，如其言。或人杀鸡以食之，则曰：'此鸡恒栖半露。'问之亦验。又食鹅炙，知自黑之处，咸试而记之，无毫厘之差。"

② 引自《类林》，见《古今图书集成》第六九七卷，第6页。

第三节 《齐民要术》的庄园食谱

　　《齐民要术》是迄今为止被公认的世界农业科学文化史上第一部保存完整的，而且是比较有系统的总结与论述农业科学技术的专业著作。[①]《齐民要术》的作者贾思勰也因此被后人推崇为我国历史上、乃至世界历史上最伟大的农学家。贾思勰是北魏时期的人，大约生于公元500年，他做过山东高阳（今临淄县）太守，大约于533—544年写成了《齐民要术》这一旷世农业巨著。

　　美国南加州大学东亚研究中心研究员杨文骐先生在所著的《中国饮食文化和食品工业发展简史》一书中认为"《齐民要术》不但是每一个农业工作者，也是每一个食品工作者必读的书，"而且认为"它（指《齐民要术》）是我国古代以迄北魏时期在饮食文化成就方面的总结，反映北魏时期所已经达到的水平，给后世的发展和演进情况提供了线索和依据。"毫无疑问，杨先生所说的"食品工作者"自然是包括烹饪工作者与烹饪文化研究者的。因为，《齐民要术》"还谈到当时肉、鱼、蛋的加工。果蔬的储藏和干制，盐和饴糖的制作方法，各种菜点的烹饪技艺等。"[②]

　　如前所述，我国进入魏晋南北朝以后，社会经济发生了很大的变化，这种变化主要是以新兴的大地主阶层的产生为其代表。特别是五胡十六国以后，大地主、富豪门第、士大夫官僚的大量出现，在经济势力上和政治活动中都形成新的社会阶级，并由此形成了以庄园饮食文化为主导地位的发展趋势。应该说，曾做过高阳太守的贾思勰也是出身官宦世家，他所代表的正是大庄园地主阶层的利益与生活方式。由此，《齐民要术》所记录的各种菜肴、食馔的制作方法，正是当时庄园饮食文化的典型代表，当然这其中也包括他从民间那里"爰及歌谣，询之老成，验之行事。"[③]的内容。所以，《齐民要术》是我国古代以迄北魏时期在饮食文化成就方面的总结，反映北魏时期所已经达到的水平。并且是对魏晋南北朝

---

① 杨文骐. 中国饮食文化和食品工业发展简史. 北京：中国发展出版社，1982年，第42页。

② 杨文骐. 中国饮食文化和食品工业发展简史. 北京：中国发展出版社，1982年，第43页。

③ 后魏·贾思勰撰，缪启愉校释. 齐民要术校释. 北京：农业出版社，1982年，第5页。

以庄园饮食为主体的菜肴制作技术的高度总结与记录。

一、开"菜肴"制作工艺文字记录之先河

从菜肴文化史的角度来认识，《齐民要术》不仅在书中记录了200余款菜肴面点的加工工艺与制作流程，而且开创并奠定了中国菜谱制作技术记录的方法、规格与形式。《齐民要术》的菜谱模式至今没有人能够将其完全突破而另辟蹊径。

中国菜肴制作技术用文字记录下来的，习惯上叫做"菜谱"。而这种"菜谱"的写作模式自《齐民要术》确定了三段式之后，基本上沿承至今而无人能够再进行大的突破。所谓"三段式"，即一个菜肴的制作技术，现在叫做工艺流程，如果用文字记录下来，需要三个部分。一是使用的各种原料；二是以刀工技术、加热烹制为主体的处理工艺；三是菜肴成品的进食方法与风味特点。自《齐民要术》以降，菜谱的编写从来都是按照这个"三段式"的规格进行的，虽然有些菜谱有某些方面的变化，但基本上属于细节的划分与细节的表述，而在三大部分的构成上没有本质上的突破。下面是《齐民要术》中"炙豚法"的文字记录形式。

第一部分是用料："用乳下豚，极肥者，豶牸俱得。"

第二部分是加工烹制："擊治一如煮法。揩洗、刮、削，令极净，去五藏，又净洗。以茅茹腹令满。柞木穿，缓火遥炙，忽转勿住，转常使周匝，不匝，则偏燋也。清酒数涂，以发色。色足便止。取新猪膏极白净者，涂拭勿住。如无新猪膏，净麻油亦得。"

第三部分是成品特点："色同琥珀，又类真金，入口则消，状若凌雪，含浆膏润，特异凡常也。"[①]

现在的菜谱一般也是按照这样的方法分为"使用原料、加工过程、成菜特点"三大部分，只不过有的菜谱把其中一大部分有时还再分成几个细节。如把使用原料分成"主料、配料（或辅料）、调料"三段，但本质上没有发生变化，其实都是制作某种菜肴使用的原料而已。再如把加工过程分成"加工、烹调"等几个小环节。

因此说，《齐民要术》对于中国菜肴制作的贡献可谓"功莫大焉"，历史上没有任何一本菜谱能够超过之。

《齐民要术》从第64篇到89篇，共计26篇，都是直接与饮食、烹饪有关的内

---

① 后魏·贾思勰撰，缪启愉校释. 齐民要术校释. 北京：农业出版社，1982年，第494页。

容。其中仅记录的菜肴制作多达200余种，其中主要的制作风格和技术特征是以今天的北方菜为主要内容的，其中尤以鲁菜为多。这是因为，作者贾思勰本人就是山东人，又长期生活在山东本土，而当时齐鲁大地的烹饪技术又是当时最发达的地区之一。所以，作者自然就把记录的内容放到自己熟悉的鲁菜制作为主的地位上。通过对《齐民要术》中所记录的各式菜肴的研究，我们可以看到1600多年前包括鲁菜在内的中国北方菜的风貌。

二、菜肴调味艺术与调味料的应用

菜肴的调味技术历来是被世人所看重的，这也正是中国菜肴的精华所在。对于中国菜而言，菜肴具有美好的味道是最重要的。如果一款菜肴失去了美好的味道之美，就是味同嚼蜡。对于调"味"，在贾思勰的《齐民要术》中也有极其全面的反映，揭示出了早在1600多年前中国菜肴对于调味技术的重视程度。《齐民要术》中对于菜肴口味的把握，要求烹调者一定要亲口尝试，即书中的所谓"口调"其味。如在《羹臛法》中说："粳米三合，盐一合，豉汁一升，苦酒五合，——口调其味。"所谓"口调"，就是要求制作人亲口尝试其味道如何，直至把味道调整到恰到好处为止。在"作鸭臛法"，中又强调"口调其味"，在"作鳖臛法"中也强调"口调其味也"，在"作猪蹄酸羹一斛法"中仍强调"口调其味"，在"作兔臛法""作酸羹法""作胡羹法""作瓠叶羹法"等菜肴中，皆强调"口调其味"或"口调之"，足见作者对"味"的念念不忘和重视。

"味"的标准是什么？是适口，这是由烹饪的目的决定的，烹饪而不能适口，自然是败劣之作。所以贾思勰主张适口的特点。如在《作菹藏生菜法》中说："取白米一斗，铄中熬之，以作糜。下盐，使咸淡适口"。前人对于菜肴调味技艺的研究，后来的名厨和美食家无不重视而发展之，到了清代的袁枚才明确指出"且天下原有五味，不可以咸之一味概之。度客食饱，则脾困矣，须用辛辣以振动之。虑客酒多则胃疲矣，须用酸甘以提醒之。"这就提出了各味之间要根据宴席的需要穿插运用的经验。至于味如何才算好，概括言之是"适口者珍"，具体来说，就是如袁枚所说的，"味要浓厚不可油腻，味要清鲜不可淡薄，此疑似之间，差之毫厘，失以千里。"这就要靠厨师的经验，在微妙的差别中找到最为合适的口味以飨食者。

人们还在习惯上把菜肴的香归为菜肴味之中。对于菜肴"香"，贾思勰也是刻意追求的。为了取得"香"的最佳效果，他在书中不惜精力，着重记述了采用多种香来烹饪菜肴的技艺。如《作鱼鲊》中说："炊秔米饭为糁，并茱萸、橘皮、好酒，于盆中合和之。"并指出，"茱萸全用，橘皮细切，并取香，不求多也。"

这是说，茱萸要用整的，橘皮则要切细，都是为了利用其香气，不必求多。在《素食》中谈到"熬茄子法"指出："汤炸去腥气。细切葱白，熬油令香……"这与今天北方菜肴爆锅出香的技术是一脉相承的，也就是民间的所谓"炝锅"，是为了增添香气的一种方法，一种手段。在合理运用"香"的同时，还可以求得相伴而来的另一种调味效果。如《炸菹藏生菜法》中说："炸讫，冷水中濯之……香而且脆。"脆就是相伴而来的另一种效果。

除此之外，对于"香"味的进一步考究，则在合理地加工原料时也非常重要。如《作鱼鲊》中说："食时，手擘，刀切则腥。"今人做菜，有的须用砂锅而不用铁器，有的须用砂锅或铁锅而不用铝器，有的原料在切割时要求使用竹刀等，都是为了避免影响到菜肴的香气或因破坏营养等，或因有碍卫生（如重醋之菜不宜在铝器中久焖）等。由此可以看出，中国菜肴制作中的许多调味技艺其源流皆出自先辈的经验和传统。

在各种调味品的运用方面，《齐民要术》更是典范，令后人敬佩。

酒是我国传统的佐餐饮料，也是烹调鱼、肉、蛤、鳖等高蛋白水生动物食品的重要调味品，起着去腥膻的作用。《齐民要术》卷七记载了四十一种酒的酿造方法，其中大部分是米酒，有两种是药酒。米酒又称黄酒，在诸酒类中最适用于烹饪。北朝时期的酿酒以河东、秦州二地最为著名，而齐鲁一带也具有雄厚的优势。现代山东的即墨老酒便是在传承了我国古代优秀酿酒技艺的一种产品，至今仍然保持了齐鲁传统米酒酿造的遗风。

醋，古称酢、苦酒，在烹饪过程中起着去腥膻、调酸味、解毒杀菌的多方面功能。《齐民要术》卷八记载了二十三种醋的作法。酿醋的原料有粟米、秫米、黍米、大麦、面粉、酒醅、麸皮、酒糟、粟糠、大豆、小豆、小麦等，其选料之广泛，与现代相比；除高粱和玉米未使用外，其余则完全相同。

豉，一种经过发酵工艺处理的豆制品。把黄豆或黑豆泡透，蒸熟或煮熟，经过发酵而成。豉有咸淡两种，都可放在菜里调味，也可直接与主食配用。《齐民要术》卷八中除了记载豆豉外，还记载了当时风行北方民间的麦豉。北朝时期，豉是许多地民间重要的调味用料，由于当时尚未广泛使用酱油，所以豉汁一直起着酱油所能起到的所有用途。在《齐民要术》记载的150余款菜肴制作中，有近100款菜肴调味使用了"豉汁"或"豆豉"。

糖，古称饧、饴。北朝时期菜肴制作所使用的糖都是麦芽糖化的淀粉，俗称麦芽糖，主要是用滤去米渣后的糖化液汁煎成。《齐民要术》卷九记载的白饧、黑饧、琥珀饧、白茧糖、黄茧糖都是这种麦芽糖，只是形色和用途稍有不同而已。

齑，是一种把多种植物辛香类原料捣碎混合而成的调味剂，一般用料是姜、蒜、韭菜等。《齐民要术》卷八记载了芥子齑、橘卷齑、白梅蒜齑、韭菁（韭菜花）齑等品种。尤其珍贵的是八和齑，计用八种物品捣碎而成，即蒜一、姜二、橘三、白梅四、熟栗黄五、粳米饭六、盐七、醋八。这可以说是八味俱全的浓郁调料了。另《齐民要术》卷三还记载："马芹子可以调蒜齑"。[1]马芹子即野茴香，可见作齑的原料是采遍芳丛了。

三、菜肴制作技法之精妙

从《齐民要术》中可以发现，南北朝时期中国菜肴已经达到名肴荟萃，百馔争香的高级水准，不但有火正味足的烹调手段，还有深见卓知的理论知识，通过作者贾思勰的全面记录，汇总了一整套的菜肴制作方法，并在实践经验的基础上进行了理论方面的总结。当时主要的烹调技法有煮、蒸、脡、腊、熬、煎、消、炮、炙等。各种技法穿插交替，融会贯通，创造出了耀眼扑鼻的丰盛菜肴。

"煮"是古时菜肴烹调的第一手法，俗称为"烹"。凡下水烧开者均称为煮。煮、脡、腊，大体是一回事，多水的叫煮，少汁煮的叫煎，配料浓的叫脡，只煮一种食物的叫腊。所以，同样是煮，便出现了四种烹调名词。当时菜肴中注重羹汤的制作，煮便成为做羹汤的主要技法。

另外一种煮菜称为"腤"，这是将肉类动物整体放在水里煮，煮烂为止，最后全部端到席上。如鸭腤、鳖腤、兔腤、鲤鱼腤等，都曾是著名的菜中佳品。

煮常与其他烹调手段相兼合，以求色味纯正。如著名的"炙鹅"，就采用先煮后炙的技法。而"腤鸡"又采用先炙后煮的方法，这些都是当时菜肴制作中通常使用的"复合"烹饪方法。

"蒸"也是应用广泛的菜肴制作方法之一，特点是利用蒸汽将食物做熟，尤以清蒸为多。《齐民要术》卷八记载了多种清蒸菜肴，如蒸熊肉、蒸羊肉、蒸肫、蒸鹅、蒸鸭、蒸鸡、蒸猪头、裹蒸生鱼、毛蒸鱼菜等，都是只加少许作料的清蒸。

"熬"指干炒。许多菜都要经过"熬"这一道程序，再进行其他方式的烹调。如《齐民要术》卷八记载的"醋菹鹅鸭羹"，[2]就是先干炒，然后加入豉汁和米汤炖煮的操作过程的。

古时油炸称为"煎"，油炒为"消"。煎和消都是制作风味菜肴的基本技法。《齐民要术》中记载的"煎包"，即现代的炸鱼。

---

① 后魏·贾思勰撰，缪启愉校释. 齐民要术校释. 北京：农业出版社，1982年，第159页。
② 后魏·贾思勰撰，缪启愉校释. 齐民要术校释. 北京：农业出版社，1982年，第466页。

"炮"亦写作"炰"，是将肉类用物包裹，然后放在火上烤炙。《齐民要术》记载的"醴鱼脯"就是"草裹泥封，置于煻灰中爊之。"[1]用草、泥之类裹肉而烤，是最常见的炮法。另外还有用羊肚裹肉而炮者。

"炙"是直接将肉放在火上烧烤的方法，有时也放在火铲上烤。通常有腩炙、捣炙、衔炙、饼炙等多种技法。今天的烤羊肉串就是古代的一种捣炙法。此外，传统鲁菜中还有炙蚶、炙蛎、炙鱼等著名菜肴，都是放在火铲或特制器皿上炙烤的，这些炙法，如今已不多见了。

第四节　民间菜食与素馔

研究中国菜肴的发展历史，往往由于史料的阙如，民间的菜肴制作情况一般不容易论述，因为中国历史中的所谓"正史"，是只记载宫廷与统治阶层有关的官僚集团的事情。

一、民间百姓的菜肴制作

在魏晋南北朝时期，一般家庭平日的饮食主要为蔬茹素食，但这里所说的"蔬茹素食"不是带有宗教色彩的"素馔斋食"。

贾思勰尽管把自己的农业巨著名之为《齐民要术》，也有一些内容是从民间采写来的，但实际上仍然是以当时官僚阶层、豪门家族大庄园为主的农业生产与菜肴制作为主体的记录。仅以《齐民要术》中的"羹、臛法第七十六"为例就可以看出。《齐民要术》中的"羹、臛法"是记录菜肴最多的一篇，共收录了32种羹、臛的制作方法，但仔细研读发现，其中属于羹的菜肴只有酸羹、胡羹、鸡羹、笋䈆鸭羹、脍鱼莼羹、醋菹鹅鸭羹、菰菌鱼羹8种，[2]占全部"羹、臛法"菜肴总数的四分之一，也就是臛多羹少。为什么会这样呢？这是因为羹与臛的区别所致。

① 后魏·贾思勰撰，缪启愉校释. 齐民要术校释. 北京：农业出版社，1982年，第460页。
② 后魏·贾思勰撰，缪启愉校释. 齐民要术校释. 北京：农业出版社，1982年，第463~468页。

古代的所谓"羹臛"，一般来说是一类将肉类和蔬菜放入水中煮熟带汤汁而食的菜肴。但"羹"与"臛"是有所区别的，《说文》云："臛，肉羹也。"[1]但这不是说有肉的羹均为"臛"，而是说臛是全部以肉为原料做成的一种"羹"。对此，东汉王逸就非常明确地说："有菜曰羹，无菜曰臛。"也就是说，加有蔬菜的羹，无论有肉无肉均称为"羹"，只用鱼、肉等荤物而不添加蔬菜（香料除外）烹煮的则称为"臛"。羹可以只有素物而无荤物，也可以荤、素兼有。而煮臛则除了香料调味品外，全部都是用荤物。弄明白了"羹"与"臛"的区别所在，也就明白了为什么《齐民要术》中的羹少臛多。在魏晋南北朝时期，由于战争频仍，有时候连宫廷都没有食物可吃，一般的平民百姓哪里有肉可食呢。所以说，羹是老百姓的菜肴，而臛是有钱人的菜肴。而且《齐民要术》中的羹都是荤料与蔬菜搭配的，其实也不是一般百姓的食肴。从这一点也可以看出《齐民要术》虽说是为平民百姓服务的，但仍然摆脱不了当时庄园地主阶级的利益。

以素料为主的"菜羹"是当时平民百姓的菜肴，这不仅从《齐民要术》中可以看出来，而且许多历史资料也有记载。西晋隐士皇甫谧从姑之子梁柳出任城阳太守，有人劝说皇甫谧应该为梁柳的升迁饯行，但皇甫谧却说："柳为布衣时过吾，吾送迎不出门，食不过盐菜。贫者不以酒肉为礼。"[2]又有南朝宋的领军将军朱修之，有一次去看自己的姐姐，姐姐嫌弟弟朱修之平时对她不加照顾，就在为弟弟准备的饭菜时，以菜羹粗饭招待弟弟。朱修之说："此乃贫家好食。"饱食而去。[3]朱修之的姐姐不会贫穷到连一点肉都没有的地步，是因为不满意弟弟，才用菜羹粗饭招待弟弟。但这也表明当时即使是招待亲朋宾客，一般人家也不一定要有酒肉。

当然，当时有些殷实人家，日常之食肴，也未必都是荤菜肉肴。西晋时人潘岳在《闲居赋》中云："灌园鬻蔬，供朝夕之膳；牧羊酤酪，俟伏腊之费。"[4]讲的就是日常菜肴也是以蔬食菜羹为主，到了过年、过节时才吃肉食菜肴，记述的正是当时的饮食习俗，也反映了当时民间菜肴的情况。其实，南朝宋时，即便是低级官吏家中如无其他收入，在日常生活中也几乎不吃肉肴。如衡阳王刘义季出镇荆州，"队主续丰母老家贫，无以充养，遂断不食肉。义季哀其志，给丰母月白米二斛，钱一千，并制丰啖肉。"[5]当止一般低级官员，连一些高级官员的日常饮食也相当俭朴，如三国吴时大臣仪"服不精细，食不重膳，拯赡贫田，家无储

---

① 汉·许慎. 说文解字. 北京：中华书局，1983年，第90页。

② 唐·房玄龄撰. 晋书·皇甫谧. 北京：中华书局，1997年，第1411页。

③ 梁·沈约撰. 宋书·朱修之. 北京：中华书局，1997年，第1970页。

④ 唐·房玄龄撰. 晋书·皇甫谧. 北京：中华书局，1997年，第1505页。

⑤ 梁·沈约撰. 宋书·武三王. 北京：中华书局，1997年，第1654页。

蓄。（孙）权闻之，幸仪舍，求视蔬饭，亲尝之，对之叹息。"[1]南朝宋时的交州刺史杜慧度在生活上也是"布衣蔬食"。[2]看来，以蔬菜为主的素茹菜食是当时日常菜肴较为普遍的食俗，也符合当时以农耕为主的生产方式。当然，这并不排斥鱼肉在饮食中的地位，尤其是较为富裕的家庭。

二、素食菜肴的发展

我国的魏晋南北朝时期，是一个佛教弘扬发展的盛世时代，古人所谓"南朝四百八十寺，尽在楼台烟雨中"的诗句，描写的正是这一景象。诞生于印度国的佛教，虽然在汉代已传入中国，但到了南北朝时期，由于社会动荡不安，频繁的战争使得民不聊生，而更多的有志者无以报效祖国，于是就产生了皈依佛教的思想，以求得心灵上的慰藉。因此，佛教在这一时期发展得特别快，而且普及到了社会的各个层面。佛教的发展，对中国的各个方面都产生了不同程度的影响，其中饮食也不可避免地受到了冲击。虽然"素茹"的传统在中国由来已久，但中国素菜的真正形成应该说是在佛教的影响下逐渐发展完善起来的菜肴体系。为此，《齐民要术》卷九中还专用一节记述了素食的菜肴烹调，这是传统菜式的又一独特风味体系。素菜以蔬菜、瓜果、松蕈和豆制品为主，不掺鱼肉，具有少腻多鲜、淡雅清爽的特点，为很多人所青睐。《齐民要术》中详细记载了各种素食的制作，有瓠羹、膏煎紫菜、蜜姜、熬冬瓜、熬茄子、熬蘑菇等。《齐民要术》中的素食与素菜，并非佛家素斋，但与佛家素斋却有着异曲同工之妙。《齐民要术》在"素食"一篇中共介绍了13种素菜，其制作方法如下，并把石声汉先生的译文也放在下面。

1. 葱韭羹

《食次》曰："葱韭羹法：下油水煮葱、韭，五分切，沸俱下。与胡芹、盐、豉，研米糁——粒大如粟米。"

今译：《食次》说的"葱韭羹"作法：就放到有油的水里煮的。葱和韭菜，都切成五分长，水开了，一齐下汤。加些胡芹、盐、豆豉，把米糁研成粟米大小的粒。

2. 瓠羹

"瓠羹：下油水中煮极熟——瓠体横切，厚三分。沸而下。与盐、豉、胡芹。累奠之。"

---

① 晋·陈寿撰，宋·裴松之注. 三国志·是议. 北京：中华书局，1997年，第1413页。
② 梁·沈约撰. 宋书·良吏. 北京：中华书局，1997年，第2265页。

今译：瓠羹：放到有油的水里，煮到极熟。瓠，横着切，每片三分厚。汤开了放下去。加盐、豆豉、胡芹，一片片重叠起来盛着供上。

3. 油豉

"油豉：豉三合，油一升，酢五升，姜、橘皮、葱、胡芹、盐，合和，蒸。蒸熟，更以油五升，就气上洒之。讫，即合甄覆泻瓮中。"

今译：油豉：用三升豆豉，一升油，五合醋，姜、橘皮、葱、胡芹、盐，混合着蒸。蒸熟了，再用五升油，就在水汽上洒到甄里。洒完，就整甄地倒向瓮里。

4. 膏煎紫菜

"膏煎紫菜：以燥菜下油中煎之，可食则止。擘奠如脯。"

今译：膏煎紫菜：将干燥的紫菜，放在油里煎，可以吃就行了。撕开来盛，像干肉一样。

5. 菹白蒸

"菹白蒸：秫米一石，熟舂沛，令米毛，不淅。以豉三升煮之，淅箕漉取汁，用沃米，令上谐可走虾。米释，漉出——停米豉中，夏可半日，冬可一日，出米。葱、菹等寸切，令得一石许。胡芹寸切，令得一升许，油五升，合和蒸之。可分为两甄蒸之。气馏，以豉汁五升洒之。凡三过三洒，可经一炊久，三洒豉汁。半熟，更以油五升洒之，即下。用热食。若不即食，重蒸，取气出。洒油之后，不得停灶上——则漏去油。重蒸不宜久，久亦漏油。奠讫，以姜、椒末粉之，溲甄亦然。"

今译：菹白蒸：一石糯米，舂到很熟，让米自然成白色，不要淘。拿三升豆豉，煮成汁，用淅箕漉出汁来，浸着米，要让米上的淅水，可以容许虾走动。米浸软了之后，漉出来，让米停留在豉汁里。夏季，停半天；冬季，过一天，再将米漉出来。葱、菹子等，切成一寸长，要用一石左右。胡芹，也切成一寸长，要用一升。再加五升油，混合和起来，蒸。可以分作两甄来蒸。汽馏之后，另用五升豉汁洒上。一共汽馏三次，洒三次豉汁，总共可以经过炊一甄饭久的时间，来洒这三次豉汁。葱半熟，再用五升油洒上，就下甄。趁热吃，如果不是立即吃，吃之前，要重蒸到冒气。洒了油之后，不要停在灶火上，——否则漏掉了油，重蒸也不可以过久，久了也会漏油。盛好之后，撒些姜椒粉末在上面，上甄时也一样。

6. 酥托饭

"酥托饭：托二斗，水一石。熬白米三升，令黄黑，合托，三沸。绢漉取汁，澄清，以酥一升投中。无酥，与油二升，酥托好。一升，次'檀托'，一名'托中价'。

今译：酥托饭：托二斗，水一石。将三升白米，炒到黄黑色，和在托里面，三次煮到沸。用绢滤取汁，澄清后，搁一升酥油下去。没有酥油，就搁二升植物油。酥托饭，一名"次檀托"，一名"托中价"。

7. 蜜姜

"蜜姜：生姜一斤，净洗，刮去皮，蒜子切，不患长，大如细漆箸。以水二升，煮令沸，去沫。与蜜二升煮，更去沫。椀子盛，合汁减半奠，用箸，二人共。无生姜，用干姜，法如前，唯切欲极细。"

今译：蜜姜：生姜一斤，洗洁净，刮去皮。切成筹码般的方条，不怕长，大小像细的漆筷子，加二升水，煮开之后，去掉泡沫，加二升蜜，再煮开，又撇掉泡沫。用小碗盛着，连上汁，不到半满，供上席。要另外用筷子挟，两人共用一双。没有生姜，可以用干姜，作法仍是一样，不过更要切极其细。

8. 焦瓜瓠

"焦瓜瓠法：冬瓜、越瓜、瓠，用毛未脱者，汉瓜，用极大饶肉者；皆削去皮，作方脔，广一寸，长三寸。偏宜猪肉，肥羊肉亦佳；肉需别煮令熟，薄切。苏油亦好。特宜菘菜。芜菁、肥葵、韭等皆得；苏油，宜大用苋菜。细擘葱白，葱白欲得多于菜。无葱，薤白代之。浑豉、白盐、椒末。先布菜于铜铛底，次肉，无肉以苏油代之。次瓜，次瓠，次葱白、盐、豉、椒末，如是次第重布，向满为限。少下水，仅令相淹渍。焦令热。"

今译：煮瓜瓠的方法；冬瓜，越瓜，瓠，都用还没有脱毛的，脱了毛的，就嫌硬了。汉瓜，用极大多肉的。都削去皮，切作方脔，一寸宽，三寸长。加猪肉量好，肥羊肉也不错。肉需要另外煮熟，切成薄片，酥油也好，最宜于配菘菜。芜菁，肥的葵、韭菜等都可以用，用油酥，可以配合多量苋菜。 把葱白撕碎；葱白要比菜多。没有葱，可以用薤子白代替。加上整颗的豆豉、白盐、花椒面。先在铜锅底上铺上菜，再铺肉，没有肉，用油酥代替。再铺瓜，再铺瓠子，最后铺葱白、病盐、豆豉、花椒末。像这样层层铺著，到快满为止。少加点水，刚好淹没，煮到熟。

9. 焦汉瓜

"又焦汉瓜法：直以香酱、葱白、麻油焦之。勿下水亦好。"

今译：又，煮汉瓜的方法：直接用香酱、葱白，麻油煮。不加水也好。

10. 焦菌

"焦菌法：菌，一名地鸡。口未开，内外全白者佳，其口开里黑者，臭不堪食。其多取欲经冬者，收取，盐汁洗去土，蒸令气馏，下著屋北阴干之。当时随食者，取即煤去腥气，擘破。先细切葱白，和麻油，苏亦好。熬令香。复多擘葱白，浑豉、盐、椒末与菌俱下，焦之。宜肥羊肉，鸡、猪肉亦得。肉焦者，不须苏油。肉亦先熟煮，薄切，重重布之如焦瓜瓠法，唯不著菜也。

焦瓜瓠、菌，虽有肉、素两法，然此物多充素食，故附素食中。"

今译：焦菌法：菌子，又名"地鸡"。没有开口，里外都是白色的才好，开了口，里面黑色的，有臭气，不好吃。如果多量收集，想留着过冬天用的，收取之后，用盐水去泥土，蒸到水气馏上之后，取下来，放在屋北面，阴干了收藏。采取后，当时就吃的，采得后，就用开水渫，除掉腥气，撕破。先将葱白切碎，和麻油。酥油好也。炒香，再多撕些葱白，加上整粒豆豉、盐、花椒末，和菌子一起下到锅里煮。与肥羊肉最相宜，鸡肉猪肉也可以。和肉一起煮的，就不需要再加酥油。肉也是先煮好，切成薄片，一层层地铺着，像焦瓜瓠法一样，不过不加菜。

煮瓜瓠、煮菌，虽然都有加肉的与净素的两种方式，但一般都把它们当作素食，所以放在素食里面。

11. 焦茄子

"焦茄子法：用子末成者，子成则不好也。以竹刀骨刀四破之。用铁则渝黑，汤煠去腥气。细切葱白，熬油令香。苏弥好。香酱清、擘葱白，与茄子俱下。焦令熟，下椒、姜末。"[①]

今译：煮茄子的方法：用种子没有成熟的，种子成熟就不好了。用竹刀或骨刀破成四条，用铁器切，会变成黑色。开水渫一下，去掉腥气。切碎了的葱白，把油熬香，用油酥很好，加上香酱清，和撕碎了的葱白，和茄子一同下锅炒一下，煮熟。再加花椒和姜末。

《齐民要术》所介绍的素食菜肴，用料非常的普通、家常，制作方法也较为简单，而且口味上具有清新淡爽的特点，既适合于佛家子弟的"斋食"，更适合于这一时期平民百姓的日常饮食的菜肴制作。因此，《齐民要术》的"素食法"在中国菜肴文化发展史上具有划时代的重要意义。

第五节　菜肴风味流派

魏晋南北朝时期，由于政局上的南北分野，我国在这一时期菜肴的风味特点出现南北较为明显的差异性，虽然战争使许多的北方人迁徙流动到了南方，但从

---

① 贾思勰撰，石声汉今译. 齐民要术·饮食部分. 北京：中国商业出版社，1984年，第196~198页。

饮食菜肴的变化中还是体现出了北方菜肴和南方菜肴在风味上较大的差别和不同的特色。

据史书记载，西晋时期的陆机和弟弟陆云到了洛阳后，曾拜访侍中王济，王济指着摆在桌子上的"羊酪"问陆机兄弟二人说："卿吴中何以敌此？"陆机回答："千里莼羹，未下盐豉。"①这是一个典型的反映当时南北方人们菜肴口味上的差异的故事。身居洛阳的王济已经是牛羊肉与奶食为主的口味趋向，而来自南方的陆机兄弟还以当时南方流行的"菰菜、莼羹、鲈鱼脍"为美食。显然，南方的"莼羹"之美与北方的"羊酪"之美是两种风格完全不同的菜肴风味。

晋人杨玄之在所撰写的《洛阳伽蓝记》中记载说："肃初入国，不食羊肉及酪浆等物，常饭鲫鱼羹，渴饮茗汁。京师士子道肃一饮一斗，号为漏卮。经数年已后，肃与高祖殿会，食羊肉、酪粥甚多，高祖怪之，谓肃曰：'卿中国之味也，羊肉何如鱼羹？茗饮何如酪浆？'肃对曰：'羊者是陆产之最，鱼者乃水族之长，所好不同，并各称珍。以味言之，甚是优劣。羊比齐鲁大邦，鱼比邾莒小国，唯茗不中与酪作奴。'高祖大笑。"②这段文字说的是南朝的王肃投奔北魏后，开始很不习惯以牛羊肉与奶食的菜肴饭食，不得不经常制作"鲫鱼羹"一类的菜肴为食，这其中恐怕也是少不了"菰菜、莼羹、鲈鱼脍"的南方菜肴，还经常渴饮茶。但几年之后，他在饮食习惯上已经发生了一些变化，也习惯了牛羊肉的菜肴味道，并还振振有词的说出"羊者是陆产之最，鱼者乃水族之长，所好不同，并各称珍。"的审美评价。用"羊食"代表了北方的菜肴风格，用"鱼食"代表了南方的菜肴风格，南北方的菜肴风味之不同由此一目了然。

这种南北方的菜肴差异，正是南北方两大菜肴体系的分野，而且是有其一定的必然的。从地理环境上来看，南北方的差异原本就是存在的。但是牛羊肉的菜肴制作与饮食并非我国广大北方地区民众的口味嗜好，只是由于这一时期从事游牧生产的北方少数民族大量的迁移乃至入主中原，就形成了以羊肉、牛肉、奶酪为主要风格的菜肴制作与饮食风习。而羊肉、牛肉膻味重，必须运用各种芳香调料加以化解和调制。由此形成了北方菜式注重调味品运用的"调味"风格，与南方"千里莼羹，未下盐豉"的清淡"调味"风格形成了鲜明的对比。由于这一时期北方菜的烹调风格影响很大，所以这一时期北方的以羊、牛肉为主料的名菜珍味尤其多样，并且体现出了香料多用，味道浓郁的特点。这在北魏贾思勰所著的《齐民要术》中多有反映。如在《齐民要术·羹臛法》第七十六中共收录30种菜肴，其中，以羊肉为主要原料或配料的就达12种之多，甚至连"瓠叶羹"一类

① 唐·房玄龄等撰. 晋书·陆机. 北京：中华书局，1997年，第1472页。
② 晋·杨衒之撰，韩结根注. 洛阳伽蓝记. 济南：山东友谊出版社，2001年，第115页。

的清淡汤羹中都要使用大量的羊肉（瓠叶五斤，羊肉三斤）。[1]制作这些牛、羊肉为主料的菜肴，为了有效去掉牛羊肉中的异味，就往往要用大量的生姜、葱、葱白、葱头、橘皮、木兰、胡荽、薤叶、安石榴汁、酒、苦酒、盐、豉汁、豆酱清、饧、蜜等香料和味道浓厚的调味品来调制菜肴的口味。

一、南方风味菜肴

这一时期，南方菜肴，包括淮扬、吴地、荆楚乃至岭南地区的菜肴，在风味上仍然保持其独立的风格。根据历史资料记载，有晋一代，南方名气最大、影响最广的菜肴是《晋书》中提到的"菰菜、莼羹、鲈鱼脍。"三道菜肴均极清鲜、味美。其实，这"菰菜、莼羹、鲈鱼脍"仅仅是南方菜肴的典型代表而已，它所体现的菜式风格是清淡、重鲜，注重原味的菜肴风味。为了保持原料的本味，菜肴调制使用少量有效的去水腥调味香料即可。这从《齐民要术·羹臞法》中介绍的"食脍鱼莼羹"之制作就可以明显地看出来。

"食脍鱼莼羹"是《齐民要术·羹臞法》中写得最仔细的一款菜肴，贾思勰用了大量的文字来介绍"食脍鱼莼羹"的制作，但主要是介绍制作"食脍鱼莼羹"对原料的选择、处理等，真正使用的调味品仅有豉汁、盐两种，而且一再强调调制"食脍鱼莼羹"要注意的两个重点：一是："豉汁于别铛中汤煮一沸，漉出滓，澄而用之，勿以杓抳，抳则羹浊——过不清。煮豉，但作新琥珀色而已，勿令过黑，黑则盐苦"。二是："唯莼茎而不得著葱，薤及米糁、菹、醋等。莼尤不宜咸"。其目的就是为了达到"益羹清隽甜美"[2]的效果。同样，《齐民要术》所转引《食经》中"莼羹"的制作，虽然用的是鳢鱼和白鱼，但也仅是"与豉汁渍盐"[3]即可。南方菜肴的制作风格也便由此见之一斑。

现在的南方厨师，烹调菜肴仍然喜欢使用"香葱"，北方人称之为"鸡腿葱"，具有特殊的去异味与调香效果，这也是有历史渊源的。《齐民要术·种蒜第十九》云："泽蒜可以香食，吴人调鼎，率多用此；根、叶解菹，更胜葱韭。"看来，"泽蒜"具有浓郁的芳香气味，是可以用来"香食"的，应该与"香葱"有着类似的调香特点。据《齐民要术》云，这"泽蒜"本来是野生的，但"种者地熟，美于野生"。看来"泽蒜"至少在这一时期已经被南方人进行了蔬菜化的种植，以便用来调制菜肴。

---

① 后魏·贾思勰撰，缪启愉校释. 齐民要术校释. 北京：农业出版社，1982年，第464页。
② 后魏·贾思勰撰，缪启愉校释. 齐民要术校释. 北京：农业出版社，1982年，第465页。
③ 后魏·贾思勰撰，缪启愉校释. 齐民要术校释. 北京：农业出版社，1982年，第466页。

这种运用泽蒜、香葱之类的调香原料烹调菜肴，可起到去腥、增香的良好效果，所以吴人"率多用此"，正体现了当时南方菜肴在制作风味上的一种追求，也体现出了与北方的不同之处。

同样，在广泛的南方地区，各地也有口味上的区别。岭南则是"菰稗为饭，茗饮作浆，呷啜莼羹，嗉嚼蟹黄，手把豆蔻，口嚼槟榔，……咀嚼菱藕，捃拾鸡头，蛙羹蚌臛，以为膳羞"①的菜肴口味嗜好。巴蜀菜肴在辛姜、菌桂、丹椒、茱萸等调味品的使用上，还对甜味也大有偏嗜。史籍中所谓："新称孟太守道：蜀猪炖鸡鹜味皆淡，故蜀人作食，喜着饴蜜，以助味也。"②川菜的这种调味风格至今犹然。

其实，这一时期南北菜系虽然有着明显的风格区分，但由于南北人民频繁的交流，又使得南北菜肴在制作上又有许多的互相影响与融合。《洛阳伽蓝记》卷二记述，北魏政权曾为南方投奔过来的人设立了专门的居住区名叫"归正里"，民间则把它称之为"吴人坊"。云："孝义东里，即是洛阳小市。北有车骑将军张景仁宅。景仁，会稽阴山人也。正光年初从萧宝夤归化，拜羽林监，赐宅城南归正理。民间号为吴人坊，南来投化者多居其内。近伊、洛二水，任其习御。里三千余家，自立巷市，所卖口味，多是水族，时人谓为鱼鳖市也。"③因为，在北方的大都市里设有了南方人专门聚居的区域，自然就形成了相对独立的生活环境，而这种南方食鱼的习俗，显然对当地人也会产生不同程度的影响。于是就在洛阳的洛水之南，另设立了"四通市"。史载："别立市于洛水南，号曰四通市，民间谓为永桥市，伊、洛之鱼，多于此卖，士庶须脍，皆诣取之。鱼味甚美。京师语曰'洛鲤伊鲂，贵于牛羊'。"④

因为南北的交流与融合，民间呈现出南北饮食环境的交融，北魏统治者中也出现对南方风味菜肴感兴趣的现象。据史料载，宋将毛修之，"能为南人饮食，手自煎调，多所适意"。结果他被俘后，其烹调做菜的手艺赢得了魏太武帝的青睐，从而被选拔进了宫中，"常在太官，主进御膳"。⑤

中国菜肴在这一时期，正是因为在其发展过程中有了对比，体现出了南北菜系的不同风格，进而形成了南方两大菜肴体系，并为后世四大菜系、八大菜系的最终形成打下了良好的基础。

---

① 晋·杨衒之撰，韩结根注. 洛阳伽蓝记. 卷二. 济南：山东友谊出版社，2001年，第95页。

② 《全三国文》卷六，魏文帝《诏群臣》。

③ 晋·杨衒之撰，韩结根注. 洛阳伽蓝记. 济南：山东友谊出版社，2001年，第93页。

④ 晋·杨衒之撰，韩结根注. 洛阳伽蓝记. 济南：山东友谊出版社，2001年，第120页。

⑤ 北齐·魏收撰. 魏书·毛修之. 北京：中华书局，1997年，第960页。

二、北方风味菜肴

魏晋南北朝时期北方的菜肴与南方有着明显的不同，牛羊肉成为主要构成部分。甚至在达官府邸与一些有条件的家庭内，牛羊肉菜肴几乎每餐不可缺少。如据史料记载，魏景穆皇帝之玄孙"晖业以时运渐谢，不复图全，唯事饮啗，一日一羊，三日一犊"。[①]肉食是当时北方人的饮食习惯，但在一般的老百姓家庭中是不能天天吃肉的。不过魏晋南北朝时期，北方菜肴的烹调水平却是相当高超的，而且菜肴种类众多，这可以从北魏贾思勰的《齐民要术》中窥其一斑。《齐民要术》一书记载了200余种菜肴的制作工艺，其中有80%属于北方风格。因为贾思勰本人就是北方人，而且长期生活在北方，包括他所记录的庄园饮食技艺。他为了写这部书，曾走访了黄河中下游的广大北方地区，他"采据经传、爰及歌谣。询之老成、验之行事"。[②]就其烹调的菜肴而言，包括了黄河流域齐鲁、秦陇的众多食谱和烹饪方法，以及受黄河文化影响较大的燕赵、荆楚等地的肴馔品种。

根据《齐民要术》一书的记载，当时北方主要的菜肴烹调技法有煮、蒸、腊、熬、煎、消、炮、炙等，而菜肴的种类既有北方人为主的肉食，也有百姓家庭的蔬食菜肴。如卷八记载的清蒸菜肴，就有蒸熊肉、蒸羊肉、蒸肫、蒸鹅、蒸鸭、蒸鸡、蒸猪头、裹蒸生鱼、毛蒸鱼等。而炮、炙类菜肴在书中也记载了许多种，属于典型的北方风格菜肴。据悉，肉类菜肴当以"羌煮貊炙"为代表。就"羌煮貊炙"的字面意义就可以知道，"羌"和"貊"代表的是古代西北的少数民族，"煮"和"炙"则指的是具体的菜肴烹调技法。

羌煮的菜肴制作方法在《齐民要术》中有记载："羌煮法：好鹿头，纯煮令熟，著水中，洗治，作脔如两指大。猪肉琢作臛，下葱白，——长二寸一虎口。——细琢姜及橘皮各半合，椒少许。下苦酒。盐，豉适口。一鹿头用二斤猪肉作臛。"[③]意思就是说选一只肥美上好的鹿头，煮熟、洗净，把皮肉切成两指大小的块，然后将砍碎的猪肉熬成浓汤，加一把葱白和一些姜、橘皮、花椒、醋、盐、豆豉等调好味，用鹿头肉蘸这肉汤吃。一只煮熟的鹿头，可以配食用二斤猪肉制作的肉汤正好。如此的菜肴制作只有北方民族可以做得到，南方显然是不可能的。

"貊炙"即是烤全羊和全猪之类的菜肴，是传自汉代西域或北方少数民族的

---

① 唐·李百药撰. 北齐书. 北京：中华书局，1997年，第387页。
② 后魏·贾思勰撰，缪启愉校释. 齐民要术校释. 北京：农业出版社，1982年，第5页。
③ 后魏·贾思勰撰，缪启愉校释. 齐民要术校释. 北京：农业出版社，1982年，第465页。

第四章　文士食风的庄园食谱

133

一种（或一类）特殊烤炙方法。[1]在我国汉代的典籍中是有记录的。汉代许慎《释名·释饮食》云："貊炙，全体炙之，各自以刀割出，于胡貊之为也。"[2]意思是说，把一个大型的家养牲畜或者是捕捉到的野兽，整只的用火烤炙成熟，然后人们围起来，用各自的刀割而食之，这是北方胡貊民族的饮食行为。清人王先谦在《释名疏证补》说："即今之烧猪。"[3]晋代的《搜神记》卷七在记录说："羌煮、貊炙，翟之食也。自太始以来，中国尚之，戎翟侵中国之前兆也。"[4]

在北魏贾思勰所撰写的《齐民要术》中还记录了一种叫做"胡炮肉"的菜肴制作方法。云："胡炮肉法：肥白羊肉——生始周年者，杀，则生缕切如细叶，脂亦切。著浑豉、盐、擘葱白、姜、椒、荜拨、胡椒，令调适。洗净羊肚，翻之。以切肉脂内于肚中，以向满为限，缝合。作浪中坑，火烧使赤，却灰火。内肚著坑中，还以灰火覆之，于上更燃火，炊一石米顷，便熟。香美异常，非煮、炙之例。"[5]把整羊换成了羊肚，把子鹅换成了糯米肉馅，贾思勰也说这既不是煮的，也不属于炙的方法，是一种特别的加热方式，别有趣味，但却富有我国北方少数民族的饮食风格。这是否就是当时内地北方少数民族对"貊炙"传统方法的改革呢。类似"胡炮肉"菜式至今在我国北方仍有沿承，流行于济南等地的"粉肚"，其制作工艺与《齐民要术》所记录的"胡炮肉"基本相同，只不过早已不用"灰火覆之"了，而是运用熏烤的方法，使其富有食品特色。

毫无疑问，魏晋南北朝时期，北方的游牧民族进入中原，推动了畜牧业的发展，给黄河流域的饮食生活带来了新变化，奠定了肉食的基础。养羊、养牛、捕猎野生动物，都是肉食来源。曹植在一首诗中写道："置酒高殿上，亲友从我游，在厨办丰膳，烹羊宰肥牛。"[6]这反映的就是当时北方的饮食特征与菜肴制作情况。

① 王利华. 中古华北饮食文化顶的变迁. 北京：中国社会科学出版社，2001年，第231页。
② 清·王先谦撰集. 释名疏证补. 上海：上海古籍出版社，第212页。
③ 清·王先谦撰集. 释名疏证补. 上海：上海古籍出版社，第212页。
④ 宋·李昉等撰，王仁湘注释. 太平御览·饮食部. 卷第八百五十九. 北京：中国商业出版社，第495页。
⑤ 后魏·贾思勰撰，缪启愉校释. 齐民要术校释. 北京：农业出版社，1982年，第479页。
⑥ 逯钦立辑校. 先秦汉魏晋南北朝诗. 北京：中华书局，1995年，第425页。

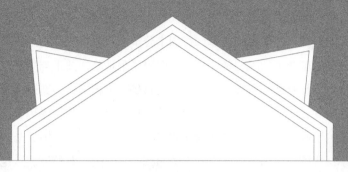

第五章

饕餮华丽的隋唐盛馔

中国古代的菜肴制作技艺，发展到隋唐时期可以说达到了一个鼎盛时期。隋唐时期由长期南北分裂的战乱局面走向大一统的格局，国力逐渐恢复，社会生产力得到了较大的发展。尤其是到了唐朝的贞观—开元时期，国家经过了百余年的稳定发展，已成为当时世界上最先进的文明发达国家。社会安定，四邻友好，农业、手工业和商业都超越以前任何时代的水平。国富则民安，人民的生活水平得到了很大的提高，饮食基础雄厚，货源十分丰富，为中国菜肴制作技术和饮食行业的兴旺发达创造了优越的条件，大大促进了菜肴制作技术与烹饪水平的提高。由于唐代商业和交通也有突出的发展，尤其是在中唐以后，新兴商业城市不断出现，除北方的长安、洛阳以外，像南方的扬州、杭州、苏州等也迅速兴起。城市消费人口的迅速增长，促进了饮食业的兴旺，各类酒楼、餐馆、茶肆及各种流动推销的小饮食摊点，布满大街小巷，成为都市繁荣的主要特征。这也是促进隋唐时期菜肴制作技术发达的原因之一。同时，交通的四通八达，又促进了各地及中外饮食文化与菜肴制作技术的广泛交流。而且，高度发展的隋唐饮食文化与菜肴制作技艺，对后世及世界各国的烹饪技术都产生了深远的影响。

综观这一时期菜肴制作技艺的发展状况，大体说来有如下几个特点。

第一，菜肴制作技艺有了全面的提高与发展。隋唐时期在前历代菜肴制作技术的基础上，烹饪技艺有了全面的提高与发展，而且技艺精益求精。关于这一点，可以用唐代当朝人段成式的总结作为概括："贞元中，有一将军家出饭食，每说无物不堪食，唯在火候，善均无味。尝取败障泥胡禄（一作鹿，原书注），修理食之，去味极佳。"又云："进士段硕尝识南孝廉者，善斫脍，索薄丝缕，轻可吹起，操刀响捷，若合节奏，因会客衔技。"如何才能达到这样精湛的刀功技艺呢？云："又脍法，……用腹腴拭刀，亦用鱼脑，皆能令脍不着刀。"[1]可以说，在这一时期，菜肴的烹饪水平几乎达到了无物不可以食用的境地，这完全取决于厨师的技术水平，包括火候、调味、刀工技术的综合运用。不仅讲究火候，甚至连火源的材料也十分讲究，隋朝王劭云："昔师旷食饭，云是劳薪……今温酒及炙肉，用石炭、柴火、竹火、草火、麻荄火，气味各不同。以此推之，新火旧火，理应有异。"[2]因此说，隋唐时期的菜肴制作技艺达到了相当高的水平，进入了一个全面发展与繁荣的鼎盛时期。

第二，宴席菜肴制作精美。以谢讽食单、韦巨源《烧尾宴》菜单为代表的宴席菜肴制作，体现出了高贵典雅、制作精美的特点，许多菜肴的技术含量与艺术内涵都是之前任何一个朝代所无法与之媲美的。

---

① 唐·段成式. 酉阳杂俎. 前卷集之七. 北京：中华书局，1981年，第71～72页。
② 唐·魏徵等撰. 隋书·王劭传. 北京：中华书局，1997年，第1602页。

第三，花色艺术菜肴初露锋芒。这一时期的菜肴不仅在制作技艺上有了很大的提高，更重要的随着人们对审美的需求，菜肴出现了以展示烹饪艺术风采为目的，但又不失食用价值的花色艺术菜肴、冷菜拼摆艺术菜肴等，把中国古代的菜肴制作技术提高到了一定艺术高度，充分体现出了"烹饪是艺术"这一近代人才总结出来的烹饪文化命题。

第四，海味原料的大量入馔。由于唐代的航海技术与能力的大大提高，海产品的捕捞与生产有了充足的供应，用于制作的海味菜肴成为这一时期的突出特色，为后世对海味菜肴的开发打下了良好的基础。

第五，以食疗、食养为目的的菜肴得到了大发展。生活水平的提高，必然带来菜肴食用功能的多样性。这一时期随着中国传统医药学的进步与提高，与菜肴结合的具有养生、食疗功能的菜肴大行其道，成为隋唐中国菜肴发展的显著特点。

第一节　东南有佳味

在中国数千年的文明发展史上，隋代因为时间短暂，给人们的印象是一个带有过渡性质的朝代。然而，隋炀帝的残暴成性、好大喜功、吃喝玩乐在中国历史上可是出了名的。可能正是由于他的吃喝玩乐，无形中促进了这一时期菜肴制作技术的发展，但真正进行菜肴创造的却是平民百姓。

一、金齑玉脍之肴

在唐代，最有名的菜肴制作应该属于脍类菜肴，脍类菜肴不仅品种繁多，而且名品辈出，这在唐代的史料中多有记载。其中，用鲈鱼制作的"鲈鱼脍"因为口味佳好，被好吃喝的隋炀帝称之为"金齑玉脍"。据《云仙杂记》云："吴都献松江鲈鱼，炀帝曰：所谓'金齑玉脍'，东南佳味也。"[①]吴郡，现在的苏州一带，"金齑玉脍"应该是苏州一带的名脍，被隋炀帝称为"东南佳味"。但是，

---

① 后唐·冯贽编，张力伟点校. 云仙散录. 附录一《云仙杂记卷十》. 北京：中华书局，1998年，第150页。

这"金齑玉脍"是怎样制作的呢？在《大业拾遗记》一书中则有较为细致的记录，说它的作法是："须八、九月霜下之时，收鲈鱼三尺以下者作干脍，浸渍讫，布裹沥水令尽，散置盘中，取香柔花叶，相间细切，和脍，拨令调匀。霜后鲈鱼，肉白如雪，不腥。所谓'金齑玉脍'，东南佳味也。"

这种"脍"的制作方法与以前大有区别，是一种干（或半干）脍，其风味是非常独特的，所以得到了隋炀帝的很高评价。"脍"本来就是中国古代一种非常古老和流行的菜肴，是宴席中的常品，是一种细切的新鲜生肉丝或生肉片。干脍是隋唐时期发展的一种新菜式，与北魏贾思勰《齐民要术》记录的"脍鱼莼羹"风格大不相同。不过，在《隋唐嘉话》一书中对其制作方法却有另外一种说法："南人鱼脍，以细缕金橙拌之，号为'金齑玉脍'。"两种脍的主料都是鲈鱼，一种是用香柔花叶作辅料，一种是用金橙作辅料，可能风味是会有些区别的，但制作技艺却基本相同的，而且颜色也都是金黄色，因此才有"脍鱼莼羹"的赞誉之称号。

综观隋唐时期的历史资料可以看出，隋唐时期无论从宫廷到民间，"脍品"是当时最受人们欢迎的菜肴。在隋代"谢讽食经"①中共罗列了37种菜肴，其中数量最多的菜肴是"脍品"类，计有"北齐武威王生羊脍、飞鸾脍、咄嗟脍、拖刀羊皮雅脍、鱼脍永加王特封、专门脍、天孙脍、天真羊脍"8款。当时其他著名的"脍品"还有许多，如韦巨源《烧尾宴》中的"丁子香淋脍"、②《清异录》中的"缕子脍"、③《大业拾遗记》中的"海鲙干脍"、④《云仙杂记》中的"同心脍"、⑤《丽人传》中的"五色脍"等。

但非常可惜的是，这些著名的脍品菜肴都没有把它们的制作方法流传下来，即便有，也是粗略的记述。如《大业拾遗记》中的"海鲙干脍"就是如此。杜宝《大业拾遗录》曰："六年，吴郡献海鲙干脍四瓶，瓶容一斗，浸一斗可得径尺面盘，并奏作干脍法。帝以示群臣，云：'昔术人介象于殿庭钓得海鱼，此幻化耳，亦何足珍异？今日之脍，是海真鱼所作，求自数千里，亦是一时奇味。'即出数盘以赐近臣。作干脍法：当五、六月盛热之日，于海取得鲙鱼，其鱼大者长四、五尺，鳞细，紫色，无细骨，不腥。捕得之，即去其皮，取其精肉缕切随

① 宋·陶谷，李益民等注. 清异录·饮食部分. 北京：中国商业出版社，1985年，第13~16页
② 宋·陶谷，李益民等注. 清异录·饮食部分. 北京：中国商业出版社，1985年，第10页
③ 宋·陶谷，李益民等注. 清异录·饮食部分. 北京：中国商业出版社，1985年，第2页
④ 宋·李昉等撰，王仁湘注释. 太平御览·饮食部. 北京：中国商业出版社，1993年，第613页。
⑤ 后唐·冯贽编，张力伟点校. 云仙散录. 附录一《云仙杂记卷十》. 北京：中华书局，1998年，第150页。

中国菜肴文化史

成。晒三、四日，须极干。以新白瓷瓶未经水者盛之，密封泥，勿令风入。经五、六十日，不异新者。后取噉时，以新布裹，于水中渍三刻久，取出洒却水，则瞰然矣。散置盘上，如新脍无别，细切香柔叶铺上，箸拨令调匀进之。洋鱼体性不腥，然鳠鲵鱼肉软而白色，经干又和以青叶，皙然极可啖。"[①]这是记录比较详细的一种脍品菜肴的制作。根据记录的情况看来，"海鲵干脍"因为制作工艺讲究，风味独特，虽说是干脍，但食用时加以巧妙处理，竟然"散置盘上，如新脍无别"，尤其把"细切香柔叶铺上，箸拨令调匀进之。洋鱼体性不腥，然鳠鲵鲵鱼肉软而白色，经干又和以青叶，皙然极可啖。"这是何等的美馔，难怪会成为一时奇珍异味，这就难怪隋炀帝在群臣面前极力称赞。

即便是如《清异录》中的"缕子脍"，虽然不是用鲈鱼制作的，是用鲫鱼肉和鲤鱼子做成的，但因为新鲜有特色，因此也饶有风味。《清异录·馔羞门》云："广陵法曹宋龟造缕子脍。其法用鲫鱼肉，鲤鱼子，以碧笋或菊苗为胎骨。"[②]主料和配料都有些与众不同，因而也被时人称道。看来，在隋唐时期，脍品的制作方法是五彩缤纷的，因而能够创造出许多享誉后半个世纪的名品。

二、隋代的御膳菜肴

被隋炀帝倍加赞誉的"'金齑玉脍'，东南佳味也"只不过是隋炀帝在南下时吴郡所进贡的菜肴之一。在隋炀帝的皇宫里肯定还有更多的美馔佳肴，但非常可惜的是，史料中没有更多的详细记录，现在只能从隋代的谢讽无意间留下的一份菜单中略窥一斑。

下面就是谢讽所记录的菜肴名单。

北齐武威王生羊脍	细供没葱羊羹
飞鸾脍	咄嗟脍
剔缕鸡	爽酒十样卷生
龙须炙	修羊宝卷
交加鸭脂	君子饤
剪云析鱼羹	虞公断醒鲊
鱼羊仙料	春香泛汤
十二香点臛	金装韭黄艾炙
白消熊	帖乳花面英

① 宋·李昉等撰，王仁湘注释. 太平御览·饮食部. 北京：中国商业出版社，1993年，第612～614页。

② 宋·陶谷，李益民等注. 清异录·饮食部分. 北京：中国商业出版社，1985年，第2页。

加料盐花鱼屑	专门脔
拖刀羊皮雅脔	折箸羹
番翠鹑羹	露浆山子羊蒸
千日酱	加乳腐
金丸玉菜膃臡	天孙脍
暗装笼味	高细浮动羊
干炙满天星	天真羊脍
鱼脍永加王特封	烙羊成美公
藏蟹含春侯	无忧腊
连珠起肉[1]	

在这份珍贵的菜肴名单中，共记录了各色菜肴37款。如前所述，其中的"脍品"最多，占了五分之一弱一点，然后是炙、羹、膃、鲊、蒸、汤，以及酱类与腌制等类菜肴，这说明，在隋代的宫廷菜肴制作中，烹调方法的运用是丰富多样的，充分反映这一时期厨师菜肴制作水平的全面。

另外，从37款菜肴的名称还可以看出，制作菜肴所用的原料也是多样的，家畜以羊为多，反映了当时北方肉食中以羊肉为主的菜肴占了绝对的优势地位，其次有各种飞禽，如鸢、鸡、鸭、鹑等；水产主要的有鱼、鳖、蟹等；以及其他如熊、韭黄、乳酪、酱、腊肉等，因为还有一些菜肴从名字上看不出用料的情况，所以实际上的用料情况远比上面所列举的多得多。

如果从宏观来分析这37道菜肴的风格，显然属于典型的北方菜系特征，口味味型均以咸味为主，配合菜肴的鲜香、酱香、酒香与奶香等，虽然有些菜肴从名字上无法判断出其口味特色，但以甜味见长南方味型的菜式显然不多。另外，如果从"春香泛汤""金装韭黄艾炙""藏蟹含春侯""番翠鹑羹"等菜肴风格来看，这还是一份适合于春季宴席应用的菜肴系列，也可能这份菜单本身就是一桌春季宫廷宴席的主要菜品。

从这份菜单中还反映出一个更为突出的信息，就是具有很高的审美特征。这一组系列菜肴，不仅具有传统意义上的北方浑厚、雄壮的美学风格，而且更具有隋唐宫廷菜肴壮丽华美、文采飞扬的审美特征，菜肴的命名中富有相当高的艺术色彩。应该说，这份菜单不仅可以反映隋代宫廷菜肴制作与饮食情况，也可借此窥见与隋朝紧密联系的唐代菜肴制作情况之概况。

为什么这样说呢？因为，记录这份菜单的人据史料记载是隋代人谢讽。但是

---

[1] 宋·陶谷，李益民等注. 清异录·饮食部分. 北京：中国商业出版社，1985年，第13~16页。原书记录了53种食肴，其中包括14种面食点心，此处仅录其中的菜肴37种。

中国菜肴文化史

保留这份菜单的最早史籍却是五代时期陶谷所编撰的《清异录》一书。

据《大业拾遗记》一书记载说，谢讽是隋代是著名的"知味者"，曾在隋宫廷中担任过隋炀帝的尚食直长，并且著有《淮南玉食经》一书，但此书早已亡佚，今天已经见不到原书的真正内容，现在的内容是五代人陶谷在《清异录》一书中保留下来的。所以，陶谷在《清异录·馔馐门》中说："谢讽《食经》中略抄五十三种"，[①]说明，原书的菜肴品种远不止53种。并且由此看来，陶谷《清异录》中所说的谢讽《食经》，极有可能就是《大业拾遗》中所记录的《淮南玉食经》。但是，陶谷所看到的谢讽《食经》已经是几百年后的事了，《食经》是否被唐人添加、改动过，甚至包括陶谷本人是否修正过，就不得而知了。因此说，这份菜单是隋唐时期宫廷和上流社会宴席菜肴的应用记录。

第二节　"烧尾宴"精湛的菜肴烹制技术

有关唐代的"烧尾宴"，著名的饮食文化专家学者如邱庞同、王子辉等先生已有详尽的研究。[②]唐代的"烧尾宴"根据史料记载，当属于介于唐代宫廷宴席与官府宴席较高社会层面的宴席制作，其菜肴制作水平是相当高的。《封氏闻见记》："士子初登荣进及迁升，朋僚慰贺，必盛置酒馔音乐，以展欢宴，谓之'烧尾'。"又有《辨物小志》："唐自中宗朝，大臣初拜官，例献食于天子，名曰'烧尾'。"前者用于官员之间的贺庆酒宴，后者则是官员被提拔后用于谢恩于皇帝的专门宴席。按照常理来说，"烧尾宴"的这两个用途其实是一直有的，是在唐代上流社会通用的一种典型高级宴席，一如清代的"满汉全席"，非清宫专用，在像孔府这样的大官府世家，也是可以使用的。

一、"烧尾宴"所展示的宫廷食馔

现在能够见到的唐代"烧尾宴"的一份宴席菜单，是唐代韦巨源留下来的珍贵资料。据载，韦巨源官拜尚书左仆射时，为了感谢唐中宗皇帝的提拔重用之

---

① 宋·陶谷，李益民等注. 清异录·饮食部分. 北京：中国商业出版社，1985年，第13页。
② 王子辉著. 隋唐五代烹饪史纲. 西安：陕西科学技术出版社，1991年，第143页。

恩，曾设"烧尾宴"宴请皇帝。尤其幸运的是他不仅设了"烧尾宴"，而且有心把"烧尾宴"中的一些菜肴、面点等主要食品进行了记录，为后世研究唐代的"烧尾宴"及其菜肴制作留下了宝贵的历史资料。韦巨源的"烧尾宴"见于陶谷的《清异录》，云："韦巨源拜尚书令，上烧尾食，其家故书中尚有食账。今择奇异者略记。"全部的宴席食品共有58种，其中菜肴有34种，菜名如下：

光明虾炙（生虾可用）　　　　　　通花软牛肠（胎用羊羔髓）

同心生结脯（先结后风干）　　　　冷蟾儿羹（蛤蜊）

白龙臛（治鳜肉）　　　　　　　　金栗平饸（鱼子）

凤凰胎（杂治白鱼）　　　　　　　羊皮花丝（长及尺）

馂巡酱（鱼羊体）　　　　　　　　乳酿鱼（完进）

丁子香淋脍（腊别）　　　　　　　葱醋鸡（入笼）

吴兴连带鲊（不发红）　　　　　　西江料（蒸鼋肩屑）

红羊枝杖（蹄上栽一羊，得四事）　升平炙（治羊、鹿舌拌，三百数）

八仙盘（剔鹅作八付）　　　　　　雪婴儿（治蛙、豆英贴）

仙人脔（乳瀹鸡）　　　　　　　　小天酥（鸡、鹿、糁拌）

分装蒸腊熊（存白）　　　　　　　卵羹（纯兔）

清凉臛碎（封狸肉夹脂）　　　　　箸头春（炙活鸭子）

暖寒花酿驴蒸（耿烂）　　　　　　水炼犊炙（炙尽火力）

五生盘（羊、豕、牛、熊、鹿并细治）　格食（羊肉肠脏缠豆英各别）

过门香（薄治群物入沸油烹）　　　红罗钉（臀血）

缠花云梦肉（卷镇）　　　　　　　遍地锦装鳖（羊脂、鸭卵脂炙）

蕃体间缕宝相肝（盘七升）　　　　汤浴绣丸（肉糜治，隐卵花）①

陶谷说，这份"烧尾宴"的菜肴名单是从韦巨源家里面保留的宴席食账中抄录来的，而且这并不是宴席菜肴的全部，仅仅是"择奇异者略记"的部分菜肴。而从《清异录》中的菜肴名称及其每一个菜肴后面的简要说明来看，确实是一些奇异珍稀之类的菜品。通过这份"烧尾宴"的菜肴名单，可以看出，当时的宫廷宴席与菜肴制作水平确实达到了一个非常高超的境地。其特点有如下三点：

1. 烹调方法推陈出新

虽说"烧尾宴"的菜肴仍然是传统的烹调方法占有主要地位，如其中"炙品"包括"光明虾炙、升平炙、箸头春（炙活鸭子）、水炼犊炙、遍地锦装鳖（羊脂、鸭卵脂炙）"五款，以及羹、臛、脯、脍等传统菜式，但新的烹调方法也在这个菜单中可以清楚看出，如"酿"制菜品有"乳酿鱼""暖寒花酿驴蒸"，还

① 宋·陶谷，李益民等注. 清异录·饮食部分. 北京：中国商业出版社，1985年，第13页。

有一些是在传统烹调方法上的改进，如蒸有"分装蒸腊熊（存白）""西江料（蒸鲵肩屑）""葱醋鸡（入笼）""暖寒花酿驴蒸"，这些"蒸"类的菜肴显然与《齐民要术》记录的蒸是有一定的变化的，实际上是一种菜肴制作方法的创新，成为后世许多菜肴流派的烹调特色，如"蒸腊"成为湘菜的特色，"酿蒸"成为鲁菜的传统技艺，而"醋蒸"在地方菜肴制作中也各有所用。其中，还有一些菜肴制作因为记录简略，无法判断其烹调方法特征，但都具有创新的趋向，如"通花软牛肠""金粟平缢""凤凰胎""羊皮花丝""缠花云梦肉""蕃体间缕宝相肝"等，感觉上都是新的方法所为，但又不能断定所运用的具体方法。但总的来说，唐代宫廷菜肴的制作技法不仅是丰富多彩，而且还是新法辈出，为丰富中国菜肴的制作技术起到了巨大的推动作用。

2. 菜肴款式标新立异

许多历史学家认为，我国唐代，是一个富有开放创新、标新立异、不断进取的时代，而通过这份宫廷宴席的菜肴名单已经可以得到印证。复旦大学赵克尧先生在《盛唐气象论》中说："凡音乐、书法、绘画、歌、舞、服饰等等，亦均有与诗歌相类的时代风格，产生气象的共鸣。其共同的意蕴是，闪耀着唐代人健康向上的风采、恢宏豪宕的气质、雄浑宽远的境界。这种文化风骨成为唐人创新精神文明的价值取向。"①赵先生的这段对唐代文化精神的精妙阐述，可谓恰到好处，其中唐代文化包括从各种艺术形态到生活文化的各个方面，这其中自然也包括饮食文化与菜肴文化。一桌"烧尾宴"的菜肴，其中"奇异者"就有34种之多，已经是洋洋大观了，而其中更不乏创新之品和奇妙之类，它的大气磅礴，它的雄壮之美，它的审美蕴涵，它的精湛技艺，无不体现出了"恢宏豪宕的气质、雄浑宽远的境界"的唐代文化气质与文化精神。

3. 菜肴原料丰富多彩

由于唐代生产力的高度发达，食物的来源与种类也是丰富多样的，仅从这份宴席菜肴的食单里所列食品和用料，真可谓是山珍海味、水陆杂陈、名目繁多，既有鱼、鸡、鹅，兔、羊，猪，牛等一般常见之品，也有鹿，熊、狸、驴，鳖、对虾、蛤蜊、蛙等山珍海味，其中更有一些是取自上述原料中的附属品或副产品，如羊羔髓、羊蹄、羊舌、鹿舌、鲵肩屑、鱼子、羊肉肠脏、羊脂、鸭卵、鱼白等。正是因为有如此多的食品原料的妙用与调治，才能够制作出如此花样翻新的美馔佳肴来，所以陶谷"择其奇异者"，就有三十四味菜肴，并且不包括二十四味面点。其中如"葱醋鸡"是鸡的代表，"仙人脔"则是乳猪的"佳作"，"八仙盘"是鹅的菜式，"凤凰胎"是用白鱼制作的新品，而"金粟平馓"是用鱼

---

① 赵克尧著. 汉唐史论集. 上海：复旦大学出版社，1993年，第21页。

子烹制的菜肴，"乳酿鱼""吴兴连带鲊"和各种鱼脍又是鱼类的美馔，用鳖制作的有"遍地锦装鳖"，用冷蛤蜊烹制的"冷蟾儿羹"，用鳜鱼烹制的"白龙臛"，以及用纯兔烹制的"卯羹"，等等，除此而外，还有"小天酥""五生盘"用多种原料混合制作的什锦类菜肴等，可谓美味佳肴不一而足，争奇斗艳百味陈叠。

"烧尾宴"是陶谷的"择异"之记，也就是说唐代的宫廷菜肴远不止这些，仅载于史籍的著名之品尚可以举出如"逍遥炙""清灵炙""浑羊殁忽""糟蟹、糖蟹""驼峰炙""热洛河""鹅鸭炙"等。

逍遥炙：是唐睿宗皇帝赐给自己的两位出家的女儿的一款宫廷素食菜肴，但遗憾的是没有具体的制作方法记录，现在仅能够从菜肴的名称上来猜想"逍遥炙"是一款非同寻常的宫廷素馔。此菜见于陶谷的《清异录》："睿宗闻金仙、玉真公主饮素，日令以九龙食舆装逍遥炙赐之。"[1]

清灵炙：也是唐代宫廷一味著名的菜肴。据《同昌公主传》说："同昌公主下嫁，上每赐御馔，有消灵炙。一羊之肉，取之四两，虽经暑毒，终不败臭。"这可算得上是一款珍贵菜品了，因为从一只羊的身上仅能取出四两精肉，虽然没有说清楚取羊的什么部位，但其肉能够在高温的情况下也不会腐败来看，委实难得。看来这菜肴的选料已经是非常考究了，加上高超的火候与调味，肯定是一款难得的炙中上品。

浑羊殁忽：据记载是隋代宫廷的一道名菜。因为制法特别，被古人做了有意思的记录，云："……京都人说，两军没行从进食，及其宴设，多食鸡、鹅之类。就中爱食子鹅，鹅每只价值二、三千。每有设，据人数取鹅燖去毛及五脏，酿以肉及糯米饭，五味调和。先取羊一口，亦燖，剥去肠胃，置鹅于羊中，缝合炙之。羊肉若熟，便堪去却，羊、鹅浑食之，谓之'浑羊殁忽'。"[2]这款菜肴的制作简单地说，就是先把一大羊处理干净，但要保持腹部完整，然后根据进餐人数取用小鹅，也一一加工干净，腹部完整，在其腹内装入用肉和糯米调和好口味的馅料，之后再把子鹅一一装入羊的腹中，缝合开口，用火烤炙到成熟，人手一鹅，与羊肉共食之。想想这情景，真的是趣味横生，不过这是宫廷的饮食派头，不是一般老百姓所能吃到的。

糟蟹、糖蟹：是隋炀帝南下扬州时当地进贡的一味美味，隋炀帝非常喜欢，而且富有特色，所以被陶谷记录进了他的《清异录》中，云："炀帝幸江都，吴中贡糟蟹、糖蟹。每进御，则旋洁拭壳面，以金缕龙凤花云贴其上。"陶氏虽然没有描写糟蟹、糖蟹的风味特色，仅从进食时需要在糟蟹、糖蟹壳的表面贴上

---

① 宋·陶谷，李益民等注. 清异录·饮食部分. 北京：中国商业出版社，1985年，第5页。
② 《太平广记》卷234"御厨"引《卢氏杂说》。

"金缕龙凤花云"这种重视程度来看，就足可见其珍贵了。

驼峰炙：驼峰作为一种名贵的食品原料，起源于何时，没有进行考证过，但在唐代确是被列为宫廷"八珍"之属的。把"驼峰"炙而成为美味，是唐代的典型烹调方法。段成式《酉阳杂俎》说："今衣冠家名食，有萧家馄饨，……将军曲良翰，能为驴骏驼峰炙。"①实际上，"驼峰炙"不仅是科举出身的衣冠家的名菜，更是宫廷的珍馐。唐代著名大诗人杜甫的《丽人行》中就有对杨贵妃姐妹在宫廷里食用驼峰的描述。诗云：

三月三日天气新，长安水边多丽人。

……

紫驼之峰出翠釜，水精之盘行素鳞。

犀箸厌饫久未下，鸾刀缕切空纷纶。

黄门飞鞚不动尘，御厨络绎送八珍。②

看来，在唐代的宫廷宴席中，"驼峰炙"是一款不可多得的食肴。而且，自此以后至今，驼峰一直是肴中八珍之一。

热洛河：是唐代宫廷的专用食品之一。据《太平广记》转引《卢氏杂说》载："玄宗命射生官射鲜鹿。取血煎鹿肠食之，谓之热洛河。赐安禄山和哥舒翰。"说白了就是唐玄宗为了安抚和调解安禄山和哥舒翰的矛盾，特意授命高力士出面为他们举行了一次宫廷宴席，在养鹿苑命射击手当场击射活鹿，然后取其鲜血煎制鹿肠而成一种特色食品。关于"热洛河"这一唐代的宫廷滋补菜肴，《唐书》中也有记录："安禄山、哥舒翰并来朝，玄宗使骠骑大将军、内侍高力士及中贵人供奉官，于京城东驸马崔惠童池亭宴会，使射生官射鲜鹿取其血，煮其肠，谓之'热洛河'，以赐之，为翰好故也。"③其实，"热洛河"是带有点北方异族风格的原生食肴。因为鹿血属温热大补、益精壮阳之品，历来就是皇宫大内的常见肴馔。

鹅鸭炙：据《太平广记》转引《朝野佥载》记述，是唐代女皇武则天的宠臣、面首张易之兄弟所喜食的宫廷佳肴之一。这"鹅鸭炙"虽然冠冕堂皇地被誉为宫廷菜肴，但实在是有惨无人道的滋味。此肴的制作是用一大铁笼，将鹅鸭置于其内，铁笼当中放一大盆灼热的木炭火，四周安放各种盛有酱、醋等调味汁的料盆。铁笼中的鹅鸭被灼热的炭火烘烤得不停地环绕铁笼快速游走移动，既热又痛，就要去饮用放有调味料盆里的汁水。等到它们被火烤得羽毛尽落而死时，肉

---

① 唐·段成式. 酉阳杂俎. 前卷集之七. 北京：中华书局，1981年，第71页。

② 熊四智主编. 中国饮食诗文大典. 青岛：青岛出版社，1995年，第195页。

③ 宋·李昉等撰，王仁湘注释. 太平御览·饮食部. 北京：中国商业出版社，1993年，第495页。

色也变得红润光泽，并且达到成熟的时候，然后取出趁热割而食之，并配蘸各色调味酱料，其滋味特别鲜美。据西安的王子辉先生认为，这应该是后世"北京烤鸭"之滥觞。他在所撰写的《隋唐五代烹饪史纲》中说："据此，早在一千三百多年前，唐都长安已有了原始的烤鹅鸭。这种"明火暗味烤活鹅鸭"的方法，显然比较残暴，一般人是不忍为之的，但它的历史价值在于开了后世烤炙整只鹅、鸭的先河，这是因为在南北朝时期，《齐民要术》虽已有烤鹅、鸭的记载，[1]可那是将鹅鸭分档取料烤炙的，整只鹅鸭烤炙，似为唐代第一次出现，且对后世有一定影响。当今誉满全球的'北京烤鸭'，也许就是由此启蒙或演变而来的。"[2]

上面所列举的隋唐宫廷菜肴，不过是见于史料记载的一小部分。但通过这些具有代表意义的菜肴制作，足可以看出隋唐宫廷菜肴制作技术的高超与豪华。

二、餐桌上的大海味道

隋唐时期，用大量的山珍海味以及各种珍异奇味制作的菜肴进入到唐代人的食桌与宴席中，其中大海出产的珍味尤其突出，如海蜇、鲨鱼、玳瑁、鱼唇、鱼肚、海参、大虾、海蛤、海蟹等。与先前的几个朝代比较而言，我国的唐代不仅是一个农业、畜牧业、商业等发达的国家，而且由于造船与海洋捕捞技术的发达，海产品的使用种类大量增加，并且进入到人们的食谱菜肴中。如在前面所介绍的"烧尾宴"的菜肴中就有光明虾炙、冷蟾儿羹（蛤蜊）、金粟平蝑（鱼子）、凤凰胎（杂治白鱼）、馓巡酱（鱼羊体）、乳酿鱼等品类，虽然所用的鱼、虾、蛤蜊等未必是海中所产，因为唐都西安距离沿海地区太远，但通过宴席水产品的大量使用，足以说明当时的渔业与捕捞的情况。唐代海产品的食用制肴，当时主要是在东部和南部沿海地区，而远在西部的唐都同样可以食用到各种海产品，其海产品类的丰富程度几乎可以与现代相比。据《明皇杂录》曰："天宝中，诸公主相效进食，上命中官袁思艺为检校进食使。水陆珍羞书千盘之费，盖中人十家之产。"[3]这里的"水陆珍羞"当包括山珍海味之类的美馔佳肴。

浙江的东部地区由于出产大量的海产品，每年都要向宫廷进贡，这在当时已被列入到了朝廷的典章制度中。如《元和郡县志》卷二六记载，当年明州土贡

---

① 后魏·贾思勰撰，缪启愉校释. 齐民要术校释. 北京：农业出版社，1982年。第页496页。

② 王子辉著. 隋唐五代烹饪史纲. 西安：陕西科学技术出版社，1991年，第75页。

③ 宋·李昉等撰，王仁湘注释. 太平御览·饮食部. 北京：中国商业出版社，1993年，第326页。

的"海味"中，就包括海蚶子、红虾米、鳍子、红虾鲊等。[①]虽然当时由于保鲜技术不发达而进贡的海产品都是腌制或干制品，但说明了当时海味食品已经成为菜肴制作中的重要原料而广泛使用了。《全唐文》卷六七九白居易《河南元公墓志铭》记载："明州岁进海物，其淡蚶……尤速坏，课其程日驰数百里。"[②]《元氏长庆集》卷三九《浙东论罢进海味状》记载："浙江东道……当管明州，每年进淡菜一石五斗，海蚶子一石五斗。每十里置递夫二十四人。……每年常役九万余人。"[③]唐代宫廷与官府中为了能够吃到东部沿海的海味珍品，竟不惜劳民伤财地动用如此多的役民劳工。为此，皇家为了显示其尊贵与富有，也往往用海味食物恩赐臣下，如《全唐文》卷四一八有"赐兼海陆，品极珍鲜"之语，[④]这足以说明，当时浙东出产的海味是非常诱人的，也反映了当时海洋渔业的生产情况。

除了海蚶子、红虾米、鳍子、红虾鲊等之外，唐代浙江沿海出产的海产品还有鮸鱼、淡菜、海鳗鲡、比目鱼、蛤蜊、车螯、螃蟹等。《全唐诗》卷六一三有"因逢二老如相问，正滞江南为鮸鱼。"[⑤]的诗句。鮸鱼，属石首鱼种，类似现在的大黄鱼。同书卷三九二云："淡菜生寒日，鲴鱼浔白涛。"[⑥]淡菜，是贻贝（在我国北方沿海地区叫海虹）晒干加工后的一种海产品，因其在加工过程中不加盐，故名淡菜。至今在我国南北沿海地区的菜肴制作中，淡菜的使用率还是很高的。《全唐诗》卷四五零白居易《想东游五十韵》序记载："大和三年春，……游浙右数郡"，曾经"投竿出比目"。[⑦]比目，指比目鱼，俗名偏口鱼，是名贵的海产鱼类。由于比目鱼也是很容易干品加工的，所以菜肴制作中应用，至今依然。

又有海产蛤蜊，据记载，在唐朝时期从贵族到少数民族地区都非常受人喜欢。《全唐文》卷三三三记载则有："或承海味、或降珍鲜""赐臣车螯蛤蜊。"[⑧]《杜阳杂编》卷中记载唐文宗"好食蛤蜊。一日，左右以方盘进，中擘不破裂者，上疑其异"。[⑨]蛤蜊在鲜活的时候一旦遇热就会两壳自动张开，但放置的时间太久则在熟后依然紧闭双壳，唐文宗就是以此实践经验来分辨蛤蜊质量的优劣，

---

① 《元和郡县志》卷二六，清代刻本。

② 《全唐文》卷六七九白居易《河南元公墓志铭》。

③ 《元氏长庆集》卷三九《浙东论罢进海味状》。

④ 《全唐文》卷四一八常衮《社日谢赐羊酒及茶等状》。

⑤ 《全唐诗》卷六一三，皮日休《孙发百篇将游天台请诗赠行因以送之》诗。

⑥ 《全唐文》卷三九二李贺《画角东城》诗。

⑦ 《全唐诗》卷六一三，贺知章《答朝士》诗。

⑧ 《全唐文》卷三三三苑咸《为李林甫谢赐车螯蛤蜊等状》文。

⑨ 宋·李昉等撰，王仁湘注释. 太平御览·饮食部. 北京：中国商业出版社，1993年，第326页。

可谓深识其货。蛤蜊在我国古代的制作方法很多，但富有特色的菜肴是“炙蛤蜊”，早在魏晋南北朝时期的《齐民要术》中就有记载，唐代沿袭其炙法，但又别具一格。据史料记载，把蛤蜊放在特制的铁丝床上，下边燃烧柴火，使其烤炙成熟，再浇调味汁食用，这种烹饪方法在《云仙杂记》有载，该书卷七转引《传芳略记》曰：“吐突承璀嗜蛤蜊，炙以铁丝床，数浇鹿角浆，然后食。”[①]其烹炙之法可谓独具特色。

根据现存的资料来看，当时南海出产的海味产品要比东海更为丰硕，这在刘恂所编撰的《岭表录异》一书中，有较为详细的记载，并且更真实地反映了唐代时广东沿海海产品的丰富多样。现引数则如下：

“跳蜓，乃海味之小鱼鯅也。以盐藏鰡鱼儿，一斤不啻千个。生擘点醋下酒，甚有美味。余遂问‘跳’之义，则曰：捕者以仲春于高处卓望，鱼儿来如阵云，阔二三百步，厚亦相似者。既见，报鱼师，遂将船争前而迎之。船冲鱼阵，不施罟网，但鱼儿自惊跳入船，逡巡而满，以此为鯅，故名之‘跳’。又云：船去之时，不可当鱼阵之中，恐鱼多压故也。即可以知其多矣。”[②]这是一种小型的海产鱼类，因为有特色，适宜于腌制为鱼鲊，食时蘸香醋风味殊美，下酒尤其称道，看来真的是海味珍馐。

“嘉鱼，形如鳟，出梧州戎城县江水口，甚肥美。众鱼莫可与比，最宜为鯅。每炙，以芭蕉叶隔火，盖虑脂滴火灭耳。渔阳有魅鱼，亦此类也。”[③]嘉鱼，学名真鲷，北方俗称嘉吉鱼，属于海鱼中之珍品，但用芭蕉叶裹而隔火炙之，这可是令人称道的制作方法，其风味应不在“跳蜓”之下。

“鲎鱼，其壳莹净，滑如青瓷碗。鏊背，眼在背上，口在腹下。青黑色。腹两旁为六脚。有尾长尺余，三棱如棱茎。雌常负雄而行，捕者必双得之。若摘去雄者，雌者即自止；背负之，方行。腹中有子如绿豆。南人取之，碎其肉脚，和以为酱，食之。尾中有珠如粟，色黄。雄小雌大，置之水中，即雄者浮，雌者沉。”[④]鲎酱之美，历来被人称道，看来其历史渊源还是非常悠久的，至少在唐代已是南方民间的食肴美味了。

“乌贼鱼，只有骨一片，如龙骨而轻虚，以指甲刮之，即为末。亦无鳞，而肉翼前有四足。每潮来，即以二长足捉石，浮身水上。有小虾鱼过其前，即吐涎惹之，取以为食。广州边海人往往探得大者，率如蒲扇。炸熟，以姜醋食之，极

① 后唐·冯贽编，张力伟点校．云仙散录．北京：中华书局，1998年，第89页。
② 唐·刘恂著，鲁迅校勘．嶺表录异．广州：广东人民出版社，1983年，第25页。
③ 唐·刘恂著，鲁迅校勘．嶺表录异．广州：广东人民出版社，1983年，第25页。
④ 唐·刘恂著，鲁迅校勘．嶺表录异．广州：广东人民出版社，1983年，第25页。

脆美。或入盐浑腌为干，捶如脯，亦美。吴中人好食之。"①乌贼鱼为肴，在唐时南北皆然，其烹饪加工方法以保持乌贼鱼的原有鲜味与脆美见长。所谓"炸熟，以姜醋食之，极脆美。"这里的"炸"实际上是用沸水煮之刚熟即成的一种菜肴制作方法，至今北方许多地区把食物原料"过开水"的方法称之为"炸"。因为，只有这样才能保持乌贼鱼的鲜嫩脆美，用姜醋汁蘸而食之，是最适宜的方法。而盐腌干制为脯，也堪称海产品中一绝，古今皆然。

"石首鱼，状如鳙鱼。随其大小，脑中有二石子如荞麦，莹白如玉。有好奇者，多市鱼之小者，贮于竹器，任其坏烂，即淘之，取其脑石子，以植酒筹，颇为脱俗。"②石首鱼，现今统称为黄鱼、姑鱼，因为此鱼小类较多，又可分为大黄鱼、小黄鱼、白姑鱼、黄姑鱼等，皆因头颅内有白色石子两枚，古人名之为"石首鱼"。黄鱼在我国属于"四大海洋"鱼类之一，有着极其重要的经济价值与食用价值，用于制肴为馔，沿海广为流行，而且是宴席中之佳品。现在鲁菜中流行的"清蒸黄鱼""糖醋黄鱼""锅煽黄鱼""煎转黄鱼"皆为宴中珍肴。

"鸡子鱼，口有嘴如鸡，肉翅，无鳞，尾尖而长。有风涛即乘风飞于海上船梢，类鲐鳎鱼。"③这是一种南方海产鱼类，应该类似于"肉鲛"一类的鱼，此类海鱼因为被无点鳞，在许多地区民间是不被看重的，但用于日常食肴，煎之、炸之、烧之、熬之皆可，是一种经济实用的海产品。

"比目鱼，南人谓之鞋底鱼，江淮谓之拖沙鱼。《尔雅》云：东方有比目鱼焉，不比不行，其名谓之鲽。壮如牛脾，细鳞，紫色，一面一目，两片相合乃行。"④比目鱼是我国海产鱼类中的大宗，其食用历史久远，《尔雅》为汉代人所撰，便是证明。比目鱼现一般泛指鲽类、鲆类与鳎目类，此类鱼皆为扁平则体，身体一面有眼睛，故名"比目"。鱼肉细腻白嫩，属于制作海味菜肴的珍贵鱼类。

"石矩，亦章举之类。身小而足长。入盐，干烧食，极美。又有小者，两足如带，暴干后似射踏子，故南中呼为射踏子也。"⑤即今之章鱼、鱿鱼之类，属于软体鱼类，肉质脆美，用于菜肴制作方法多样，为宴席中之佳肴，至今犹然。

除此而外，《岭表录异》一书中还有海鳅鱼、鹿子鱼等。除了海鱼，该书还介绍了其他各种海产品，如贝、虾、蟹等，现择其典型品种摘录如下。

"瓦屋子，盖蚌蛤之类也。南中旧呼为蚶子。（鲁迅按：《海录碎事》二十二·上引云：魁蛤，壮如海蛤，圆而厚，外有理纵横，即今蚶也。《尔雅》

---

① 唐·刘恂著，鲁迅校勘. 岭表录异. 广州：广东人民出版社，1983年，第26页。
② 唐·刘恂著，鲁迅校勘. 岭表录异. 广州：广东人民出版社，1983年，第26页。
③ 唐·刘恂著，鲁迅校勘. 岭表录异. 广州：广东人民出版社，1983年，第27页。
④ 唐·刘恂著，鲁迅校勘. 岭表录异. 广州：广东人民出版社，1983年，第27页。
⑤ 唐·刘恂著，鲁迅校勘. 岭表录异. 广州：广东人民出版社，1983年，第29页。

谓之魁陆。）顷因卢钧尚书作镇，遂改为瓦屋子。以其壳上有棱如瓦垄，故名焉。壳中有肉，紫色而满腹，广人尤重之，多烧以荐酒，俗呼天脔炙。吃多即壅气，背膊烦疼，未测其本性也。"① 海蛤之中，蚶子虽非味道最美，但仍不失为海珍，而且唐代人早已认识到了蚶子之美，以为下酒上上之品，并美其名曰"天脔炙"。由"天脔炙"菜肴之名称足可窥见唐人对蚶子为肴的偏爱。

"蚝，即牡蛎也。其初生海岛边如拳石，四面渐长，有高一二丈者，巉岩如山。每一房内，蚝肉一片，随其所生，前后大小不等。每潮来，诸蚝皆开房，伺虫蚁入即合之。海夷卢亭，往往以斧楔取壳，烧以烈火，蚝即启房，挑取其肉，贮以小竹筐，赴墟市以易酒。蚝肉大者腌为炙，小者炒食。肉中有滋味，食之即能壅肠胃。"② 牡蛎鲜美，人人皆知，而"炙蛎"菜式早在《齐民要术》③中已有记载，说明，牡蛎之为菜肴，由来已久，到了唐代，其制作应该更加完美，并且在炙食的基础上又有"炒食"之法。

"海虾，皮壳嫩红色，就中脑壳与前双脚有钳者，其色如朱。余尝登海艟，入艗楼。忽见窗版悬二巨虾壳，头、尾、钳、足俱全，各七八尺，首占其一分。嘴尖利如锋刃，嘴上有须如红筋，各长二三尺。前双脚有钳，钳粗如人大指，长三尺余，上有芒刺如蔷薇枝，赤而铦硬，手不可触。脑壳烘透，弯环尺余，何止于杯盂也。"根据刘恂的记录，这种"海虾"应该是现今的龙虾，但龙虾长得如此之大，委实不多见，甚至连唐代当时的人也不相信，为此刘恂在进行了上面的文字记录之后，又进一步说："《北户录》云：滕循为广州刺史，有客语循曰：虾须有一丈者，堪为拄杖。循不信，客去东海，取须四尺以示，循方服其异。"④ 由此看来，早在唐代，美味的龙虾已经成为人们餐桌上的佳肴了。但龙虾之大，非一般人所能为之，对于一般平民百姓来说，还是选择小型的虾，并将其用酱醋制成风味独特的"虾生"为肴更为实惠。所以，刘恂在书中又曰："南人多买虾之细者，生切绰菜兰香蓼等，用浓酱醋先浇活虾，盖以生菜，以热釜覆其上，就口跑出，亦有跳出醋碟者，谓之虾生。鄙俚重之，以为异馔也。"这种"虾生"菜肴的制作真的是与众不同，称为"异馔"当在情理之中。

"海镜，广人呼为膏叶盘，两片合以成形。壳圆，中甚莹滑，日照如云母光。内有少肉如蚌胎，腹中有红蟹子，其小如黄豆，而螯足具备。（鲁迅按：《海录碎事》二十二·上引《岭表录异》，"海镜"上有"越绝书云"四字；"两片合"

---

① 唐·刘恂著，鲁迅校勘. 岭表录异. 广州：广东人民出版社，1983年，第30页。
② 唐·刘恂著，鲁迅校勘. 岭表录异. 广州：广东人民出版社，1983年，第31页。
③ 后魏·贾思勰撰，缪启愉校释. 齐民要术校释. 北京：农业出版社，1982年。第页498页。
④ 唐·刘恂著，鲁迅校勘. 岭表录异. 广州：广东人民出版社，1983年，第29页。

作"盘壳相合";"壳圆"作"外圆",而"滑"作"洁","具备",作"皆正"。)海镜饥,则蟹出拾食,蟹饱归腹,海镜亦饱。余曾市得数个验之,或迫之以火,则蟹子走出,离肠腹立毙,或生剖之,有蟹子活在腹中,逡巡亦毙。"[1]书中所介绍的"海镜"似乎就是后世的海蚌,但因为书中没有介绍"海镜"的食用方法,而是重点介绍"海镜"中的一种"其小如黄豆,而螯足具备"的"红蟹子"。这种小红蟹子,是一种寄生蟹,许多海洋贝类中都有,可以烹而为肴,风味殊美。这里需要说明的是,在唐代人的眼里,一种小小的寄生蟹,都进入了人们的食肴范围,足以说明唐代海产肴馔制作的丰富多彩。

"水母:广州谓之水母,闽谓之咤。其形乃浑然凝结一物。有淡紫色者,有白色者。大者如覆帽,小者如碗。腹下有物如悬絮,俗谓之足,而无口眼。常有数十虾寄腹腔下,咂食其涎,浮泛水上。捕者或遇之,即淡然而设,乃是虾有所见耳。南人好食之,云性暖,治河鱼之疾。然甚腥,须以草木灰点生油,再三洗之,莹净如水晶紫玉。肉厚可二寸,薄处亦寸余。先煮椒桂或豆蔻生姜,缕切而炸之,或以五辣肉醋,或以虾醋,如脍食之,最宜。虾醋,亦物类相摄耳。水母本阴海凝结之物,食而暖之,其理未详。"[2]水母,海洋中的一种特殊软体动物,最宜鲜食,所谓:"先煮椒桂或豆蔻生姜,缕切而炸之,或以五辣肉醋,或以虾醋,如脍食之,最宜。"看来古今皆然,或许现在东部沿海吃鲜水母的调味方式正是从唐人那里继承来的,也未可知。水母可以干制为鲊,即"海蜇"皮或头,是把鲜海蜇加入盐、矾等物将体内水分挤压出来而成的,最适合于冷拌醋烹为肴食之。

由于刘恂的书中所介绍的海产品还有许多,就不一一转引了。从以上介绍可见,唐代用于海产品的种类繁多,数量充足,给当时人们的饮食生活增添了丰富的内容。也成为中国唐代菜肴制作中的重要原料,大大丰富了宴席上的菜式,甚至即使在遥远的西安唐都也能够品尝到大海所赐予人类的美味食肴。

三、精湛的刀工与调味技艺

无论古今,衡量中国菜肴制作技术发展水平高低的标准一般不外乎烹饪方法、刀工技艺、调味艺术、火候运用等方面。在隋唐时期,菜肴的制作技术在这几个方面都有了长足的进步与发展。

1. 刀工技艺

唐代,菜肴的切割技术与刀功刀法在前历代的基础上有了一个突飞猛进的提

---

[1] 唐·刘恂著,鲁迅校勘. 岭表录异. 广州:广东人民出版社,1983年,第31页。
[2] 唐·刘恂著,鲁迅校勘. 岭表录异. 广州:广东人民出版社,1983年,第32页。

高与发展，其重要的标志是在唐代出现了一本系统介绍与记载制脍刀法技艺的专著《斫脍书》。但遗憾的是这本专著没有能够完整地流传下来，现在只能从清人《湖雅》一书的引文中略见一斑。云：

"苕上祝翁，霅溪旧姓，自号闲忙道人。其家传有唐《斫脍书》一编。文极奇古，类陆鸿渐《茶经》。首编制刀砧，次列鲜品，次列刀法。有小晃白、大晃白、舞梨花、柳叶缕、对翻蛱蝶、千丈线等名。大都称其运刃之势与所斫细薄之妙也。未有下豉盐及泼沸之法。务须火齐与均和三昧。疑必易牙之徒所为也。当时予爱其文，惜未及录。今书与翁皆化为乌有矣。《下豉盐》篇中云：剪香柔花叶为苴，取其殷红翠碧与银丝相映，不独爽喉，兼亦艳目。然不知香柔花为何花也？"①

这是一段几经曲折才被保留下来的珍贵文字史料，是《湖雅》的作者在书中引录了《紫桃轩杂缀》一书的一段文字，使今人得以知道有《斫脍书》这么一奇书。该书分为"制刀砧、列鲜品、列刀法、下豉盐、泼沸法"章节，是一部关于古人制鱼脍的专著。斫制鱼脍关键是刀法刀工的运用，所以该书中记载了当时已有"小晃白、大晃白、舞梨花、柳叶缕、对翻蛱蝶、千丈线"等专门用于鱼脍制作的艺术刀法。其刀功技艺水平之高通过这几个刀法的名称便可窥见一斑。

类似《斫脍书》的专著的问世，其实不是偶然的事情，因为在这一时期，鱼脍制作是极其普遍的菜肴制作技术，没有高超的刀功技艺是斫不出漂亮的鱼脍的，所以，隋唐时期的厨师最重斫脍技艺，这在唐人的诗词中也有大量的描述。李白《酬中都小吏携斗酒双鱼于逆旅见赠》有"双鳃呀呷鳍鬣张，跋剌银盘欲飞去。呼儿拂几霜刃挥，红肥花落白雪霏"的句子，这是对唐代厨师制鱼脍传神刀工技艺的生动描写。唐代另一位大诗人杜甫的《观打鱼歌》中则有"饔子左右挥霜刀，脍堆金盘白雪高"的诗句，不仅堪与李白的诗句媲美，更对唐代厨师高超的刀功技术给予了夸张式的评价。

大量的诗句以外，又有许多唐代史料对鱼脍制作技术进行了记录，如段成式在《酉阳杂俎》中云："南孝廉所斫之脍，縠薄丝缕，轻可吹起，操刀响捷，若合节奏。"②这种斫脍的刀工技艺简直就是一种艺术的化境，真可谓神乎其技了。为了能使刀功技艺达到理想的艺术效果，厨人不仅在运刀的基本功上大加训练，更总结出了许多的辅助技巧，如"又鲙法，……用腹腴拭刀，亦用鱼脑，皆能令鲙不着刀。"③

---

① 清·《湖雅》卷八"鱼鲐"条所引《紫桃轩杂缀》。
② 唐·段成式. 酉阳杂俎. 前卷集之七. 北京：中华书局，1981年，第71页
③ 唐·段成式. 酉阳杂俎. 前卷集之七. 北京：中华书局，1981年，第72页。

唐代的刀工技艺不仅是在鱼脍制作上，即使在其他菜肴制作上也表现出了高超的运刀功夫。诸如在"玲珑牡丹鲊""辋川小样"之类的花色冷菜制作中也是离不开刀工技术的运用的。

2. 调味艺术

唐代菜肴的精妙好吃，还表现在调味艺术的运用方面，几乎在调味大师的手中，即使败障泥出之物，也能够成为美味佳馔。对此，段成式有概括性的总结，云："贞元中，有一将军家出饭食，每说无物不堪食，唯在火候，善均无味。尝取败障泥胡禄（一作鹿，原书注），修理食之，味极佳。"这是一种重在运用调味品对菜肴进行"调"味处理的菜例。而调味的最高境界是淡而有味，古人所谓"大味必淡"就是这样的道理。《清异录》载："段成式驰猎，饥甚。叩村家。主人老姥出彘臛，五味不具。成式食之，有踰五鼎。"曰："老姥初不加意，而珍美如此。常令庖人具此品，因呼'无心炙。'"[1]根据这段记载可知，这"无心炙"，乃是唐代乡村民间的一种肉羹。村妇老妪能在没有任何好的调料的基础上，虽然"五味不具"，却把菜肴调制的具有"有踰五鼎"之味的肉臛，那可真得算是一种至高无上的调味艺术境界。段成式乃是唐代太常少卿之职，其家父便是大名鼎鼎的一代宰相段文昌，是一个官宦世家，也是一个家传的美食之徒，他认为这乡间之味胜过高贵的"五鼎食"之味，应该不是矫情之言，并且自此以后还常令家厨烹制，说明是真的好吃。

调味艺术的高超，还反映在对调味品的运用方面。仅以《烧尾宴》中的菜肴味香型为例，就有"馂巡酱（鱼羊体）"的鱼鲜肉香、"乳酿鱼（完进）"的乳香水鲜、"丁子香淋脍（腊别）"的丁香腊味、"葱醋鸡（入笼）"的醋香禽鲜，另有糟香、椒香、酱香、兰香、蓼香等，不一而足，充分反映了唐代厨师的调味技艺水平之高妙。

第三节 "炼珍堂"与官府烹饪

因为唐代的烹饪与菜肴制作技艺的普遍提高，处于社会上层的豪门与官府的菜肴制作也同样是精益求精，有的菜肴制作甚至可以与皇宫御馔媲美。

---

[1] 宋·陶谷，李益民等注. 清异录·饮食部分. 北京：中国商业出版社，1985年，第1页。

一、官府厨房的玉盘珍馐

被载于史册最有名气的官府菜肴制作大约属于唐穆宗时期的宰相段文昌之府第。据陶谷《清异录》载："段文昌丞相，尤精馔事，第中庖所榜曰'炼珍堂'。在途号'行珍馆'。家有老婢掌之，以修变之法指授女仆，老婢名膳祖。四十年阅百婢，独九者可嗣法。文昌自编食经五十卷，时称《邹平公食宪章》。"[①]这可以说是唐代官府厨房的典型代表。因为段文昌尤精馔事，讲究美食，所以有厨娘高手执掌菜肴制作之事，而这位名为"膳祖"的厨娘可以说开中国女厨师的先河。尤其令人称道的是她在段府历时四十年，亲自培养带出了百余徒弟，然而只有九个人能够学会她所传授的技法，继承了她的技艺。由此可以看出，膳祖菜肴烹饪技艺之高超已经达到了非一般人能够领悟的境界。但遗憾的是段文昌的《邹平公食宪章》并没有能够流传下来，因此段府当年的菜肴品类与制作水平讲究达到了何种程度，就不得而知了。今人也只能从谢讽的《食经》和韦巨源的《烧尾宴》中进行猜测了。

由于大官府有雄厚的经济基础，饮食自然要讲究的，菜肴制作也就精益求精。《云仙散录》转引《安成记》曰："黄生日烹鹿肉贰斤，自辰煮至日影下西门，则喜曰：'火候足矣！'如是四时年。"[②]烹制一味鹿肉讲究到如此程度，也真的是精致到了极点。官府菜肴食馔的制作技艺过于精美，所以连皇帝也不得不喜好几分。又《清异录》载："赵宗儒在翰林时，闻中使言，'今日早馔玉尖面，用消熊，栈鹿为内馅，上甚嗜之。'问其形制，盖人间出尖馒头也。又问'消'之说。曰：'熊之极肥者曰消，鹿以倍料精养者曰栈。'"[③]赵宗儒在德宗时曾出任同平章事，即宰相职务，一个普通的肉馅馒头要用"熊之极肥者"和"以倍料精养"的鹿，其菜肴制作就更可想而知了。《大业拾遗记》记载说，当时有位名厨叫杜济，"能别味，善于盐梅，亦古之符朗，今之谢讽也"。他曾创制"鲩鱼含肚"的名菜。隋代的海味鱼肚，是我国食用鱼肚的开始。而这位杜济名厨肯定是出自于大官府厨房的高手，抑或是宫廷御厨。因为，在隋唐时期，"鱼肚"是从东部沿海进贡到宫廷或以珍贵礼物进奉给大官员的，一般平民百姓是不可能见到的，更遑论制肴食用了。

隋唐时期，运用官府中名菜佳肴制作的，更有久负盛名的"八珍"之品。但唐代的"八珍"都是哪些食物，因为史料中记载不详，只能略知一二。杜甫的《丽人行》："紫驼之峰出翠釜，水精之盘盛素鳞。犀箸厌饫久未下，鸾刀缕切空纷纶。黄门飞鞚不动尘，御厨络绎送八珍。"这是御膳菜肴中的"八珍"。皇宫

① 宋·陶谷，李益民等注. 清异录·饮食部分. 北京：中国商业出版社，1985年，第21页。
② 后唐·冯贽编，张力伟点校. 云仙散录. 北京：中华书局，1998年，第41页。
③ 宋·陶谷，李益民等注. 清异录·饮食部分. 北京：中国商业出版社，1985年，第25页。

如此，官僚府第无不仿而学之。白居易的《轻肥》就有关于唐代官宦家庭使用"八珍"诗句："夸赴军中宴，走马去如云。樽俎溢九醖，水陆罗八珍。"关于唐代时期的"八珍"，从唐人小说《游仙窟》得知，大概有"龙肝凤髓、鸡臛雉臛，鳖醢鹑羹，椹下肥肫，荷间细鲤，鹅子鸭卵，麟脯豹胎，熊腥纯白，蟹酱纯黄，鹿尾鹿舌，熊掌兔髀，雉脆豺唇。"①小说家之言难免有夸大其词的嫌疑，所记珍食也远远超出了八种之数，但足可由此窥见唐代珍美食肴之一斑。鲤鱼之美，以河鲤为最，但如何能够称得上是珍品呢？小说家笔下的"荷间细鲤"是否属实，又是如何进入珍品行列的。幸好，《大业拾遗记》中有一则记录，云："十二年六月，吴郡献太湖鲤鱼脍膳四十坩，纯以鲤脍为之，计一坩鲊，用鲤鱼三百头，肥美之极，冠于鱣鲔。"②用三百条鲤鱼才能加工出一坩脍膳，虽然未必属于人间殊味，但看来也还是珍美无比的。

二、遊宴美食

我国隋唐时期的开放思潮与雄厚的经济基础，使人们的生活丰富多彩，饮食方式也是五彩缤纷的，而其中的"遊宴"就是其中的一种。所谓"遊宴"是指人们不在自己的住所内举行的宴席活动，主要是在山野、江边、河边等风景秀丽的地方举行的宴饮聚会。中国考古工作者曾在西安发现了古代长安唐代韦氏家族墓中壁画中的"野宴图"。据王仁湘先生介绍说："描绘的大概是曲江宴的一幕场景，图中画着九个男子，围坐在一张大方案旁边，案上摆满了看馔和餐具。人们一边畅饮，一边谈笑，好不快活。"③从摹本的图案中可以看出，确实是满桌的美味佳肴，但却看不出它们都是些什么菜肴，也无法知道这些菜肴的名字。对于"遊宴"的情景，杜甫的《丽人行》中也有描述："三月三日天气新，长安水边多丽人。……紫驼之峰出翠釜，水精之盘盛素鳞。犀箸厌饫久未下，鸾刀缕切空纷纶。黄门飞靰不动尘，御厨络绎送八珍。"

"遊宴"之食，早已有之，如晋代著名的"曲水流觞"就是典型。隋代的隋炀帝开凿大运河，乘龙舟南下，而沿岸地方官员无不进献美馔佳肴，开水上"遊宴"之先河。唐代最著名的"遊宴"是曲江宴。曲江是一个地名，位于今西安市东南六公里的曲江村一带。古有泉池，岸头曲折多姿，自然景色非常秀美。曲江

---

① 唐·张文成撰，李时人、詹绪左校注. 游仙窟. 北京：中华书局，2010年，第241页。

② 宋·李昉等撰，王仁湘注释. 太平御览·饮食部. 北京：中国商业出版社，1993年，第633页。

③ 张证雁，王仁湘著. 昨日盛宴——中国古代饮食文化. 成都：四川人民出版社，2004年，第112页。

周围还有许多有钱人建造的厅、台、楼、阁，把曲江装点得更加华美，从而成为当年长安风光最美丽的游赏胜地与宴饮佳所。一般意义上说，唐代凡是在这曲江上举行的宴饮活动统称为"曲江宴"。根据王子辉先生研究说："唐代上自皇帝，下至士庶，在这里举行的宴会活动，类型繁多，情趣各异。"①当然，皇帝的游宴不仅在曲江，也有其他地方。据《开元天宝遗事》载："帝与贵妃，每逢七月七日夜在华清宫游宴。时宫女辈陈瓜花酒馔列于庭中，求恩泽于牵牛、织女星也。"②不过，由于以"曲江宴"为代表的游宴，大多与游玩、祓禊、进士欢聚等有关，所以宴会上具体的菜肴记述至今尚没有发现，目前掌握的史料中记载不多，即便是偶有记载，也多是片言只语，不甚详细。如《摭言》中记述说："曲江之宴，行市罗列，长安几于半空。"又云："四海之内，水陆之珍，靡不毕至。"③由此略可反映出进士们在曲江举办的筵席中菜肴品种之多，规格之高，是非同寻常的。后来，此宴席一般由一种称为"进士团"的组织，专门为进士承办筵席，这些人多为游手好闲之辈，但却懂得宴席格局与美食菜肴，类似现在的庆典公司。

唐代的"游宴"在帝王、官宦与文人的推动下，蔚然成风，带动了整个社会在饮食风俗上的奢侈性。史载"自天宝以后，风俗奢靡，宴处群饮，……公私相效，渐以成俗。"④在这样的风气之下，官僚及文人学士们常常不惜花费大把的金钱举办奢侈豪华的宴会。史载当朝功臣郭子仪入朝，元载、王缙等人盛宴款待，"各出钱三十万"，甚至及第进士宴请宾朋，也是"一春所费，万余贯钱"。⑤几十万，乃至百余万的一桌宴席，其菜肴制作的精美程度就可想而知了。唐代许多的花式菜肴、艺术冷拼盘、各色食雕、花色糕饼之类就是在这样的"游宴"与官府宴、文人宴的频繁举办中，为争奇斗艳而创造出来的。如《开元天宝遗事》所记载的"探春宴"。云："都人士女，每至正月半后，各乘车跨马，供帐于园圃，或郊野中，探春宴席。"郊游赏春，乃文人雅士与士女的乐事，在扬州则有"争春宴"之名宴。《扬州事迹》载：唐代扬州太守圃中有杏花数十亩，每到春初，灿烂花开，就大设筵宴，歌舞饮馔，其名曰"争春宴"。宴席之中，除了美馔佳肴，还有许多奇珍异果之类。有的甚至以所献的水果而为宴席之名。如唐代文人中流行一种"樱桃宴"，即新科进士以樱桃宴请众人。《摭言》卷三记载：乾符四年，刘覃及第中进士，其他进士正准备筹资举办樱桃宴，刘覃却早早暗地派人预先购买了数十棵树上的樱桃，"独

① 王子辉著. 隋唐五代烹饪史纲. 西安：陕西科学技术出版社，1991年，第146页。
② 后唐·王仁裕. 开元天宝遗事. 卷下. 上海：上海古籍出版社，1985年，第86页。
③ 唐·王定保撰. 摭言. 清乾隆二十一年刻本.
④《唐会要》卷54，《省号上·给事中》。
⑤《唐大诏令集》卷106，《厘革新及第进士宴会敕》。

置是宴，大会公卿"。①他又把樱桃和上糖同奶油，送给与宴者，深受众人的喜欢。《负暄杂录·荔枝》记载：五代时，南汉刘鋹每年在荔枝熟了的时候，都要举行宴会，品尝荔枝和美酒。"南汉刘鋹，每岁设红云宴席，则窗外四壁悉皆荔枝，望之如红云然。"②这种被称之为"红云宴"的果宴，在《清异录》也有记载。其云："岭南荔枝，固不逮闽蜀，刘鋹每年设红云宴，正红荔枝熟时。"③

　　唐代文人学士举行的宴会，统称为"文酒之宴"或"文会"。《开元天宝遗事》记云："苏颋与李乂对掌文浩，玄宗顾念之深也。八月十五日夜，于禁中直宿，诸学酝月，备文酒之宴。时长天无云，月色如画，苏曰：'清光可爱，何用灯烛？'遂使撤去。"④开成二年（837年）三月三日，河南府尹李待价以人和岁稔，在洛滨举行修禊之宴。白居易、萧籍、李仍叔、刘禹锡、郑居中、裴恽、李道枢、崔晋、张可续、卢言、苗情、裴俦、裴洽、橱鲁士和裴度等十五人参加了宴会。宴会设在船上，一边观赏洛水两岸的秀丽景色，一边聚宴畅饮，吟诗赏乐。宴席上"譬组文映，歌笑间发。前水嬉而后妓乐，左笔砚而右壶觞，望之若仙，观者如堵，尽风光之赏，极游泛之娱。美景良辰，赏心乐事，尽得于今日矣"。⑤这是一次风雅高韵的文会，与会者均是当时的文人名士，席间少不了吟诗作赋。刘禹锡作诗曰："洛下今修禊，群贤胜会稽。盛筵暗玉铉，通籍尽金闺。"白居易也作诗曰："妓接谢公宴，诗陪荀令题。舟同李膺泛，醴为穆生携。"描述了宴席上饮宴吟诗的盛况，把饮宴与吟诗作赋结合起来是文宴的特点，以文会友是文宴的主旨，饮宴只是手段，起调节气氛的作用。

第四节　从"辋川图小样"到花色艺术菜肴

　　中国菜肴是以味觉审美为主的菜肴体系，但这并不意味着就不要其他方面的审美需求，恰恰相反，中国菜肴在注重口味美好的基础上，也更加重视菜肴在造

① 唐·王定保撰. 摭言. 清乾隆二十一年刻本。
② 宋·顾文荐，《负暄杂录·荔枝》。
③ 宋·陶谷，李益民等注. 清异录·饮食部分. 北京：中国商业出版社，1985年，第133页。
④ 后唐·王仁裕. 开元天宝遗事. 卷下. 上海：上海古籍出版社，1985年，第84页。
⑤ 白居易《三月三日祓禊洛滨》诗序，《全唐诗》卷456。

型、色彩、意境等方面的追求与发展。隋唐时期，中国菜肴制作发展的一个重大成就，就是人们在追求菜肴形态美的前提下，把花色艺术造型的菜肴发展到了极其成熟的地步，创立了中国花色艺术菜肴的技术体系。

一、"辋川图小样"的菜式

史料中记载较为详细的是有一款名为"辋川图小样"的菜式，可谓这一时期花色艺术菜的代表。陶谷《清异录》："比丘尼梵正，庖制精巧。用鲊、鲈脍、脯、盐酱、瓜蔬、黄赤杂色，斗成景物，若坐及二十人，则人装一景，合成辋川图小样。"[①]把唐代大诗人兼画家王维的"辋川图"二十景，用若干的食物原料制成美味的菜肴，展现在花式冷盘中，将绘画艺术与菜肴制作技艺巧妙地结合起来，实在是一个了不起的创举，大有开我国冷菜拼摆制作先河之功劳。此事在《紫桃轩杂缀》也有记载："唐有静尼，出奇思以盘饤，簇成山水，每器占辋川图中一景，人多爱玩，不忍食。"把美味的食肴加工成为可供人们进行艺术欣赏的花色拼盘，以至于使出席宴席的客人都不忍心下箸食之。所谓"人多爱玩，不忍食。"即说明了花色菜肴的艺术魅力之大，也证明了唐代的花色冷盘是完全可以食用的。

二、花色艺术菜肴的兴起

根据史籍记载，在隋唐时期，花色艺术类菜肴可分为两大类，一类是专用于观赏的"饤食"，一类是像"辋川图小样"的菜肴，融食用与欣赏价值为一体的花色菜肴。不过，"饤食"类多为御用之品。据《卢氏杂说》载："御厨进馔，凡器用由少府监进食，用九饤食，以牙盘九杖，装食味于其间，置上前，亦谓之看食。"这是一种用多种食品肴馔制作拼摆而成的菜式，既可观赏，又可食用，故叫做"看食"，后代人的研究资料中也有称为"目食"[②]的。"看食"在此之前的历代文献中不见记载，大约是从隋炀帝时期开始的。但"饤"的历史是非常久远的，至少在先秦时已有运用，古代的"饤"是专门用于奉祀活动的一种祭用食品，生熟皆可，与后世运用于宴席中的"看食"既有相同之处，但也是有一定的区别的。

中国古代的花色艺术菜肴，多为模拟一定的生物、植物或吉祥形态，所以最

---

① 宋·陶谷，李益民等注. 清异录·饮食部分. 北京：中国商业出版社，1985年，第4页。
② 清·袁枚撰. 随园食单. 广州：广东科学技术出版社，1983年，第20页。

主要的注重其形象艺术，不仅要运用刀工、烹制、拼摆等多方面的技艺，而且涉及渊博的文化知识与艺术修养，尤其要具备较高的艺术审美水平。隋代时有一个叫"缕金龙凤蟹"的菜肴，相传是隋炀帝的专用佳肴。此肴也是被《清异录》记载的，云："炀帝幸江都，吴中贡糟蟹、糖蟹。每进御，则旋洁拭壳面，以金缕龙凤花云贴其上。"①这可谓是一款极其讲究的形象工艺菜。后唐时在今天的江浙一带，还有一款"玲珑牡丹鲊"的花色菜肴，也别有风格。其制作工艺是："吴越有一种玲珑牡丹鲊，以鱼叶斗成牡丹状。即熟，出盎中，微红，如初开牡丹。"②"缕金龙凤蟹"运用的是两凤的吉祥图案，"玲珑牡丹鲊"则是仿生物花卉牡丹的形象，而牡丹也被民间视为吉祥图案。

除此而外，还有一些令人惊奇的花色品种，如记载在《同昌公主传》中"红虬脯"，是用羊肉制作的一种奇特食馔，盛放在盘子中可高达一尺，一按而伏，犹如平常，但一松手又立即恢复到原来的高度，其制作技艺之精湛非一般可为。又《北梦琐言》中载："唐崔侍中安潜，崇奉释氏，鲜茹荤血，……镇西川三年，唯多蔬食。宴诸司，以面及之类染作颜色，用象豚肩、羊臛、脍炙之属，皆逼真也，此人比于梁武。"③以面团制成动物食肴，达到了栩栩如生的逼真境地，可谓技艺高超，而且这可能是开中国菜肴"以素代荤"的先例。又韦巨源《烧尾宴食单》中，有一组名叫"素蒸音声部"的菜肴食品，虽然没有记录详细的制作方法，但在简单的小注中曰："面蒸，像蓬莱仙人，凡七十事"。④"蓬莱仙人"不过有八位之数，却表现出了八位仙人的七十种事件，属于一种组塑菜肴。这组菜肴食品是用面团包着馅料，蒸制而成的，而且能够发出各种各样的器乐声音，可谓技艺奇绝。为了能够制作更多优美形态的菜肴食品，唐代已经出现了运用模具进行菜肴面点制作的技术。《酉阳杂俎》："赟字五色饼法，刻木莲花，籍禽兽形按成之，合中累积五色竖作道。"⑤在唐代的史料中，类似的花色品种还有许多，如"金银夹花平截""汤浴绣丸""二十四气馄饨"之类不胜枚举，充分显示出了隋唐时期花色菜肴品种的繁复与多姿。

① 宋·陶谷，李益民等注. 清异录·饮食部分. 北京：中国商业出版社，1985年，第16页。
② 宋·陶谷，李益民等注. 清异录·饮食部分. 北京：中国商业出版社，1985年，第3页。
③ 宋·孙光宪撰，林艾圜点校. 北梦琐言. 上海：上海古籍出版社，1981年。
④ 宋·陶谷，李益民等注. 清异录·饮食部分. 北京：中国商业出版社，1985年，第7页。
⑤ 唐·段成式撰. 酉阳杂俎. 北京：中华书局，1981年，第71页。

第五节 食养食疗菜肴

隋唐时期菜肴制作水平全面提高发展的另一个重要标志，是出现了大量的食疗养生菜肴，不过这些食疗养生菜肴是被记录在唐代的医药典籍资料中的。唐代，由于许多医学家、养生家在总结以前历代人们实践经验的基础上，对以食养生、疗疾的认识日益提高和完善，因而诞生了许多的食疗专著，如流传至今的有唐人孟诜《食疗本草》、昝殷撰的《食医心鉴》，唐代著名大医学家孙思邈的《千金要方》与《千金翼方》中也有一些"食疗"的菜肴记录，其他还有后唐时著名医学家陈士良的《食性本草》等。其中最有代表性的是昝殷所撰写的《食医心镜》，该书又名《食医心鉴》，原书散佚，现在有各种辑本传世。

一、《食医心鉴》中的食疗菜肴

根据尚志钧先生《食医心鉴》的辑本，结合王仁湘先生编辑的《中国古代名菜》一书，从专业菜肴制作的角度出发，可以约略知道，《食医心鉴》中记录的食疗菜肴包括汤羹类、炮炙类、蒸制类、煮制类、脍鲊类等。在尚志钧先生《食医心鉴》的辑本中，共辑录的食治方子有342种之多，分别用于32类常见疾病的食治之用。下面是选自《食医心鉴》[①]中有代表性的食疗菜肴品种。

炮猪肝："治产后赤白痢，腰脐肚绞痛不下食，炮猪肝方。猪肝四两，芜荑一两末，右薄起猪肝，掺芜荑末于肝叶中，掺面里，更以湿纸重裹，于煻灰中炮，令熟。去纸及面。空心食之。"

炙野猪肉："治久患痔，下血不止，肛边及腹疼痛，野猪肉炙方。以野猪肉二斤，炙，著椒、盐、葱白腤熟。空心食之。"

炙鳗鲡鱼："治五痔瘘疮、杀诸虫，鳗鲡鱼炙方。以鳗鲡鱼治如食，切作，炙，盐、葱、椒、白调和。食之。"

---

① 唐·昝殷撰，尚志钧辑校. 食医心鉴·重辑本.（于《食疗本草·考异本》附篇二）.
合肥：安徽科学技术出版社，2003年，第211~268页。书中所引《食医心鉴》食谱均系出自该辑本。

炙鸳鸯："治五痔瘘疮方。以鸳鸯一只，治如食，炙，令极熟。细切，以五辣醋食之。"

炙黄雌鸡："治下焦虚、小便数，炙黄雌鸡方。黄雌鸡一只，治如食，炙，令极熟。刷盐、醋、椒末。空心食之。"

乌雌鸡羹："治风寒湿痹、五患六急、骨中疼痛，宜食乌雌鸡羹。乌雌鸡一只。右治，如法煮，令极熟。直擘，以豉汁、葱、姜、椒、酱作羹，食之。"

水牛肉羹："治小便涩少尿闭闷，水牛肉羹方。水牛肉，冬瓜，葱白一握，切，右以豉汁中煮作羹，任性著盐、醋，空心食之。"

青头鸭羹："治小便涩少疼痛，青头鸭羹方。青头鸭一只，治如食，萝卜根、冬瓜、葱白各四两，右如常法羹煮，盐、醋调和，空心食，白煮亦佳。"

猪心羹："治产后中风血气拥掠邪忧患，猪心羹方。右猪心一枚，煮羹，切，以葱、盐调和作羹，食之。入少胡椒末亦佳。"

蒸驴头："治风，头目眩，心肺浮热，手足无力，筋骨烦疼，言语似涩，一身动摇，宜食蒸驴头方。乌驴头一枚，右燖洗如法，蒸令极熟，细切，更于豉汁内煮，著盐、醋、椒、葱，五味调，点少酥食之。"

蒸羊头："治风眩瘦疾方。羊头一枚，右治如食法，煮令熟作脍，以五辣、酱、醋之。"

腌腊熊肉："治中风，心肺热，手足不随，及风痹不仁，筋急五缓，恍悔烦躁，宜吃熊肉腌腊方。熊肉一斤。右如常法切，调和，空心食之。"

蒸牛蒡叶："治中风毒，心烦口干，手足不随及皮肤热疮，宜吃蒸牛蒡叶方。牛蒡肥嫩叶一斤，土苏半两。右细切牛蒡叶，煮三五沸，漉出，于五味汁中，重蒸，点酥食之。"

鲤鱼羹："治脚气冲心，烦躁不安，言语错谬方。鲤鱼一头，治如食，莼菜四两，葱白切，三合。右调和，豉汁中煮作羹食，及腌亦得。"

蒸鹿蹄："治诸风，脚膝疼痛，不能践地，宜吃蒸鹿蹄方。鹿蹄四只，右治如食，煮令极熟，擘取肉，于五味中重蒸，空心食之。"

酿猪肚："治脾胃气弱，不多下食，宜酿猪肚方。猪肚一枚，净洗，人参、橘皮各四分，下馈饭半斤，猪脾一枚净洗，细切。右以饭拌人参、橘皮、脾等，酿猪肚中，缝撮讫，蒸，令极熟，座腹食之，盐、酱多少任意。"

炙虎肉："治脾胃气弱，恶心溃溃，常欲吐方。虎肉四两。右切作炙，著葱、椒腌，炙令熟，停冷食之。经云：热食虎肉坏人齿。"

羊肺羹："治小便多数，瘦损无力，羊肺羹方。羊肺一具，细切，葱白一握，右于豉汁中煮食之。又方：羊肺一具，右细切，和少羊肉作羹，食之。"

炙野鸡："治痔气下血不止无力方。野鸡一只，治如食法。右细切，著少面并椒、盐、葱白调和，溲作饼，炙熟，和醋食之。"

鲤鱼汤："治妊娠胎动，脏腑拥热，呕吐不下食，心烦躁闷，宜服鲤鱼汤方。鲤鱼一头，治如食，葱白一握，切。右以水三升煮鱼及葱令熟，空心食之。"

猪肾羹："治产后蓐劳，乍寒乍热，猪肾羹方。猪肾一双，去脂膜，红米一合。右着葱白、姜、盐、酱，煮作羹吃之。"

鲫鱼脍："治产后赤白痢，脐肚痛，不下食，鲫鱼脍方。鲫鱼一斤，作脍，莳萝、橘皮、芜荑、干姜、胡椒各一分，作末。右以脍投热豉汁中，良久，下诸末调和食之。"

羊肾羹："治肾劳损精竭方。羊肾一双，炮，去脂。右细切，于豉汁中，以五味、米糁和如常法，作羹食，作粥亦得。"

《食医心鉴》中的食疗菜肴制作，是为了适应食治疗疾效果的，所以在烹调方法的运用上均以保持食品原料的原味与调味清淡见长，多运用蒸、煮、煨、炙、炖等烹饪方法，将原料制成羹、臛、汤、脍、炙等菜品，使人们能够在日常饮食的饭菜中，把有一定治病、养生功效的食肴吃下去，在不知不觉，甚至是在美味的享受中收到疗疾治病的功效，这是中国古代"药食同源"理论的具体实践运用，其高妙的手法和思路即使在今天也具有非常重要的意义。不过，《食医心鉴》中所记录的食疗菜肴，是否全都具有一定的疗效，这是需要有人运用现代的科学技术手段去检验和检测才能确定的。

《食医心鉴》中的食疗菜肴，与后世的"药膳"比较起来，更具有积极意义，因为它所运用的方子全部都是日常的食物构成的，没有任何的中草药成分。从这一点来说，更值得今人去学习和实践运用。

二、《千金食治》中的食治菜肴

同样，在孙思邈的《千金食治》中也有类似的食治菜肴方子，不过这些菜肴更和后代的药膳相接近。兹举两例。

酿猪肚：（猪肚补虚赢乏气力方）

肥大猪肚一具，洗如食法。人参伍两，椒一两，汗。干姜一两半，葱白柒两，细切。粳米半升，熟煮。右六味下筛，合和相得，内猪肚中，缝合，勿令泄气，以水一斗半，微火煮，令烂熟，空腹食之，兼少与饭，一顿令尽。可服四、五剂，极良。

羊肝羹：（疗大虚赢困极方）

取不中水猪肪一大升，内葱白壹茎，煎令葱黄止。俟冷暖如人体，空腹平旦顿服之，令尽。暖盖覆卧。至日晡后乃食白粥稠糜。过三日后服补药，其方如左：羊肝壹具，细切。羊脊骨臁肉壹条，细切。曲末半升，枸杞根十斤，切。以水三大斗，煮，取一大斗，去滓。右四味合和，下葱白、豉汁调和，羹法煎之如稠糖。空腹饱食之。三服，时慎食如上。

《千金食治》中的两例食疗菜肴是在其中添加了人参、枸杞根等药物原料的，与《食医心鉴》中的食疗菜肴比较，还是有一定的区别的，但可能效果更佳。

另外，在孟诜《食疗本草》也有类似的食疗菜肴，[①]但表达方式与《食医心鉴》中的食疗菜肴有所不同，但限于篇幅不再列举。

① 唐·孟诜撰，唐·张鼎增补. 尚志钧辑校. 食疗本草. 合肥：安徽科学技术出版社，
　2003年，第1~102页。

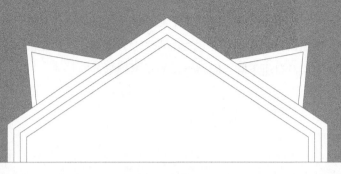

第六章

食肆美食的两宋膳事

宋代是中国菜肴制作技术继唐朝之后发展的又一个高潮时期。菜肴的原料种类日益繁多，烹调方法的种类与今天大致相同，只是有一些烹调方法的名称与今天有所区别。而菜肴的种类可谓品类繁多，不胜枚举，尤其是在北宋、南宋进行的大规模迁徙与交流中，进一步促进了菜肴制作技术的发展与提高。由于北宋都城开封的经济繁荣昌盛，以及南宋都城临安（即现在的杭州）皇室寄寓安乐的畸形消费状况，使整个宋代的餐饮市场异常繁盛发达，形成了以宫廷菜肴为龙头，以食肆菜肴为主体的菜肴发展的空前盛况。尤其值得注意的是以南食、川食、北食等为代表的中国几个大的菜肴流派体系在宋代已经初步形成。与此同时，这一时期记录和记述菜肴制作、宴席菜单、饮食市场等方面的专著也非常丰富。

纵观宋代中国菜肴的发展特点，大致有如下几个方面。

一是烹调方法的变化多样与菜肴品种的众多。中国菜肴制作的烹调方法经过了唐代以前千百年的积累与发展，经过宋代厨者的提升与完善，几乎出现了烹饪技法大集成的变化，不仅种类多样，而且运用各得其妙，仅从菜肴的名称中来分析，就有炸、炒、炙、煮、蒸、烤、煎、煨、熬、烧、燋、焐、熘、焙、燠、熁、撺等二三十种之多。[①] 由于烹调方法与原料的增多，使宋代的菜肴品类较之前各代都无法与之相比。据不完全统计，宋代仅以煎法的菜肴就有煎货糍饵、煎鲑鱼、煎卧乌、煎饼、煎鱼、端木煎、樱桃煎、麦门冬煎、假煎肉、山煮羊、菊苗煎、肉煎鱼、煎鹅事件、煎黄雀、煎小鸡、煎白肠、煎豆腐、煎鲞、煎肉、煎肝、煎鸭子、煎鲚鱼等几十种。据《梦粱录》卷十六"分茶酒食"[②]中记载的菜肴就多达250余款之数。

二是菜肴制作分工日益精细与发达的餐饮市场。随着菜肴制作技术的日益提高和菜肴品种的日益增多，大型饮食点铺和贵族家庭厨房的菜肴制作规模也越来越大，从厨人员也越来越多，从而使宋代菜肴制作技术的分工出现了精细的发展局面。在当时，不仅洗碗、择菜、洗菜、烧火等环节都有专人负责，就连切肉泥、切葱丝、擀面皮、配菜、站灶等也出现了明确的专业分工。这种专业分工使菜肴制作更趋于精致化，也适应了大型饮食店铺日益增长的业务量需求。同时，菜肴制作精细化的专业分工，又促进了中国古代厨房生产管理水平的提升与厨房管理制度的建立，宋代应运而生的"厨娘"一职，就是这种市场发展的结果。

三是菜肴制作艺术与宴席艺术水平有了突破性的提高。在宋代，花色艺术菜肴得到了全面的发展与提高，宴席中的冷菜艺术拼盘、食品雕刻技术得到广泛的运用，并且出现了大型的豪华宴席，如《武林旧事》中记载的一桌接待皇帝的宴

---

① 徐海荣主编. 中国饮食史·卷四. 北京：华夏出版社，1999年，第111页。

② 宋·吴自牧撰. 傅林祥注. 梦粱录. 济南：山东友谊出版社，2001年，第213~216页。

席，各种菜肴、食品的总数竟然达到了190余种，其豪华程度令人瞠目。[①]

总之，无论是经济发达的北宋年间，还是消费经济畸形发展的南宋时期，其菜肴制作水平都呈现出了长足的进步与提高。

第一节　"清明上河图"肴旅飘香

宋代画家张择端有一稀有的传世之作《清明上河图》，是流传至今的反映北宋都城汴梁（今开封市）市民生活和商业活动的宏篇巨制。画家在五米多长的巨幅画作中，尽情地展示了当年汴梁繁盛的经贸状况，并且十分细致生动地描绘出了以当年汴梁虹桥为中心的汴河及两岸车船运输和手工业、商业、贸易等方面紧张忙碌的活动。纵横交错的街道，鳞次栉比的店铺、熙熙攘攘的人流，交汇成一派热闹繁荣的景象。汴梁人的饮食生活，是《清明上河图》描绘的重点之一，画作中表现的店铺数量最多的是饮食店和酒店。可以从画中清楚地看到，各家饮食店铺里的客人，有的点选了一两种菜肴在独酌，也有面对三五菜肴的对饮者。繁忙的大街两侧可谓饮食店铺、酒楼、茶馆一家挨着一家，分别写有"正店""食店""茶店"等不同名称的匾额或竖牌。各店的店主正在忙碌不止，但大概因为画的背景是在深夜，抑或是清晨，虽然食铺酒店林立，但其中的食客却不是很多。不过透过画卷，还是似乎能够感觉到那飘散着菜肴芳香的气味充满了整个汴梁城的大街小巷。

宋代的酒店、餐馆大抵可分为三等，所供应菜肴的品质、价格是各不相同的。第一等为正店，即大型酒店，供应高档饭食菜肴酒品，多集中在都城的繁华街道上。如北宋东京有丰乐楼、忻乐楼、和乐楼、遇仙楼、王楼、铁屑楼、仁和楼、姜店、刘樱、药张四店、长庆楼、高阳店、清风楼、会仙楼、八仙楼、时楼、班楼、潘楼、千春楼、中山园子正店、银正店、蛮王园子正店、李七家正店、朱宅园子正店、邵宅园子正店、张宅园子正店、方宅园子正店、姜宅园子正店、梁宅园于正店、郭小齐园子正店、杨皇后园子正店等，所谓"在京正店七十二户，此外不能遍数"。[②]南宋都城临安的大型饮食店，其豪华程度与数量

---

① 宋·周密撰. 傅林祥注. 武林旧事. 济南：山东友谊出版社，2001年，第162~166页。
② 宋·孟元老撰. 李士彪注. 东京梦华录. 济南：山东友谊出版社，2001年，第22页。

也不亚于北宋京城，除了一些官家经营的大酒店外，又有熙春楼、三元楼、五间楼、赏心楼、严厨、花月楼、银马杓、康沈店、翁厨、任厨、陈厨、周厨、巧张、日新楼、沈厨、郑厨、屹嘛眼、张花等数十家为代表的肆市酒楼。[①]

在当年的东京汴梁，除了大型酒店的"正店"之外，"其余皆谓之'脚店'。卖贵细下酒，迎接中馈饮食。"[②]这种脚店就是第二等的店铺。第三等的店铺谓之"拍户酒店"，《梦粱录》云："大抵酒肆除官库、子库、脚店之外，其余谓之拍户，兼卖诸般下酒，饮食随意索唤。"[③]如此繁盛的饮食市场，必然形成酒店之间的竞争，从而在很大程度上促进了菜肴的品质与制作技艺。

一、汴梁饮食一条街上的美肴

在当年的汴梁城里，有以集中了多家饮食店铺、酒楼为经营特色的美食一条街，各家酒店为了赢得客人的光顾，纷纷推出自己的特色菜肴、面食，形成了富有竞争特征的菜肴制作与销售。在汴梁城里的御街，有一处州桥，不仅是人们集中商业交流的地方，更是饮食店铺聚集的街道。南宋人孟元老撰《东京梦华录》卷之二·四"州桥夜市"有详细的记述。

出朱雀门，直至龙津桥。自州桥南去，当街水饭、爊肉、干脯。王楼前獾儿、野狐、肉脯、鸡。梅家鹿家鹅鸭鸡兔肚肺、鳝鱼包子、鸡皮、腰肾、鸡碎，每个不过十五文。曹家从食。至朱雀门，旋煎羊、白肠、炸脯、爨冻鱼头、姜豉䐿子、抹脏、红丝、批切羊头、辣脚子、姜辣萝卜。夏月麻腐鸡皮、麻饮细粉、素签沙糖、冰雪冷元子、水晶皂儿、生淹水木瓜、药木瓜、鸡头穰、沙糖、绿豆、甘草冰霜凉水、荔枝膏、广芥瓜儿、咸菜、杏片、梅子姜、莴苣笋、芥辣瓜儿、细料馉饳儿、香糖果子、间道糖荔枝、越梅、䱔刀紫苏膏、金丝薰梅、香枨元，皆用梅红匣儿盛贮。冬月盘兔、旋炙猪皮肉、野鸭肉、滴酥水晶脍、煎夹子、猪脏之类，直至龙津桥须脑子肉止，谓之杂嚼，直至三更。[④]

因为此处以记载各色菜肴食品为主，对于店铺仅记录了王楼、梅家、鹿家、曹家等几个店名，而所供应的菜肴、食品、冷饮等却是琳琅满目。所卖的菜肴不仅有鹅、鸭、鸡、兔的肚肺、鳝鱼包子、鸡皮、腰肾、鸡碎、旋煎羊、白肠、炸脯、爨冻鱼头、姜豉䐿子、抹脏、红丝、批切羊头、辣脚子、姜辣萝卜一类"每个不过十五文"物美价廉的食肴，甚至包括冬月盘兔、旋炙猪皮肉、野鸭肉、滴

① 宋·吴自牧撰. 傅林祥注. 梦粱录. 济南：山东友谊出版社，2001年，第211页。
② 宋·孟元老撰. 李士彪注. 东京梦华录. 济南：山东友谊出版社，2001年，第22页。
③ 宋·吴自牧撰. 傅林祥注. 梦粱录. 济南：山东友谊出版社，2001年，第211页。
④ 宋·孟元老撰. 李士彪注. 东京梦华录. 济南：山东友谊出版社，2001年，第18页。

酥水晶脍之类的讲究菜肴，更有麻腐鸡皮、麻饮细粉、素签沙糖、冰雪冷元子、水晶皂儿、煎夹子、细料馉饳儿、香糖果子等面点食品。

除了御街上的州桥，还有许多美食集中的街道，如"马行街"是一条销售铺席的地方，但因为商业交易繁忙，来此做生意的人们就特别的多，因此在十余里的长街也积聚了许多的饮食店铺，销售各种菜肴、食品。对此，《东京梦华录》卷之三·七"马行街铺席"也有详细的记述：

马行北去，旧封丘门外祆庙斜街州北瓦子，新封丘门大街两边民户铺席外，余诸班宜军营相对，至门约十里余，其余坊巷院落，纵横万数，莫知纪极。处处拥门，各有茶坊酒店，勾肆饮食。市井经纪之家，往往只于市店旋买饮食，不置家蔬。北食则矾楼前李四家、段家𤋮物、石逢巴子，南食则寺桥金家、九曲子周家，最为屈指。夜市直至三更尽，才五更又复开张。如要闹去处，通晓不绝。寻常四梢远静去处，夜市亦有熬酸蹀、猪胰、胡饼、和菜饼、獾儿、野狐肉、果木翘羹、灌肠、香糖果子之类。冬月虽大风雪阴雨，亦有夜市：膜子姜豉、抹脏、红丝水晶脍、煎肝脏、蛤蜊、螃蟹、胡桃、泽州汤、奇豆、鹅梨、石榴、查子、楂梂、糍糕、团子、盐豉汤之类。至三更方有提瓶卖茶者。盖都人公私荣干，夜深方归也。[1]

作为一般性的饮食店铺，虽然供应的不是什么名贵佳肴，但为商客提供菜肴食品服务还是非常方便的。因为这样，连当地的"市井经纪之家，往往只于市店旋买饮食，不置家蔬。"[2]这就免去了家庭自己制作菜肴、饭食的麻烦。

二、烹饪高手各显神通

因为商业经济发达，从事饮食的店铺、酒楼、茶馆等就形成了激烈的竞争，为了适应这种市场竞争的需要，各家酒店、餐馆的厨师就不得不拼命地研究消费者的饮食需要和嗜好，以便创制出各种各样的风味菜肴食品来，以保持自己的买卖久盛不衰。为此，许多酒店都以特色的大厨命名，如南宋临安城里就有"南瓦子熙春楼王厨开沽，新街巷口花月楼施厨开沽，……金波桥风月楼严厨开沽，灵椒巷口赏新楼沈厨开沽，坝头西市坊双凤楼施厨开沽，下瓦子前日新楼郑厨开沽。"[3]其他又有翁厨、任厨、陈厨、周厨等数十家为代表的肆市酒楼，都是以著名大厨的招牌菜肴作为卖点招徕客人的。这有点像今天大酒店里实行的名厨挂牌

① 宋·孟元老撰. 李士彪注. 东京梦华录. 济南：山东友谊出版社，2001年，第33页。
② 宋·孟元老撰. 李士彪注. 东京梦华录. 济南：山东友谊出版社，2001年，第33页。
③ 宋·吴自牧撰. 傅林祥注. 梦粱录. 济南：山东友谊出版社，2001年，第211页。

供客人点菜的味道。由此形成了一大批富有特色的菜肴体系和饮食店铺。在南宋临安城有"如昔时之内前卞家从食、街市王宣旋饼、望仙桥糕糜是也。如酪面，亦只后市街卖酥贺家"。[①]又有"如中瓦前皂儿水、杂卖场前甘豆汤，如戈家蜜枣儿、官巷口光家羹、大瓦子水果子、寿慈宫前熟肉、钱塘门外宋五嫂鱼羹、涌金门灌肺、中瓦前职家羊饭、张家元子、猫儿桥魏大刀熟肉、五间楼前周五郎蜜煎铺、张卖食面店、张家元子铺、张家豆儿水、钱家干果铺、金家巷口陈花脚面薰店、阮家京果铺、蒋检阅茶汤铺、太平坊南倪没门面食店、南瓦子北卓道王卖面店、腰棚前菜面店、太平坊大街东南角虾蟆眼酒店、朝天门戴家鏖肉铺、朱家元子糖蜜糕铺、姚家海鲜铺、坝桥旁亭侧朱家馒头铺、石榴园倪家犯鲊铺、荐桥新开巷元子铺、小市里舒家体真头面铺"[②]等。这些店铺有卖菜肴的，有卖面点的，有卖干、茶汤的，有卖馒头的等，但所制作销售的各色菜肴食品无不风味独特，形成了各自的竞争优势。以制作销售菜肴的酒店也各有绝招，无不推出自己的拿手菜品。如"狮子巷口燠耍鱼、罐里燠鸡丝粉、七宝可头，中瓦子武林园前煎白肠、燠肠、灌肺"[③]等。这些都是当年临安市酒肆、餐馆中的名店与名食，因为个个都富有特色，并且都是自己店里的招牌食肴，深受广大市民的喜爱。各酒店、食店的厨师不仅要各显神通，制作自己的拿手菜肴，而且还要讲究饮食卫生，《东京梦华录》卷五"民俗"载，东京城内，"凡百所卖饮食之人，装鲜净盘合器皿，车檐动使，奇巧可爱。食味和羹，不敢草略。……稍似懈怠，众所不容"。[④]南宋都城临安也是如此。《梦粱录》卷十八"民俗"载："杭城风俗，凡百货卖饮食之人，多是装饰车盖担儿，盘盒器皿，新沽精巧，以炫耀人耳目。盖效学汴京气象，及因高宗南渡后，常宣唤买市，所以不敢苟简，食味亦不敢草率也。"[⑤]这样的良性竞争，不仅使菜肴制作技术得到了大提高，而且也确保了卫生安全，尤其是那些高级的饮食酒店，饮食菜肴、器具更加精细讲究。

三、天下珍味咸集京城

无论是在北宋的都城东京，还是南宋的都城临安，由于饮食业的异常发达，使当时天下的美馔佳馐无不汇集京城，真可谓店铺林立，佳肴飘香。如在汴梁城里，"东华门外市井最盛，盖禁中买卖在此。凡饮食、时新花果、鱼虾鳖蟹、鹑

---

① 宋·耐得翁撰. 都城纪胜. 北京：中国商业出版社，1982年，第7页。
② 宋·吴自牧撰. 梦粱录. 北京：中国商业出版社，1982年，第105~107页。
③ 宋·吴自牧撰. 梦粱录. 北京：中国商业出版社，1982年，第107页。
④ 宋·孟元老撰. 李士彪注. 东京梦华录. 济南：山东友谊出版社，2001年，第47页。
⑤ 宋·吴自牧撰. 梦粱录. 北京：中国商业出版社，1982年，第107页。

兔脯腊、金玉珍玩衣着，无非天下之奇"。[1]在南宋都城临安饮食业之情形，也是如此繁荣，大街之上"处处各有茶坊、酒肆、面店、果子、彩帛、绒线、香烛、油酱、食米、下饭鱼肉鲞腊等铺"。[2]尤其是"自大内和宁门外，新路南北，早间珠玉珍异及花果时新海鲜野味奇器，天下所无者，悉集于此。……食物店铺，人烟浩穰"。[3]也就是说，在宋代的京城里，聚集了天下所有的美食佳肴，无论山珍海味，奇馔异馔无所不有，而且更是品类众多，不胜枚举。下面是《梦粱录》记载当年杭州城里酒店所制作销售的各色菜肴。

百味羹、锦丝头羹、十色头羹、间细头羹、海鲜头食、酥没辣、象眼头食、莲子头羹、百味韵羹、杂彩羹、枕叶头羹、五软羹、四软羹、三软羹、集脆羹、三脆羹、双脆羹、群鲜羹、落索儿、焙腰子、盐酒腰子、脂蒸腰子、酿腰子、荔枝焙腰子、腰子假炒肺、鸡丝签、鸡元鱼、鸡脆丝、笋鸡鹅、奈香新法鸡、酒蒸鸡、炒鸡蕈、五味焙鸡、鹅粉签、鸡夺真、五味杏酪鹅、绣吹鹅、间笋蒸鹅、鹅排吹羊大骨、蒸软羊、鼎煮羊、羊四软、酒蒸羊、绣吹羊、五味杏酪羊、千里羊、羊杂熝、羊头元鱼、羊蹄笋、细抹羊生脍、改汁羊撺粉、细点羊头、三色肚丝羹、银丝肚、肚丝签、双丝签、荤素签、大片羊粉、大官粉、三色团圆粉、转官粉、三鲜粉、二色水龙粉、鲜虾粉、肫掌粉、梅血细粉、铺姜粉、杂合粉、珍珠粉、七宝科头粉、撺香螺、酒烧香螺、香螺脍、江瑶清羹、酒烧江瑶、生丝江瑶、撺望潮青虾、蟑蚷、酒炙青虾、酒法青虾、青虾辣羹、酒掇蛎、生烧酒蛎、姜酒决明、五羹决明、三陈羹决明、签决明、四鲜羹、赤鱼分明、姜燥子赤鱼、鱼鳔二色脍、海鲜脍、鲈鱼脍、鲤鱼脍、鲫鱼脍、群鲜脍、燥子沙鱼丝儿、清供沙鱼拂儿、清汁鳗鳔、假团圆燥子、衬肠血筒燥子、麻菇丝笋燥子、潭笋、酿笋、抹肉笋签、酥骨鱼、酿鱼、两熟鲫鱼、酒蒸石首、白鱼、时鱼、酒吹鲟鱼、春鱼、油炸春鱼、鲂鱼、石首、油炸蚶蛑、油炸假河豚、石首玉叶羹、石首桐皮、石首鲤鱼、炒鳝、石首鳝生、石首鲤鱼兜子、银鱼炒鳝、撺鲈鱼清羹、蚶蛑假清羹、虾鱼肚儿羹、蚶蛑满盒鳅；江鱼假鲥、酒法白虾、紫苏虾、水荷虾儿、虾包儿、虾玉鳝辣羹；虾蒸假奶、查虾鱼、水龙虾鱼、虾元子、麻饮鸡虾粉、芥辣虾、蹄脍、麻饮小鸡、头汁小鸡、小鸡元鱼羹、小鸡二色莲子羹、小鸡假花红清羹、撺小鸡、拂儿笋㷮小鸡、五味炙小鸡、小鸡假炙鸭、红熬小鸡、脯小鸡、五色假料头肚尖、假炙江瑶肚尖、炸肚山药、鹌子、鸠子、笋焙鹌子、假熬鸭、清撺鹌子、红熬鸠子、八糙鹌子、蜜炙鹌子、鸠子、黄雀、酿黄雀、煎黄雀、辣

① 宋·孟元老撰. 李士彪注. 东京梦华录. 济南：山东友谊出版社，2001年，第8页。
② 宋·吴自牧撰. 梦粱录. 北京：中国商业出版社，1982年，第107页。
③ 宋·耐得翁撰. 都城纪胜. 北京：中国商业出版社，1982年，第3页。

熬野味、清供野味、野味假炙、野味鸭盘兔糊、熬野味、清撺鹿肉、黄羊、獐肉、炙犯儿、赤蟹、假炙鲎柸、醋赤蟹、白蟹、辣羹、蝤蛑签、蝤蛑辣羹、溪蟹、奈香盒蟹、辣羹蟹、签糊蟗蟹、枨醋洗手蟹、枨酿蟹、五味酒酱蟹、酒泼蟹、生蚶子、炸肚燥子蚶、枨醋蚶、五辣醋蚶子、蚶子明芽肚、蚶子脍、酒烧蚶子、蚶子辣羹、酒焐鲜蛤、蛤蜊淡菜、淡菜脍、改汁辣淡菜、米脯鲜蛤、米脯淡菜、米脯风鳗、米脯羊、米脯鸠子、鲜蛤、假熬蛤蜊肉、荤素水龙白鱼、水龙江鱼、水龙肉、水龙腰子、假淳菜腰子、假炒肺羊燕、下饭假牛冻、假驴事件、冻蛤蜊、冻鸡、冻三鲜、冻石首白鱼、冻蚶鳓假蛤蜊、三色水晶丝、五辣醋羊、生脍十色事件、冻三色炙、润鲜粥、蜜烧脊肉炙、犯儿江鱼炙、润熬獐肉炙、润江鱼咸豉、十色咸豉、下饭脊肉、假熬鸭、下饭二色炙、润骨头等食品。[①]

　　上面所列出来菜肴已经是洋洋大观，多达238款，然而这仅是部分酒店里挂牌的菜肴名单，"更有供未尽名件，随时索唤，应手供造品尝，不致阙典"。[②]为了满足就餐客人的满意，即使菜单上没有的菜肴，只要客人能够点出来照样可以制作供应，不会出现菜肴缺货的问题。这即反映出了酒店的服务质量与态度，同时更反映出了当值厨师菜肴制作水平的高超。酒店挂牌所售菜肴之外，"又有托盘担架至酒肆中，歌叫买卖者，如炙鸡、八焙鸡、红熬鸡、脯鸡、熬鸭、八糙鹅鸭、白炸春鹅、炙鹅、糟羊蹄、糟蟹、熬肉蹄子、糟鹅什件儿、熬肝什件儿、酒香螺、海腊、糟脆筋、千里羊、诸色姜豉、波丝姜豉、姜虾、海蜇鲊、膘皮炸子、獐犯、鹿脯、影戏算条、红羊犯、槌脯线条、界方条儿、三和花桃骨、鲜鹅鲊、大鱼鲊、鲜鳇鲊、寸金鲊、筋子鲊、鱼头酱等。鲸鱼、虾茸、鳗丝、地青丝、野味腊、白鱼干、金鱼干、梅鱼干、鲚鱼干、银鱼干、蝴鱼干、银鱼脯、紫鱼螟晡丝等脯腊从食"。[③]这些菜肴酒店虽然没有供应，但有流动的商贩，可以用托盘担架，把以上的菜肴送到客人就餐的地方，反映了菜肴供应形式的多样与菜肴制作的丰富多彩。

　　另外，还有"荤素点心包儿：旋炙狆儿、灌熬鸡粉羹、科头撺鱼肉、细粉小素羹、灌肺羊、血糊羞、海蜇、螺头、辣菜饼、熟肉饼、鲜虾肉团饼、羊脂韭饼"。[④]这些荤素搭配制作的特色菜肴，更为客人提供了更多风味菜肴的选择。以上的菜肴总数，已累计达到了300款之多，即使与今天酒店所销售的菜肴品种比较也是不相上下的。

① 宋·吴自牧撰. 傅林祥注. 梦粱录. 济南：山东友谊出版社，2001年，第213~215页。
② 宋·吴自牧撰. 傅林祥注. 梦粱录. 济南：山东友谊出版社，2001年，第215页。
③ 宋·吴自牧撰. 傅林祥注. 梦粱录. 济南：山东友谊出版社，2001年，第215页。
④ 宋·吴自牧撰. 傅林祥注. 梦粱录. 济南：山东友谊出版社，2001年，第216页。

第二节 《武林旧事》豪华大宴中的食肴

　　中国宴席发展到宋代，无论是在宴席菜肴制作的技术水平上，还是组成宴席菜肴的数量上都可谓达到了登峰造极的地步。一桌宴席，动辄数十款高档菜肴、饭食，多则达到一二百味之巨，令人叹为观止。南宋人周密所撰的《武林旧事》一书中曾记录了一桌各种菜肴食品累计近200种的豪华宴席，这是宋代豪华大宴的缩影，是一个典型的代表。

一、豪华宴席美馔

　　据《武林旧事》记载，在绍兴二十一年十月（1151年10月），宋高宗皇帝赵构有一次到清河郡王张俊的府第。张俊为了表示对皇帝垂幸的感激之情，就在自己的家里摆下了丰盛的筵席来迎接圣驾。《武林旧事》卷九有《高宗幸张府节次略》详细记录了张俊"供进御筵节次"的全部菜肴食品，共计195种之丰。其中各色菜肴计62款，具体内容如下（仅录菜肴部分）。
　　……
　　脯腊一行：

肉线条子（陈刻"线肉"）	皂角铤子	云梦犯儿	虾腊
肉腊	妳房	旋鲊	金山咸豉
酒醋肉	肉瓜齑		

　　……
　　脯腊一行：（同前）
　　下酒十五盏：

第一盏	花炊鹌子	荔枝白腰子
第二盏	妳房签	三脆羹
第三盏	羊舌签	萌芽肚胘
第四盏	肫掌签	鹌子羹
第五盏	肚胘脍	鸳鸯炸肚
第六盏	沙鱼脍	炒沙鱼衬汤

第七盏	鳝鱼炒鲎	鹅肫掌汤齑
第八盏	螃蟹酿桹	妳房玉蕊羹
第九盏	鲜虾蹄子脍	南炒鳝
第十盏	洗手蟹	鲊鱼假蛤蜊
第十一盏	五珍脍	螃蟹清羹
第十二盏	鹌子水晶脍	猪肚假江瑶
第十三盏	虾桹脍	虾鱼汤齑
第十四盏	水母脍	二色茧儿羹
第十五盏	蛤蜊生	血粉羹

插食：

炒白腰子　　炙肚胘　　炙鹌子脯　　润鸡　　润兔　　炙炊饼

炙炊饼脔骨（"炙炊饼"三字疑衍，陈刻上有"不"字）

厨劝酒十味：

江瑶炸肚　　江瑶生　　蝤蛑签　　姜醋生螺（陈刻"香螺"）

香螺炸肚　　姜醋假公权　　煨牡蛎　　牡蛎炸肚

假公权炸肚　　蟑蚷炸肚

对食十盏二十分：

莲花鸭签　　茧儿羹　　三珍脍　　南炒鳝　　水母脍

鹌子羹　　鲊鱼脍　　三脆羹　　洗手蟹　　煠肚胘①

在这桌迎迓皇帝的御宴中，有"下酒"菜肴15味，插食菜肴7味，厨劝酒菜肴10味，对食菜肴10 味，共计42道菜肴。其中包括沙鱼、鳝鱼、鲎、螃蟹、鲜虾、鲊鱼、蛤蜊、江瑶、水母、牡蛎、香螺、蝤蛑等海鲜，湖产等水产为主的菜式，并辅以羊、猪、兔、鹌、鸡、鹅等畜禽菜肴。运用的烹调方法则是丰富多样的，有炙、炒、煎、炸、炊、脍、羹、生、脯、签、汤齑等。其中，又以羹汤、脍类见长，炒、炸菜肴也占相当的比例。这些宴席菜肴之中，不乏当时的名菜名点。如洗手蟹、血粉羹、南炒鳝、三脆羹、鹌子羹、妳房签等都是北宋名菜，像螃蟹酿桹、江瑶生等则是南宋名菜。因此，可以说这是一桌汇集了北、南宋两地都城名馔佳馐的豪华大宴席。

实际上，《武林旧事》记载《高宗幸张府节次略》的宴席菜单，虽然是"供进御筵节次"，所代表的是南宋官僚豪门的宴席状况与菜肴制作技术水平。其实

---

① 宋·周密撰．傅林祥注．武林事录．济南：山东友谊出版社，2001年，第162~166页。

北宋官僚士大夫的饮食也多以铺张奢侈为追求。当朝的司马光曾说："宗戚贵臣之家，第宅园圃，服食器用，往往穷天下之珍怪，极一时之鲜明。"①据《宋人轶事汇编》记载说，宰相吕蒙正特别喜欢吃"鸡舌汤"，每天必不可少，以至于家里的鸡毛都堆积成了山。②又有，北宋中期的吕夷简，也是一位做宰相多年的大官，家中积累了数不清的财产，因此日常生活非常奢侈，尤其是在饮食方面，尤其追求精美异味。当时在北宋的京城能吃到南方出产的著名菜肴"淮白糟鱼"是很不容易的，连当时宫廷也很难弄得到。但吕夷简的夫人一下子就能以10筐之数送朋友。到了北宋末年，权臣之家的饮食生活更是豪华侈靡，宰相蔡京，"享用侈靡，喜食鹑，每预蓄养之，烹杀过当……一羹数百命，下箸犹未足"③。传说蔡京经常在自己的府第招引同僚饮酒，有一次命库吏"取江西官员所送咸豉来"，库吏以10瓶呈进，在座的客人一看，哪是什么咸豉，是当时最稀罕名贵的食品"黄雀鲊"，大家不禁感到惊异。蔡京问库吏："尚有几何？"库吏对他说："犹余八十有奇。"④直到蔡京事败被抄家时，他库房中仍有"黄雀鲊自地积至栋者满三楹，他物称是"⑤。蔡京为了享用天下美食，家中还配备了大批厨师高手，而且分工极其细腻，连切葱丝的厨师都是专门配备的。⑥

如此奢侈的官僚饮食，出现了张俊的豪华宴席也就不足为奇了。然而，这种畸形宴席的发展，却在无意之中促进了中国菜肴制作技艺的提高与发展。

二、两宋宫廷菜肴

宋代的宫廷饮食以穷奢极欲著称于世，其菜肴的制作与烹调技艺代表了当时的最高水平，制作技艺上精益求精，菜肴品类也更加丰富多彩。如当朝皇帝饮食，"常膳百品"，⑦一顿饭就要一百多道饭菜。甚至"半夜传餐，即须千数"⑧。虽然这"千数"可能是史料记错了，抑或是有所夸张，但皇帝半夜想进餐了，还要摆上一大桌的几十款菜肴是可信的。至于宴会，更是奢侈到了惊人的程度。如神宗，晚年沉溺于深宫宴饮享乐，往往"一宴游之费十余万"。据史料载，仁宗有

---

① 宋·司马光，《温国文正公文集》卷23，"论材利疏"。

② 丁传靖编撰. 宋人轶事汇编. 北京：中华书局，2003年。

③ 宋·陈岩肖《庚溪诗话》卷上。

④ 宋·曾敏行《独醒杂志》卷九。

⑤ 宋·周密《齐东野语》卷一六。

⑥ 宋·罗大经《鹤林玉露》卷六。

⑦ 宋·邵伯温撰. 邵氏见闻录. 卷一，北京：中华书局，1985年。

⑧ 宋·毕仲游等撰. 西台集. 卷一. 北京：中华书局，1985年。

一次在皇宫大内举宴，"十閤分各进馔"，仅蛤蜊一品二十八枚。当时因为京城远离海滨，海味极其珍贵，蛤蜊一枚值一千钱，这样仁宗"一下箸二十八千"[①]。

据《东京梦华录》卷之九《宰执亲王宗室百官入内上寿》一节记述，前来祝寿的包括"宰执、亲王、宗室、百官"及中外使节。宴席的热闹程度非同一般，所上的菜肴食品更是令人羡慕。包括："每分列环饼、油饼、枣塔为看盘，次列果子。惟大辽加之猪、羊、鸡、鹅、兔，连骨熟肉为看盘，皆以小绳束之。又生葱、韭、蒜、醋各一碟，三五人共列浆水一桶，立杓数枚。"接下来，是为皇上祝寿的各项娱乐活动。

因为宴席的第一盏和第二盏为"御酒"，没有菜肴，祝寿宴席奉献的菜肴主要是从第三盏开始的。"凡御宴至第三盏，方有下酒、肉咸豉、爆肉、双下驼峰角子。"

"第四盏如上仪舞毕，……下酒盒：炙子骨头、索粉、白肉、胡饼。"

"第五盏御酒，……下酒：群仙炙、天花饼、太平毕罗乾饭、缕肉羹、莲花肉饼。"

"第六盏御酒，……下酒：假鼋鱼、密浮酥捺花。"

"第七盏御酒，……下酒：排炊羊、胡饼、炙金肠。"

"第八盏御酒，……下酒：假沙鱼、独下馒头、肚羹。"

"第九盏御酒，……下酒：水饭、簇钉下饭。"[②]

从孟元老的记录来看，这次祝寿御筵主要以娱乐项目为主，寿宴中用来下酒的菜肴不过13道，包括肉咸豉、爆肉、炙子骨头、索粉、白肉、群仙炙、缕肉羹、假鼋鱼、密浮酥捺花、排炊羊、炙金肠、假沙鱼、肚羹。但在宴席的开始是有"看盘"的，而且看盘根据不同的客人有所不同，内宾以"环饼、油饼、枣塔为看盘，次列果子"。是以水果、点心为主的看盘。而外宾则"惟大辽加之猪、羊、鸡、鹅、兔，连骨熟肉为看盘，皆以小绳束之"。全部都是畜禽肉类食品，以适应北方少数民族的饮食习惯。

中国传统宴席的习惯，用于下酒的菜肴是丰富多样、精致讲究的，酒后吃饭的菜肴是要单独制作奉献的，叫做"饭菜"。上举宋代宫廷寿宴案例"第九盏御酒，……下酒：水饭、簇钉下饭"[③]中的"簇钉下饭"，可能是最早在宴席中实行"酒肴"与"饭菜"分开的记录。所谓"簇钉"大概是把许多种菜肴拼摆在一个大盘内的花色什锦菜肴，当然也有可能是类似北方少数民族"手抓羊肉"的装盘

① 宋·王明清. 挥麈录. 卷一. 上海：上海书店，2001年。
② 宋·孟元老撰. 李士彪注. 东京梦华录. 济南：山东友谊出版社，2001年，第90~93页。
③ 宋·孟元老撰. 李士彪注. 东京梦华录. 济南：山东友谊出版社，2001年，第90~93页。

方式的菜肴。无论哪一种，这个菜肴都是专门用来吃饭用的"饭菜"是确定无疑的，开我国传统宴席"饭菜"之先河。

南宋宫廷菜肴，一开始其主要是沿承了北宋的菜肴风格，突出以肉食为主的特点，而且所用肉类又以羊肉为多。但临安距离东部沿海地带较近，于是在宫廷食肴中逐渐增加了海味菜肴的比例。而且菜肴制作受到南方细腻风格的影响，菜肴更加精美。这从宋代司膳内人所辑录的《玉食批》中，就可以得到充分的反映。兹将《玉食批》的部分内容录于下面。

偶败箧中，得上每日赐太子玉食批数纸——司膳内人所书也。

如：酒醋白腰子、三鲜笋、炒鹌子、烙润鸠子、攒石首鱼、土步辣羹、海盐蛇鲊、煎三色鲊、煎卧乌、鵏湖鱼、糊炒田鸡、鸡人字焙腰子、糊燠鲇鱼、蝤蛑签、麂膊、浮助酒蟹、江瑶、青虾、辣羹、燕鱼、干鱼、酒醋蹄酥片、生豆腐、百宜羹、燥子、炸白腰子、酒煎羊、二牲醋脑子、清汁杂炬胡鱼、肚儿辣羹、酒炊淮白鱼。

呜呼！受天下之奉，必先天下之忧。不然素餐有愧，不特是贵家之暴殄。略举一二：

如羊头签，止取两翼；土步鱼，止取两鳃；以蝤蛑为签、为馄饨、为桩瓮，止取两螯，余悉弃之地。谓非贵人食，有取之则曰：'若辈真狗杂也。'噫！其可一日不知菜味哉！[1]

这司膳内人所辑录的《玉食批》，是因为非常看不过宫廷内的暴殄天物而进行批评的，不料却为后人留下了宝贵的历史资料。根据《玉食批》的记录，这是一份皇上赐给太子的玉食菜单，不过是举了几个例子而已，就已经是30余道菜肴，而且这些菜肴多为水产品见多，也有野味、羊腰、牲脑之类，较之《东京梦华录》卷之九《宰执亲王宗室百官入内上寿》中的宴席菜肴是有明显变化的。菜肴的制作方法则有拌、炒、烙、羹、盐、鲊、煎、鵏、糊炒、焙、糊燠、签、炸、酒煎、炬、酒炊等，较之北宋更加变化多样。菜肴的口味有酒味、醋味、鲜咸、辣味，以及酒醋相融和的味型等。尤其在原料的选择上，可谓精益求精，甚至可以说有些刻薄和猎奇，所以造成了很大的浪费。宋人林洪著有《山家清供》一书，记载了当朝及其以前许多素食素馔的起源与制作方法，其中也记有几道南宋宫廷里的素食菜肴，如"冰壶珍""玉灌肺""牡丹生菜"等，兹录于下。

冰壶珍：

太宗问苏易简曰：'食品称珍，何者为最？'对曰：'食无定味，适口者珍。臣心知齑汁美。'太宗笑问其故。曰；'臣一夕酷寒，拥炉烧酒痛饮，大醉，拥以

① 宋·司膳内人撰. 唐艮注释. 玉食批. 北京：中国商业出版社，1987年，第73页。

薰羡。忽醒渴甚，乘月中庭，见残雪中覆有齑盎，不睱呼童，拘雪盥手，满饮数
缶。臣此时自谓上界仙厨，鸾脯凤脂，殆恐不及。屡欲作冰壶先生传记其事，未
睱也。'太宗笑而然之。后有问其方者，仆答曰：用清面菜汤浸以菜，止醉渴一
味耳。或不然，请问之冰壶先生。①

　　这是一款用来醒酒的"菜齑羹"，其制法简单而且效果非常不错，况且口味
美好适合酒后饮之，故被称之为"冰壶珍"。

　　玉灌肺：

　　真粉、油饼、芝麻、松子、核桃去皮，加莳萝少许，白糖、红曲少许，为末
拌和，入甑蒸熟，切作肺样块子，用辣汁供。今后苑名曰御爱玉灌肺。要之，不
过一素供耳。然以此见九重崇俭不嗜杀之意，居山者岂宜侈乎？②

　　这一味菜馔，似乎有点像面食，但也可以理解为象形素菜，因为中国菜肴中
的素菜本来就是用面粉、面筋之类为原料的。这"五灌肺"就是用面粉及几种坚
果制成的菜肴，颇有特色。而且，这也反映了在宋朝的宫廷御膳内也有素食的菜
肴制作。

　　牡丹生菜：

　　宪圣喜清俭，不嗜杀，每令后苑进生菜，必采牡丹瓣和之，或用微面裹爇之
以酥。又时收杨花为鞋袜褥之属。性恭俭，每至治生菜，必于梅下取落花以杂
之，其香犹可知也。③

　　这是一款"花馔"用生菜和牡丹花瓣裹面炸而食之，可谓设计巧妙，不仅为
素菜肴之精品，更有艺术韵味，如果再加上梅花瓣杂之，其花香肯定是沁人心脾
的佳肴。这也展示了宫廷素菜制作的精巧所在。

三、南、北菜肴风味纷呈

　　两宋时期，中国菜肴的风味流派已经形成了南食、北食、羊食、川食、素
食、衢州食等众多体系，呈现出了菜肴风味纷呈争艳的特色，为后世著名四大菜
系、八大菜系的形成打下了坚实的基础。

　　各种不同风味流派菜肴的制作，主要是在不同特色的酒店里体现出来的，

---

① 本社编．生活与博物丛书（下）·山家清供．上海：上海古籍出版社，1993年，第
　　294页。

② 本社编．生活与博物丛书（下）·山家清供．上海：上海古籍出版社，1993年，第
　　300页。

③ 本社编．生活与博物丛书（下）·山家清供．上海：上海古籍出版社，1993年，第
　　311页。

《都城纪胜·食店》有如下记载。

都城食店，多是旧京师人开张，如羊饭店兼卖酒。凡点索食次，大要及时；如欲速饱，则前重后轻；如欲迟饱，则前轻后重。南食店谓之南食，川饭分茶。盖因京师开此店，以备南人不服北食者，今既在南，则其名误矣，所以专卖面食鱼肉之属，如下至皆是也。若欲索供，逐店自有单子牌面。饱拽店专卖，菜面店专卖，此处不甚尊贵，非待客之所。素食店卖，凡麸笋乳蕈饮食，充斋素筵会之备。衢州饭店又谓之冂饭店，盖卖盒饭也。专卖家常。欲求粗饱者可往，惟不宜尊贵人。①

《都城纪胜》说的是南宋临安当年菜肴的供应情况，之所以形成了不同风格流派的菜肴供应，是继承了旧京师的菜肴经营传统。原来旧京城为了适应南方各地人等到北宋都城汴梁的饮食之需，就开设了不同风味的南、川等食店。尽管到了杭州，南北风味有所交流融合，即所谓"向者汴京开南食面店，川饭分茶，以备江南往来士夫，谓其不便北食故耳。南渡以来，几二百余年，则水土既惯，饮食混淆，无南北之分矣"。②说话虽然如此，但实际上在当年的杭州城，不同风味的菜肴经营还是显而易见的，而且由此形成了风格各异的酒店、餐馆，以及不同的菜肴风味体系。这些不同的菜肴风味体系主要有羊饭店、南食店、川饭分茶、北食者、素食店、衢州饭店等。

羊饭店：是一种经营北方菜肴食品为主的饭店。尤其供应北方辽金的契丹、女真等少数民族的饮食之需，北方寒冷，故要兼卖烧辣酒品。经营的菜肴主要以羊肉及其制品为主。如"头羹、石髓羹、白肉、胡饼、软羊、大小骨角、炙燋腰子、石肚羹、入炉羊罨、生软羊面、桐皮面、姜泼刀、回刀、冷淘、棋子、寄炉面饭之类"。③如果有更多的时间在羊饭店设宴席饮酒，则可制作更加精细一些的菜肴，如煎羊什件儿、托胎、妳房、肚尖、肚胘、腰子之类的菜肴，以供顾客饮酒下饭，慢慢食用。④《梦粱录》卷十六也有"又有肥羊酒店，如丰豫门归家、省马院前莫家、后市街口施家、马婆巷双羊等铺，零卖软羊、大骨龟背、烂蒸大片、羊杂熓四软、羊撺四件"。⑤制作销售的菜肴一色的羊肉制品。

南食店：顾名思义，南食店是一种经营江南地区风味菜肴的饭店。即如吴自牧所说："向者汴京开南食面店，川饭分茶，以备江南往来士夫，谓其不便北食

① 宋·耐得翁撰．都城纪胜．（与《东京梦华录》等合刊本《东京梦华录》）．北京：中国商业出版社，1982年，第6页。
② 宋·吴自牧撰．傅林祥注．梦粱录．济南：山东友谊出版社，2001年，第217页。
③ 宋·孟元老撰，李士彪注．东京梦华录．济南：山东友谊出版社，2001年，第44页。
④ 徐海荣主编．中国饮食史．卷四．北京：华夏出版社，1999年，第349页。
⑤ 宋·吴自牧撰．傅林祥注．梦粱录．济南：山东友谊出版社，2001年，第212页。

故耳。"①在北宋的东京，南食点主要销售的食肴"更有南食店：鱼兜子、桐皮熟脍面、煎鱼饭"。②只记录了几种南食店经营的饭食，可惜没有详细的菜肴记录。

川饭店：也很清楚，是一种经营四川风味菜肴的饭店。《东京梦华录》卷四载："更有川饭店，则有插肉面、大燠面、大小抹肉淘、煎燠肉、杂煎什件儿、生熟烧饭。"③虽然有菜肴记录，可惜太少，不足以了解当年杭州川菜馆菜肴的详细情况。

北食店：是相对于"南食店"而言的菜肴供应风格，不能按照现在的菜系标准进行衡量，应该说在北宋的都城中，大多数的酒店、餐馆是以经营北方菜肴、饭食为主的。在《东京梦华录》卷三载："北食则矾楼前李四家、段家爊物、石逢巴子，……夜市亦有焦酸豏、猪胰、胡饼、和菜饼、獾儿、野狐肉、果木翘羹、灌肠、香糖果子之类。冬月虽大风雪阴雨，亦有夜市：朕子、姜豆、抹脏、红丝水晶脍、煎肝脏、蛤蜊、螃蟹、胡桃、泽州汤、奇豆、鹅梨、石榴、查子、榅桲、糍糕、团子、盐豉汤之类。"④从这里夜市所销售的菜肴、饭食是否就是北食店铺售的菜肴、食品来看，显然是南北风味融合了。

素食店：又称"素食分茶店"，这是一种提供素斋菜肴、专供佛教信徒饮食的饭店，使佛门人士即使外出在京城，也不会耽误了斋戒之食。素菜在两宋时期是特别发达的，尤其在北宋的汴梁城里，开设了许多素菜食店，即"素食分茶店"，制作销售的菜肴和寺庙里的斋食几乎是相同的。所谓"及有素分茶，如寺院斋食也。又有菜面、胡蝶虀哒，及卖随饭、荷包、白饭、旋且细料馉饳儿、瓜齑、萝卜之类"。⑤又据《梦粱录》记载：

又有专卖素食分茶，不误斋戒，如头羹、双峰、三峰、四峰、到底签、蒸果子、鳖蒸羊、大段果子、鱼油炸、鱼茧儿、三鲜、夺真鸡、元鱼、元羊蹄、梅鱼、两熟鱼、炸油河豚、大片腰子、鼎煮羊熬、乳水龙麸、笋辣羹、杂辣羹、白鱼辣羹饭。又下饭如五味熬麸、糟酱、烧麸、假炙鸭、干签杂鸠、假羊事件、假驴事件、假煎白肠、葱焙油炸、骨头米脯、大片羊、红熬大件肉、煎假乌鱼等下饭。素面如大片铺羊面、三鲜面、炒鳝面、卷鱼面、笋泼面、笋辣面、乳蕈面、笋蕈淘、笋菜淘面、七宝棋子、百花棋子等面，皆精细乳麸，笋粉素食。⑥

这里面记录的一些素菜肴如元鱼、元羊蹄、梅鱼、两熟鱼、炸油河豚、大片

① 宋·吴自牧撰. 傅林祥注. 梦粱录. 济南：山东友谊出版社，2001年，第217页。
② 宋·孟元老撰. 李士彪注. 东京梦华录. 济南：山东友谊出版社，2001年，第44页。
③ 宋·孟元老撰. 李士彪注. 东京梦华录. 济南：山东友谊出版社，2001年，第44页。
④ 宋·孟元老撰. 李士彪注. 东京梦华录. 济南：山东友谊出版社，2001年，第33页。
⑤ 宋·孟元老撰. 李士彪注. 东京梦华录. 济南：山东友谊出版社，2001年，第45页。
⑥ 宋·吴自牧撰. 傅林祥注. 梦粱录. 济南：山东友谊出版社，2001年，第218页。

腰子、鼎煮羊熬、骨头米脯、大片羊、红熬大件肉等好像都是些畜类肉食菜肴之品，其实它们应该属于"以素托荤"菜肴类的制作，只是没有像"假炙鸭""假羊什件儿""假驴什件儿""假煎白肠"等在菜肴的名字里就能看得出来而已。这足以反映出我国宋代素菜制作技术水平的高妙与超乎寻常。

衢州饭店：又称"闷饭店"，这是一种专卖家常菜肴饭食的餐饮食店。即"衢州饭店又谓之闷饭店，盖卖盦饭也。专卖家常。欲求粗饱者可往，惟不宜尊贵人"。[1]所谓"盦饭"，就是一种用专门食盒盛装销售的家常饭食，是一种菜饭合而为一的食馔，一如现今的盒式快餐。"又有专卖家常饭食，如撺肉羹、骨头羹、蹄子清羹、鱼辣羹、鸡羹、耍鱼辣羹、猪大骨清羹、杂合羹、南北羹。兼卖蝴蝶面、煎肉、大熬虾膜等蝴蝶面，及有煎肉、煎肝、冻鱼、冰鲞、冻肉、煎鸭子、煎鲚鱼、醋鳖等下饭"。[2]

因为饮食业的繁荣昌盛，两宋京城除了以风味菜肴体系划分的食店外，还有一些各色专门店铺，如疙瘩店、瓠羹店、菜羹饭店、菜面店等，不一而足。

第三节　厨娘风采与菜肴刀工技艺

就单个菜肴来说，其制作水平的高低，菜肴质量的优劣，取决于厨师的烹调技术与熟练程度。但就整桌宴席菜肴，或者是大型酒店、官家厨房的菜肴制作而言，菜肴质量的优劣等还需要有非常好的生产管理水平。我国宋代"厨娘"的出现，就扮演了这样的角色。她们不仅拥有较高的菜肴制作技术，而且更具有较强的组织管理能力，为宋代大型官府厨房与大型商业性酒店的菜肴制作与经营创造了良好的条件。

一、厨娘纤手菜馔香

如果从中国菜肴制作技艺的发展进程来看，宋代的厨娘起到了不可忽视的历

---

① 宋·耐得翁撰. 都城纪胜.（与《东京梦华录》等合刊本《东京梦华录》）. 北京：中国商业出版社，1982年，第6页。

② 宋·吴自牧撰. 傅林祥注. 梦粱录. 济南：山东友谊出版社，2001年，第218页。

史作用。她们不仅精通烹调菜肴的全部技术，菜肴制作过程中所追求的精益求精也体现出了中国女性的细腻与聪明才智，而且还具有相当高的菜肴制作与生产的管理能力。

"厨娘"的出现早在唐代已经非常流行，如唐穆宗时期宰相段文昌府中就有一位为段府做了四十余年的"女厨师长"膳祖（详见本书第六章）。而发展到了宋代，"厨娘"已经成为当时女子非常热门的职务。南宋洪巽《旸谷漫录》记云："京都中下之户，不重生男，每生女，则爱护如捧璧擎珠。甫长成，则随其资质教以艺业，用备士大夫采拾娱侍。名目不一，有所谓身边人、本事人、供过人、针线人、堂前人、剧杂人、拆洗人、琴童、厨娘等级，截乎不紊。就中厨娘，最为下色，然非极富之家不可用。"[1]显然，对于厨娘一职来说，讲究的不是姿色之美，更注重的是她的菜肴制作水平。因为烹调技艺高超，身价就高涨，所以有些高水平的厨娘不是一般有钱能够雇用得起的，只有极富的官家豪门才有势力雇用得起。对此，《旸谷漫录》中就记录了一个退役"太守"请"厨娘"的故事。

事情的起因是这样的："守念昔留某官处晚膳，出京都厨娘，调羹极可口，适有便介如京，遽作承受人书，嘱以物色，价不屑较。"[2]因为这位太守有一次在某大官员家里吃过一顿晚餐，菜肴的口味极其可口，因为是出自一个京都厨娘之手，所以就告诉他的朋友，不管价格高低，帮忙给物色一个。不久，那被雇请的"厨娘"到了："守一见为之破颜。及入门，容止循雅，红衫翠裙，参侍左右，乃遣。守大过所望。小选，亲朋辈议举杯为贺，厨娘亦遽致使厨之请，守曰：'未可展会，明日且具常食五杯五分。'厨娘请食品菜品质次，守书以示之。食品第一为羊头签，菜品第一为葱齑，余皆易办者。厨娘谨奉旨，数举笔砚具物料，内羊头签五分，合用羊头十个。葱蒜五碟，合用葱五斤，它称是。守因疑其妄，然未欲遽示以俭鄙，姑从之，而密觇其所用。"制作五杯五分的"羊头签"需要十个羊头，一斤大葱只能做成一碟葱齑，这对于一向生活俭朴的太守来说，实在是有点接受不了。但出于怕被人瞧不起的虚荣心理，就没有直说。结果"翌旦，厨师告物料齐，厨娘发行奁，取锅铫盂勺汤盘之属，令小婢先捧以行，灿耀目，皆白金所为，大约正该五七。……厨娘更围袄围裙，银索攀膊，掉臂而入。据坐胡床，缕切徐起，切抹批窍，惯熟条理，真有运斤成风之势"。看这架势和这派头，再看这厨娘的刀工技术，也非一般水平。尤其是菜肴制作中的原料选择，更是令一般人难以想象："其治羊头也，滗置几上，剔留脸肉，余悉掷之地。……其治葱齑也，取葱彻檄过汤沸，悉去须叶，视碟之大小分寸而裁截之，又除其外

① 说郛·卷73. 南宋·洪巽撰. 旸谷漫录. 清代刻本.
② 说郛·卷73. 南宋·洪巽撰. 旸谷漫录. 清代刻本.

数重，取条心之似韭黄者，以淡酒蘸浸渍，余弃置，了不惜。"这样的严格选用食品原料，虽然有点浪费（其实下脚料是可作别用的），但确是中国菜肴制作精益求精的基础，而且原料切割加工的精致程度又非一般厨师所能达到的，充分显示了这位厨娘的精湛厨艺。有如此高水平的菜肴制作技术，结果是"凡所供备，馨香脆美，济楚细腻，难以尽其形容。食者，举箸无赢余，相顾称好"。宴席菜肴制作水平之高，无不令宴饮者大加称赞，但由于雇用这样的厨娘其花费是非常昂贵的，不是一般人家能够承受的起的。所以，这位太守："私窃喟叹曰：'吾辈事力单薄，此等筵宴，不宜常举；此等厨娘，不宜常用。'不两月，托以他事善遣以还。"[①]这个故事是被作者当作笑话记入书中的，然而却真实反映出了宋代厨娘菜肴制作水平的精湛绝伦。

据其他史料记载，宋代的厨娘数量很多，几乎分散在宋代社会中的各个领域，如宫廷厨房、官府家庭、书香门第、社会酒楼，甚至寺院庙宇中也不乏厨娘的身影。

据《春渚纪闻》载，在南宋高宗皇帝的御膳房中，有一位女厨师，当时人称"刘娘子"。而且她跟宋高宗的时间很长，在赵构还没有登基做皇帝的时候，她就在赵构的府第执掌厨事了。书中记载说，当年高宗想吃什么味道的菜肴饭食，她就亲自操刀，在案板上切料配好，烹制成熟后奉献供高宗进食，赵构感觉吃得舒适可口，十分满意这位"刘娘子"。虽然女性厨师在皇宫内不能委任官职，但高宗一直把她留在身边，皇宫里的人多称她"尚食刘娘子"。[②]非常遗憾的是史籍中没有关于她所制作的菜肴的记录，其烹调水平的高低，只能通过宋高宗的进食满意度来猜想了。

又宋人张君房的《丽情集》载：后唐司郎陆希声娶妻为余媚娘，史载余媚娘不仅多才多艺，而且还是一位烹肴调羹的高手，有宋代"厨娘"风范，她制作的一款菜肴"五色鱼丝"，细腻的刀工技艺使鱼丝形美不可言，其美妙的味道更是天下之珍，为一般厨师所不能及。[③]宋代菜肴食书《吴氏中馈录》的作者为浦江吴氏，史载是浙江浦江人氏，是一位有名的女烹调能手。她把自己多年的菜肴制作经验进行了总结，并整理成书册流传后世，这就是现在我们所见到的《吴氏中馈录》。该书记录了"脯鲊"类菜肴制作25种，蔬食菜肴制作40种，其中不乏当时的名肴异味，如"黄雀鲊""炉焙鸡""三合菜""撒拌合菜"等。[④]

① 说郛·卷73. 南宋·洪巽撰. 旸谷漫录. 清代刻本.
② 宋·何薳撰. 张明华点校. 春渚纪闻. 北京：中华书局，1997年，第59页。
③ 宋·张君房撰. 丽情集. 绿窗女士. 清代刻本.
④ 宋·浦江伍吴氏撰. 孙世增等注释. 吴氏中馈录. 北京：中国商业出版社，1987年，第5~27页。

又据《梦粱录》记载："钱塘门外宋五嫂鱼羹"①，是一间专门制作鱼羹的食店，店主就是一位"厨娘"人称"宋五嫂"。这"宋五嫂"乃是从开封逃难来的一位女厨师，因丈夫姓宋又排行第五，大家称她宋五嫂。当时杭州城里有许多从北方逃难来的中原人，有官家遗民，也有平民百姓，大家思乡难归，很想念家乡食味。宋五嫂就在这样的情况下，在西湖边开了一家专卖鱼羹的小店铺，经营的是传统汴京风味，受到了当时滞留杭州的北方人们的喜爱。有一天，宋高宗赵构来西湖故作"买湖中龟鱼放生"的游戏，"时有卖鱼羹人宋五嫂对御自称：'东京人氏，随驾到此。'太上特宣上船起居，念其年老，赐金钱十文、银钱一百文、绢十匹，仍令后苑供应乏索"。② 由此一来，宋嫂鱼羹身价大增，因为"曾经御尝，人争赴之"，前来买鱼羹的人越来越多，这位流落他乡的以卖鱼羹为生计的女厨娘一跃"遂成富媪"，③发了大财。这也说明，"宋五嫂"的鱼羹制作技术确实了得，才能赢得广大人民的喜爱。

其实，肆市上食店中的厨娘何止"宋五嫂"一人，如："淳熙五年二月一日，……太上宣索市食，如李婆婆杂菜羹、贺四酪面、脏三猪胰……。"④这制作"杂菜羹"的李婆婆自然也是一位"厨娘"了。陶谷《清异录》记载五代时期尼姑梵正，她善于冷菜艺术肴馔的制作，当是一位佛寺厨娘。

关于宋代厨娘的形象，在出土的宋代墓葬中，有几方厨娘画像砖，可略窥一斑。"在河南偃师的宋代墓葬中，曾出土过几方厨娘画像砖。砖雕上的厨娘危髻高耸，裙衫齐整，有斫脍者，也有烹茶者和涤器者，可以看出她们身怀绝技、精明强干。乍一见她们貌似华贵的装束和婀娜多姿的体态，令人很难相信这就是北宋时代的厨娘，倒很有些像是富贵千金。收藏在中国历史博物馆的四方厨娘画像砖，从四个侧面刻绘了北宋厨娘的厨事活动，分别为整装、斫鱼、煎茶，涤器的造型，十分生动传神。在辽墓的壁画上，也见到厨娘的图像"。⑤

二、从"雕花蜜饯"到"脍匠"炫技

唐代宴席中有"看盘"，颇具艺术色彩，而宋代的宴席中，用于观赏兼具食用的菜肴食品尤其丰富多彩。《武林旧事》记录的张俊迎逛皇帝的豪华宴席中有

① 宋·吴自牧撰. 梦粱录. 北京：中国商业出版社，1982年，第105~107页。
② 宋·周密撰. 傅林祥注. 武林事录. 济南：山东友谊出版社，2001年，第139页。
③ 宋·周密撰. 傅林祥注. 武林事录. 济南：山东友谊出版社，2001年，第162页。
④ 宋·周密撰. 傅林祥注. 武林事录. 济南：山东友谊出版社，2001年，第137页。
⑤ 张征雁，王仁湘著. 昨日盛宴——中国古代饮食文化. 成都：四川人民出版社，2004年，第140页。

"雕花蜜饯一行"就完全是为了观赏的，其内容包括：

雕花梅球儿	红消花（陈刻"儿"）
雕花笋	蜜冬瓜鱼儿
雕花红团花	木瓜大段儿（陈刻"花"）
雕花金橘	青梅荷叶儿
雕花姜	蜜笋花儿
雕花柸子	木瓜方花儿[①]

虽然都是用食品雕刻而成的，但显然不是为了食用，完全是为了增加宴席的艺术欣赏价值。食品雕刻在我国的菜肴制作中早已有之，发展到宋代可以说达到了一个新的水平，也充分体现出了菜肴制作中用刀工技艺的精湛。这一时期，由于厨房的分工越来越细致，诸如从事冷菜看盘、原料切割加工的厨师就独立出来了，尤其是在那些规模较大的厨房中。所谓"厨司，专掌打料、批切、烹炮、下食、调和节次"。又有"果子局专掌装簇、盘钉、看果、时果、准备劝酒"。[②]食品雕刻技艺不仅在宴席中大有作为，而且在民间的节俗活动中也有用处。《东京梦华录》中记载"七月七夕，……又以瓜雕刻成花样，谓之'花瓜'"。"又以油面糖蜜造为笑魇儿，谓之'果食花样'，奇巧百端"。[③]不仅有食品雕刻，而且还有面塑制品。

所谓术业有专攻，厨师中有了"打料、批切"的岗位，菜肴制作中的刀工技术自然得到了长足的进步。虽然这一时期关于菜肴制作技艺中有关刀工的直接记述并不是太多，但还是可以通过一些零散的资料反映出宋代刀工技艺的大概情形。如《旸谷漫录》中记录的那位"厨娘"就能够"据坐胡床，缕切徐起，取抹批脔，惯熟条理，真有运斤成风之势"。其刀工水平是相当精湛的，堪称一绝。

另根据《吴氏中馈录》中，对菜肴原料的刀工处理，也是各有要求的。如制作"水腌鱼"，要把"腊中鲤鱼切大块"；制作"肉鲊"则需要把"生烧猪羊腿，精批作片，以刀背匀捶切作块子"；而制作"瓜齑"就要把"酱瓜、生姜、葱白、淡笋乾或茭白、虾米、鸡胸肉等分，切作长条丝儿"；同样制作"算条巴子"用的"猪肉精肥，各另切作三寸长，各如算子样"。不同的菜肴，有不同的刀功要求，或切细丝，或切段，或切块，或切棋子形，或切三角块，不一而足。这也是中国菜肴制作技术中的精华之一。

菜肴制作中发展起来的高超刀工技艺，在宋代甚至发展成为一种艺术表演活

① 宋·周密撰．傅林祥注．武林事录．济南：山东友谊出版社，2001年，第162页。
② 宋·耐得翁撰．都城纪胜．（与《东京梦华录》等合刊本《东京梦华录》）．北京：中国商业出版社，1982年，第8页。
③ 宋·孟元老撰．李士彪注．东京梦华录．济南：山东友谊出版社，2001年，第83页。

动，谓之"脍匠"的"衔技"表演。"衔技"早在唐代史料中就有记载，唐段成式《酉阳杂俎》记载："进士段硕尝识南孝廉者，善斫脍，索薄丝缕，轻可吹起，操刀响捷，若合节奏，因会客衔技。"[1]持刀斫脍人的动作如此熟练轻捷，所切的肉丝轻风可以吹得起，可见肉丝之细，刀技之精。宋代也有类似的刀工表演，其水平更高于唐人。《同话录》中记载了山东厨师在泰山庙会上的刀工表演，云："有一庖人，令一人袒背俯偻于地，以其背为刀几，取肉一斤，运刀细缕之，撒肉而拭，兵背无丝毫之伤。"这种刀工技艺，较之现今厨师垫绸布切肉丝的表演同出一辙，但更为绝妙。因为有如此高的刀技，宋代便应运而生出一种"斫脍之会"的野餐活动。《春渚纪闻》卷四云："吴兴溪鱼之美，冠于他郡。而郡人会集，必以斫脍为勤，其操刀者名之鲙匠。"[2]在溪边得活鲜之鱼，斫而为脍，没有一定的专业刀工技术训练是不行的，这种"斫鲙之会"也属于那种展示刀工技术的表演艺术，不仅为客人提供了美味佳肴，也为客人的集会大助其兴。又据《避暑录话》说，过去斫脍的技艺本来属于南食风格，在汴京能够斫脍的人是很少的，于是就出现了人们以"鲜鱼脍"为珍的风气。文学家梅圣俞为江南宣城人，他家有一老婢，实际上就是家庭"厨娘"，善于斫脍。他的同僚欧阳修也是江西人，极喜欢食鲜鱼脍。所以，每当欧阳修想要食鱼脍的时候，就捉几条鲜鱼（也可能是买）借故去拜访梅圣俞。梅圣俞也非常明白个中道理，每每得到可以斫脍的鲜鱼，就用池水放养起来，准备随时接待像欧阳修一样的同僚。[3]其实，每次的文人或同乡聚会，都有"斫鲙之会"的意味，"鱼脍"之美也可由此见之一斑。

在宋代，"斫鲙之会"何止文人雅集，就连民间也有所尚。《东京梦华录》记载说，汴梁人每到清明节时，就要涌到城外进行郊游，并且"四野如市，往往就芳树之下，或园囿之间，罗列杯盘，互相劝酬"。[4]到了三月一日，平日仅供皇室游赏的"金明池"对市民开放，只要花一定的钱，还允许在池子的西岸垂钓，于是"多垂钓之士，必于池苑所买牌子，方许捕鱼，游人得鱼，倍其价买之，临水斫脍，以荐芳樽，乃一时之佳味也"。[5]"鱼脍"之制，需要具有精湛的刀工技术，游人买鱼，临水斫脍，肯定不是自己所为，说明池子旁边，早有"脍匠"在此等候，以备需者呼唤，现场进行斫脍操作。游人一边欣赏厨者的刀工表演，一边佳肴美酒，真得惬意快活。

① 唐·段成式. 酉阳杂俎. 前卷集之七. 北京：中华书局，1981年，第71~72页.
② 宋·何遽撰. 张明华点校. 春渚纪闻. 北京：中华书局，1997年，第94页.
③ 宋·叶梦得撰. 避暑录话. 上海：上海古籍出版社，2012年.
④ 宋·孟元老撰. 李士彪注. 东京梦华录. 济南：山东友谊出版社，2001年，第67页.
⑤ 宋·孟元老撰. 李士彪注. 东京梦华录. 济南：山东友谊出版社，2001年，第69页.

第四节　两宋美味菜肴览胜

　　我国宋代是一个饮食业非常发达的时期，餐饮市场繁荣昌盛的结果促进了经营上的激烈竞争与南北的交流融合。在这样的背景之下，中国菜肴的制作不仅在技艺水平上有了全面的提升，尤其是菜肴品类更加丰富多彩。据不完全统计，仅宋代一些常见史料记载的菜肴种类就可达到千余种。由于这一时期出现的大量的专门食书大多没有能够流传下来，所以具体的菜肴数量不得而知。据《宋史·艺文志》记载，仅专业食书有《王氏食法》五卷、《养身食法》三卷、《萧家法馔》三卷、《馔林》四卷。《通志略·艺文部》也记载，宋代有《萧家法馔》三卷、《传膳田图》一卷、《江飨馔要》一卷、《馔林》五卷、《古今食谱》三卷、《王易简食法》十卷、《诸家法馈》一卷、《珍庖备录》一卷、《续法馔》五卷等。但是，现存的宋代食谱，只有吴氏《中馈录》、林洪《山家清供》、陈达叟《本心斋疏食谱》、郑望之《膳夫录》、司膳内人《玉食批》等屈指可数的几部了。[①]

　　但另外还有一些宋人笔记、杂记、文学作品等也有许多菜肴方面的反映。如在孟元老的《东京梦华录》、陈元靓的《事林广记》、周密的《武林旧事》、吴自牧的《梦粱录》、耐得翁的《都城纪胜》、署名西湖老人的《繁胜录》等书中，记录的宋代菜肴就达600余种之多，其中仅西湖老人《繁胜录》一书中记录的各色菜肴就多达180余种。但可惜的是这些史料所记录的只是一些菜肴的名字，没有关于菜肴制作的详细内容。

一、两宋菜肴撷英

　　根据历史纪录，当年北宋的京城汴梁与南宋的都城临安，都是饮食业极其发达的地方。这里既是名厨高庖云集的所在，自然也就是美食佳肴荟萃的去处。下面择其典型菜肴品类，略加介绍。

　　1. 畜禽类菜肴

　　宋代畜禽类菜肴最多的当属于羊肉的运用，尤其在北宋的食铺中极其明显，

---

① 邱庞同著. 中国菜肴史. 青岛：青岛出版社，2001年，第201页。

反映出了北宋人们的饮食风尚与菜肴制作的风格。据《东京梦华录》、《梦粱录》等所记，宋代以羊肉为主要原料制成的菜肴有细抹羊生脍、改汁羊撺粉、细点羊头、鹅排吹羊大骨、大片羊粉、红羊犯、元羊蹄、米脯羊、五辨醋羊、羊血、入炉炕羊、糟羊蹄、熟羊、盏蒸羊、羊炙焦、煎羊事件、羊血粉、山煮羊、排炽羊、入炉羊、羊荷包、炊羊、炮羊、虚汁垂丝羊头、羊头签、羊脚子、点羊头、煎羊白肠、羊杂碎、煎羊、羊舌签、浑羊殁、蒸软羊、鼎煮羊、羊四软、酒蒸羊、绣吹羊、五味杏酪羊、千里羊、羊杂熝、羊头元鱼、羊蹄笋等40余种。羊肉菜肴在宋代属于雅俗共赏的食品。猪肉在宋代因为是一种价廉物美的肉类，一般的平民百姓具有自饲、自养、自食的习惯，其菜肴制作方法也相当的多，其中包括猪内脏菜肴的制作，常见的菜肴有烧肉、熬肉、煎肝、冻肉、杂熬蹄爪什件儿、红白熬肉、焙腰子、盐酒腰子、脂蒸腰子、酿腰子、荔枝腰子、腰子假炒肺。禽类运用最多的是鸡，菜肴制作的数量也是相当的丰富繁多。据《梦粱录》、西湖老人《繁胜录》等文献记录，常见的菜肴有炙鸡、八焙鸡、红熬鸡、脯鸡、脯小鸡、冻鸡、炕鸡、鸡丝签、锦鸡签、大小鸡羹、小鸡元鱼羹、小鸡二色莲子羹、小鸡假花红清羹、焙鸡、煎小鸡、豉汁鸡、炒鸡、白炸鸡、麻饮小鸡头、汁小鸡、撺小鸡、爊小鸡、五味炙小鸡、小鸡假炙鸭、红熬小鸡、八糙鸡、鸡夺真、蒸鸡、韭黄鸡子、鸡元鱼、鸡脆丝、笋鸡鹅、柰香新法鸡、酒蒸鸡、炒鸡蕈、五味焙鸡等30多种。下面略录有简单制作方法的几种畜禽类菜肴。

山煮羊：

羊作脔，置砂锅内，除葱、椒外，有一秘法：只用捶真杏仁数枚，活水煮之，至骨糜烂。每惜此法不逢汉时，一关内侯何足道哉。[1]

山煮羊的制作方法被林洪记录在所撰写的《山家清供》一书中，是一种类似现在的砂锅羊肉风格的菜肴。

算条巴子：

猪肉精肥，各另切作三寸长，各如算子样，以砂糖、花椒末，宿砂末调和得所，拌匀，晒干、蒸熟。[2]

肉生法：

用精肉圆切细薄片子，酱油喂渍，入火烧红锅，爆炒，去血水、微白，即好，取出，切成丝，再加酱瓜、糟萝卜、大蒜、砂仁、苹果、花椒、橘丝、香油拌炒，肉丝临食加醋和匀，食之甚美。[3]

---

① 本社编. 生活与博物丛书·山家清供·下. 上海：上海古籍出版社，1993年，第311页。

② 宋·浦江吴氏撰. 孙世增等注释. 吴氏中馈录. 北京：中国商业出版社，1987年，第6页。

③ 宋·浦江吴氏撰. 孙世增等注释. 吴氏中馈录. 北京：中国商业出版社，1987年，第8页。

这种"肉生法"的制作方法独特，风格殊异，把猪肉切成大片，用酱油喂渍，然后加热炒去血水刚熟的程度，放凉后切成丝，再加上酱瓜等10种配料与调味料，拌而食之，别具特色。但可惜的是此类菜肴的制作方法今已不见。

蕉叶蒸乳猪：宋代的蒸小猪的方法很多，用蕉叶裹而蒸之，非同一般，颇有特点。但无制作方法记载，仅根据《僧赋丁蒸豚诗》可略知一二。

嘴长毛短浅含膘，久向山中食药苗。

蒸处已将蕉叶裹，熟时兼用杏浆浇。

红鲜雅称金盘钉，软熟真堪玉箸挑。

若把膻根来比并，膻根只合吃藤条。[①]

东坡肉：这是今人的叫法，实际上是苏东坡当年对炖猪肉技法的一种文字总结，撰成《猪肉颂》小文，虽然不是食谱，却能够窥宋代炖猪肉方法之一斑。

净洗锅，少著水，柴头罨烟焰不起。待它自熟莫催他，火候足时他自美。黄州好猪肉，价贱如泥土。富人不肯吃，贫人不解煮。早晨起来打两碗，饱得自家君莫管。[②]

关于苏轼喜欢吃猪肉的记录、传说很多，关键是他自己创造了最适合自己的烹调方法，所以能够成为传世的佳肴。对此《竹坡诗话》云："东坡性喜嗜猪，在黄岗时，尝作食猪肉诗云：'黄州好猪肉，价贱如粪土。富者不肯吃，贫人不解煮。慢着火，少着水，火候足时他自美。每日起来打一碗，饱得自家君莫管。'此是东坡以文滑稽耳。"[③]

黄金鸡：黄金鸡的制作方法，在林洪《山家清供》中作了记载。

李白诗云："堂上十分绿醑酒，盘中一味黄金鸡。"其法燖鸡净洗，用麻油盐水煮，入葱椒，候熟擘钉，以元汁别供，或荐以酒，则白酒初热、黄鸡正肥之乐得矣。有如新法川炒等制，非山家不屑为，恐非真味也。每思茅容以鸡奉母，而以蔬奉客，贤矣哉！《本草》云：鸡小，毒补，治满。[④]

炉焙鸡：炉焙鸡是一道别有风味的宋代鸡肉菜肴，其制法在浦江吴氏的《中馈录》中。

用鸡一只，水煮八分熟，剁作小块。锅内放油少许，烧热，放鸡在内略炒，以镟子或碗盖定。烧及热，酒醋相半，入盐少许，烹之。候干，再烹。如此数次，候十分酥熟取用。[⑤]

① 宋·惠洪《冷斋夜话》卷二。

② 熊四智主编. 中国美食诗文大典. 青岛：青岛出版社，1995年，第617页。

③ 宋·周紫芝撰. 竹坡诗话. 民国25年刻本。

④ 本社编. 生活与博物丛书·山家清供·下. 上海：上海古籍出版社，1993年，第295页。

⑤ 宋·浦江伍吴氏撰. 孙世增等注释. 吴氏中馈录. 北京：中国商业出版社，1987年，第7页。

中国菜肴文化史

除了羊、猪、鸡制作的特色菜肴之外，更有牛、鸭等，以及鹿、兔等其他山野珍禽等制作的菜肴，如著名的"拨霞供""鸳鸯炙""黄雀鲊""炒田鸡"等。

拨霞供：出自《山家清供》的记录

向游武夷六曲，访止止师。遇雪天，得一兔，无庖人可制。师云："山间只用薄批酒椒沃之。以风炉安座上，用水少半铫，候汤响，一杯后各分以箸，令自莢入汤，摆熟啖之。乃随宜各以汁供……。"①

这种菜肴的制作方法与食法，其实就是现今广为流行的"打边炉"，也就是大家熟悉的涮火锅。而且书中还说了，这种食法用猪肉、羊肉都行。

鸳鸯炙：是被林洪记载在《山家清供》卷下的一款宋代著名的鸡肴。云：

蜀有鸡，嗉中藏绶如锦，遇晴则向阳摆之，出二角寸许，李文饶诗云："葳蕤散绶轻风里，若御若垂何可疑。"王安石诗云："天日清明即一吐，儿童初见互惊猜。"生而反哺，亦名孝雉。杜甫有"香闻锦带羹"之句，而未尝食。向游吴之芦区，留钱春塘，在唐舜选家，持螯把酒，适有弋人，携双鸳至，得之，燖以油爁，下酒酱香料煨熟。饮余吟倦，得此甚适。诗云："盘中一箸休嫌瘦，入骨相思定不肥。"不减锦带矣。靖言思之，吐绶、鸳鸯，虽各以文采烹，然吐绶能返哺，烹之忍哉！雉不可同胡桃、木耳箪食，下血。②

所记录的制作方法较为简略，但却反映出了鸳鸯炙的风味特色，"燖以油爁，下酒酱香料煨熟"。简单的说就是把获得的鸳鸯煺净毛后，用旺火热油炙烤，然后加上酒、酱、香料，小火烧熟，香酥醇美。并还告诉人们烹制此类菜肴时，不适宜与胡桃、木耳同时配用。

黄雀鲊：在宋代是极其珍贵的食肴。其制作方法被记录在《吴氏中馈录》中。

每只治净，用酒洗，拭干，不犯水。用麦黄，红麹、盐、椒、葱丝，尝味和为止。却将雀入圌坛内，铺一层，上料一层，装实。以箸盖蔑片扞定。候卤出，倾去，加酒浸，密封久用。③

黄雀用酒洗，加酒曲与其他调味料腌渍而成，之后再用酒浸，看来是经过发酵的一种野味制品，酒香浓郁，隽美醇和，乃下酒之无上佳肴。难怪史料记载说，当年"蔡京诸公用事，四方馈遗皆充牣其家，入上方者才十一，……王黼家黄雀鲊自地积至栋凡满三楹，他物称是"④。由此可见"黄雀鲊"珍美之一斑。

炒田鸡：田鸡，即青蛙，是宋人喜爱的野味之一，尤其是在南方各地，用于

---

① 本社编. 生活与博物丛书·山家清供·下. 上海：上海古籍出版社，1993年，第300页。
② 本社编. 生活与博物丛书·山家清供·下. 上海：上海古籍出版社，1993年，第300页。
③ 宋·浦江伍吴氏撰. 孙世增等注释. 吴氏中馈录. 北京：中国商业出版社，1987年，第12页。
④ 宋·周密. 齐东野语·卷一六。

制作菜肴的方法也各具特色，宋代史料中多有所载。青蛙在宋代的制作方法是以炙炒见长。如范缜的《东斋记事》卷五、彭乘的《墨客挥犀》、赵葵的《行营杂录》等笔记中都有关于杭州、浙江人烹青蛙为肴的记载，但均无制作方法。张世南《游宦纪闻》中卷二有较为详细的记载。

世南嘉定甲戌，侍亲自成都归夔门官所。舟过眉州，见钓于水滨者，即而观之，篮中皆大虾蟆，两两相负，牢不可拆。极力分而为两，旋即相负如初。扣钓者云"市间以为珍味"。乃知成都人最贵重。以料物和酒炙之，曰炙蟾。亲朋更相馈遗者，此也，辛巳，侍亲守酉阳。一日，游郡圃池岸，亦有相负者数十对。沅陵胡宰留，括苍人。闻之，丞令人捉去。谓其乡里以为珍品，名曰"风蛤"。予世居德兴，有毛山环三州界，广袤数百里。每岁夏间，山傍人夜持火炬，入深溪或洞间，捕大虾蟆，名曰石撞，乡人贵重之。世南亦尝染鼎其味，乃巨田鸡耳。由此可知，蛙肴的制作以和酒炙炒最为美妙，当是南方人普遍喜欢的美味。而且由于捕之较易，民间尤其流行。[①]

2. 水产类菜肴

水产类菜肴在宋代菜肴中占有非常重要的地位，这在当时的南方地区尤其突出，特别是东南沿海地区，宴席、饷客，乃至日常饮食中，水产品的菜肴都相当的普及。如宋人李公端明确地说："人善食鲜，多细碎水类，日不下千万。"[②]李公端是杭州人，他所记录是当年杭州人对水产品嗜好的情形。据不完全统计，在宋代史料中可以查到的水产类菜肴大约在100种以上。如见诸于史料中的鱼类菜肴有鱼膘二色脍、海鲜脍、鲈鱼脍、鲤鱼脍、鲫鱼脍、群鲜脍、炙鳅、炙鳗、炙鱼粉、鳅粉、铊儿江鱼脍、沙鱼丝儿、石首蟮生、莲房鱼包、银鱼炒鳝、撺鲈鱼清羹、土部假清羹、清供沙鱼拂儿、清汁鳗膘、酥骨鱼、酿鱼、两熟鲫鱼、酒蒸石首、酒蒸白鱼、酒蒸鲥鱼、酒吹鲦鱼、赤鱼分明、姜燥子赤鱼、春鱼、油炸春鱼、油炸鲂鱼、油炸石首、油炸土部、石首玉叶羹、石首桐皮、石首鲤鱼、炒鳝、土部满盒鳅、江鱼假蜮、荤素水龙白鱼、水龙江鱼、冻石首、冻白鱼、冻土部、大鱼鲊、鱼头酱等。

除了鱼类之外，蟹虾螺蛤等类菜肴的品种也相当的多，如醋赤蟹、白蟹辣羹、炒蟹、渫蟹、洗手蟹、酒蟹、蝤蛑签、蝤蛑辣羹、溪蟹、枀香盒蟹、签糊齑蟹、枨酿蟹、五味酒酱蟹、糟蟹、蟹鲊、炒螃蟹、蟹酿橙、赤蟹、辣羹蟹、枨醋洗手蟹、撺望潮青虾、酒法青虾、青虾辣羹、虾鱼肚儿羹、酒法白虾、紫苏虾、水荷虾儿、虾包儿、虾玉鳝辣羹、虾蒸假奶、查虾鱼、水龙虾鱼、虾元子、麻饮

① 江畬经选编. 历代小说笔记选·宋·第三册. 广州: 广东人民出版社，1984年，第575页。
② 宋·李公端. 姑溪居士文集·卷一九。

鸡虾粉、芥辣虾、虾茸、姜虾米、鲜虾蹄子脍、虾枨脍、撺香螺、酒烧香螺、香螺脍、熬螺蛳、姜醋生螺、香螺炸肚、江瑶清羹、酒浇江瑶、生丝江瑶、蟑蚷、酒掇蛎、生烧酒蛎、姜酒决明、五羹决明、蛏酱、三陈羹决明、签决明、四鲜羹、生蚶子、炸肚燥子蚶、枨醋蚶、五辣醋蚶子、蚶子明芽肚、蚶子脍、酒烧蚶子、蚶子辣羹、酒焙鲜蛤、蛤蜊淡菜、冻蛤蜎、蛤蜊肉等近百种。其烹饪方法也日趋多样、精致，有蒸、炒、酿、糟、脍、羹、酱、签、撺、烧、掇、炸等十几种。下面列举著名的水产菜肴数款如下。

炙鱼：出自浦江吴氏《中馈录》，所炙之鱼为"鲚"，就是著名的长江刀鱼。

鲚鱼新出水者治净，炭上十分炙干，收藏。一法，以鲚鱼去头尾，切作段，用油炙熟。每服用箸间盛瓦罐内，泥封。[①]

蒸鲥鱼：也是出自浦江吴氏《中馈录》，所蒸鲥鱼也是产自长江的珍贵鱼类。

鲥鱼去肠不去鳞，用布拭去血水，放荡锣内，以花椒、砂仁、酱擂碎，水、酒、葱拌匀，其味和，蒸，去鳞供食。[②]

莲房鱼包：出自林洪的《山家清供》一书中。其制作方法记载如下：

将莲花中嫩房去穰截底，剜穰，留其孔，以酒、酱、香料加活鳜鱼块，实其内，仍以底坐瓶内蒸熟。或中外涂以蜜出煠，用渔父三鲜供之，三鲜莲、菊、菱汤斋也。……[③]

蟹酿橙：出自宋林洪《山家清供》，其制作方法记载如下。

橙用黄熟大者截顶，剜去穰，留少液，以蟹膏肉实其内，仍以带枝顶覆之，入小瓶，用酒醋水蒸熟，用醋盐供食，香而鲜，使人有新酒、菊花、香橙、螃蟹之兴。因记危巽斋穄赞蟹云："黄中通理，美在其中，畅于四肢，美之至也。此本诸《易》，而于蟹得之矣。"今于橙蟹又得之矣。[④]

这款名为"蟹酿橙"的菜肴，其妙处就在于是一款融橙肉、鱼肉、蟹肉于一的制作佳品，不仅美味无比，更因制作方法巧妙而流传至今。后世用蔬菜、水果作为外品酿制的菜肴，可以说受"蟹酿橙"的直接影响是很大的。

蟹生：是一种别具特色的水产类菜肴，被浦江吴氏记录在《吴氏中馈录》中，其制作方法如下：

用生蟹剁碎，以麻油先熬熟，冷，并草果、茴香、砂仁、花椒末，水姜、胡椒俱为末，再加葱、盐、醋共十味，入蟹内，拌匀，即时可食。[⑤]

---

① 宋·浦江伍吴氏撰．孙世增等注释．吴氏中馈录．北京：中国商业出版社，1987年，第5页。
② 宋·浦江伍吴氏撰．孙世增等注释．吴氏中馈录．北京：中国商业出版社，1987年，第7页。
③ 本社编．生活与博物丛书·山家清供·下．上海：上海古籍出版社，1993年，第302页。
④ 本社编．生活与博物丛书·山家清供·下．上海：上海古籍出版社，1993年，第302页。
⑤ 宋·浦江伍吴氏撰．孙世增等注释．吴氏中馈录．北京：中国商业出版社，1987年，第5页。

醉蟹：醉蟹菜肴历代都有制作，但宋代的"醉蟹"是在继承了前代的基础上，又有新的特色，浦江吴氏《中馈录》有宋代"醉蟹"的制作方法。

香油入酱油内，亦可久留，不砂。糟、醋、酒、酱各一碗，蟹多，加盐一碟。又法：用酒七碗、醋三碗、盐二碗，醉蟹亦妙。[①]

煮蟹：煮蟹在宋代为民间最为习见的烹制方法，是许多小的饮食摊点出售的常品，把新鲜的蟹子在清水中煮熟即可食用。洪迈《夷坚支戊》卷四"张氏煮蟹"云：

平江细民张氏，以煮蟹出售自给，所杀不可亿计。[②]

酒腌虾法：《吴氏中馈录》中记载其制作方法如下：

用大虾不见水洗，剪去须尾。每斤用盐五钱，淹半日，沥干，入瓶中。虾一层，放椒三十粒，以椒多为妙。或用椒拌虾，装入瓶中亦妙。装完，每斤用盐三两，好酒化开，浇入瓶内，封好泥头。春秋五七日，即好吃。冬月十日方好。[③]

蛏鲊、鱼鲊：用水产原料制作鲊类菜肴自古以来有之，《齐民要术》中已有详细的记载。宋代制作方法属于东南沿海风格，方法如下：

蛏一斤，盐一两，腌一伏时。再洗净，控干，布包石压，加熟油五钱，姜、橘丝五钱、盐一钱、葱丝五分，酒一大盏，饭糁一合，磨米拌匀入缸，泥封十日可供。鱼鲊同。[④]

3. 蔬、素类菜肴

宋代蔬类与素菜的烹调制作已经达到了较高的水平。首先，同一种类的蔬菜，可以根据不同的节令食用不同的部分，充分体现了食养的传统风格；其次，各地用蔬菜制作的菜肴，品种极其繁多，而且制作讲究，是宴席中的佳品；再次，各色调味品在蔬菜及其他素类原料中的广泛运用，成为素菜制作的显著特色；最后，素馔的制作把以素托荤、荤素结合的菜肴制作技艺发展到了一个新的水平，使蔬菜的制作与其他素菜肴的品类更加丰富。据相关文献资料统计，两宋蔬、素类菜肴的品种至少有200余种以上，其中仅在《武林旧事》《梦粱录》和《山家清供》等书中就有头羹、双峰、三峰、四峰、到底签、蒸果子、鳖蒸羊、大段果子、鱼油炸、鱼茧儿、三鲜、夺真鸡、元鱼、元羊蹄、梅鱼、两熟鱼、炸油河豚、大片腰子、鼎煮羊麸、乳水龙麸、笋辣羹、杂辣羹、白鱼辣羹饭、姜油

---

① 宋·浦江伍吴氏撰. 孙世增等注释. 吴氏中馈录. 北京：中国商业出版社，1987年，第10页。

② 宋·洪迈. 夷坚支戊·卷四。

③ 宋·浦江伍吴氏撰. 孙世增等注释. 吴氏中馈录. 北京：中国商业出版社，1987年，第9页。

④ 宋·浦江伍吴氏撰. 孙世增等注释. 吴氏中馈录. 北京：中国商业出版社，1987年，第10页。

多、荠花茄儿、辣瓜儿、倭菜、藕鲊、冬瓜鲊、笋鲊、菱白鲊、皮酱、糟琼枝、莼菜笋、糟黄芽、糟瓜齑、淡盐齑、鲊菜、醋姜、脂麻辣菜、拌生菜、诸般糟腌、盐芥、五味熬麸、糟酱、烧麸、假炙鸭、干签杂鸠、假羊事件、假驴事件、假煎白肠、葱焙油炸、骨头米脯、大片羊、红熬大件肉、煎柱乌鱼、东坡豆腐、豆腐羹、蜜渍豆腐、雪霞羹、煎豆腐等。

另外，《山家清供》和《本心斋蔬食谱》两书记载的素、蔬类菜肴多达100余种，此不赘录。下面略录富有特色的蔬、素类菜肴数款，以为代表。

山家三脆：山家三脆是宋代最有代表作的一道风味特色素菜，以嫩笋、幼菌、枸杞头三者为主料制作而成，清香淡雅，其制作方法如下。

嫩笋、小蕈、枸杞头，入盐汤灼熟，同香熟油、胡椒、盐各少许，酱油、滴醋拌食。赵竹溪酷嗜此。或作汤饼一奉亲，名三脆面。尝有诗云："笋蕈初萌杞采纤，燃松自煮供亲严。人间玉食何曾鄙，自是山林滋味甜。"①

酒煮玉蕈：这是一道被《山家清供》记录的素菜肴，风味独特，其制作方法如下。

鲜蕈净洗，约水煮，少熟，乃以好酒煮。或佐以临漳绿竹笋，尤佳。施芸隐枢玉蕈诗云："幸从腐木出，敢被齿牙和。真有山林味，难教世俗知。香痕浮玉叶，生意满琼枝。饕膛何多幸，相酬独有诗。"今后苑多用酥炙，其风味犹不浅也。②

酥黄独：酥黄独其菜名本来就别致，是一道以芋艿为主料制成的素菜肴，制作方法如下。

熟芋截片，研榧子、杏仁和酱拖面，煎之，且白侈为甚妙。③

满山香：也是记录在《山家清供》中的一款素菜肴，制法如下。

只用莳萝、茴香、姜椒为末，贮以葫芦，候煮菜少沸，乃与熟油、酱同下，急覆之，而满山已香矣。④

菱白鲊：菱白鲊是一种以新鲜茭白为主料制成的蔬、素菜肴，其制作方法被记录在吴氏《中馈录》中。

鲜茭切作片子。焯过，控干。以细葱丝、莳萝、茴香、花椒、红曲研烂，并盐拌匀。同腌一时，食。藕梢鲊同此造法。⑤

① 本社编. 生活与博物丛书·山家清供·下. 上海：上海古籍出版社，1993年，第304页。
② 本社编. 生活与博物丛书·山家清供·下. 上海：上海古籍出版社，1993年，第308页。
③ 本社编. 生活与博物丛书·山家清供·下. 上海：上海古籍出版社，1993年，第308页。
④ 本社编. 生活与博物丛书·山家清供·下. 上海：上海古籍出版社，1993年，第308页。
⑤ 宋·浦江伍吴氏撰. 孙世增等注释. 吴氏中馈录. 北京：中国商业出版社，1987年，第14页。

配盐瓜藏：记载于浦江吴氏《中馈录》中：

老瓜、嫩茄合五十斤，每斤用净盐二两半。先用半两腌瓜、茄，一宿出水。次用橘皮五斤、新紫苏连根三斤、生姜丝三斤、去皮杏仁二斤、桂花四两、甘草二两、黄豆一斗，煮酒五斤，同拌，入瓷，合满捺实。箸五层，竹片捺定，箸裹泥封，晒日中两月取出，入大椒半斤，茴香、砂仁各半斤，匀，晾晒在日内，发热，乃酥美。黄豆须拣大者，煮烂，以麸皮罨热。去麸皮，净用。①

三合菜：这种三合菜只介绍了制作方法，但没有说明主料是哪三种蔬菜，看来是可以随意组合的蔬食菜肴，制作方法如下。

淡醋一分，酒一分，水一分，盐、甘草调和其味得所。煎滚，下菜苗丝、橘皮丝各少许，白芷一、二小片掺菜上，重汤顿，勿令开，至熟，食之。②

暴齑：制作方法是：

菘菜嫩茎，汤焯半熟，扭乾，切作碎段。少加油略炒过，入器内，加醋些少，久停少顷，食之。

取红细胡萝卜切片，同切芥菜。入醋，略腌片时，食之甚脆，仍用盐些少，大小茴香、姜、橘皮丝同醋共拌，腌食。③

胡萝卜鲊：制作方法如下：

切作片子，滚汤略焯，控干。入少许葱花，大小茴香、姜、橘丝、花椒末、红曲，研烂同盐拌匀，罨一时，食之。

又方：白萝卜、茭白生切，笋煮熟，三物俱同此法作鲊，可供食。④

雪霞羹：是用豆腐为主料制作的素菜肴。宋代的豆腐菜肴相当丰富，特色鲜明，已成为素菜肴中的重要组成部分。雪霞羹的制作方法如下：

采芙蓉花，去心蒂，汤灼之。同豆腐煮，红白交错，恍如雪白之霞，名雪霞羹。加胡椒、姜亦可也。⑤

鹅黄豆生：这一款用豆芽制作的菜肴，其中包括豆芽的生发方法。

温陵人前中元数日，以水浸黑豆，曝之及芽，以糠秕置盆中，铺沙植豆，用板压。及长，则覆以桶，晓则晒之，欲其齐而不为风日损也。中元则陈于祖宗之

① 宋·浦江伍吴氏撰. 孙世增等注释. 吴氏中馈录. 北京：中国商业出版社，1987年，第23页。

② 宋·浦江伍吴氏撰. 孙世增等注释. 吴氏中馈录. 北京：中国商业出版社，1987年，第18页。

③ 宋·浦江伍吴氏撰. 孙世增等注释. 吴氏中馈录. 北京：中国商业出版社，1987年，第19页。

④ 宋·浦江伍吴氏撰. 孙世增等注释. 吴氏中馈录. 北京：中国商业出版社，1987年，第19页。

⑤ 本社编. 生活与博物丛书·山家清供·下. 上海：上海古籍出版社，1993年，第307页。

前，越三日，出之洗灼，以油盐、苦酒、香料可为茹，卷以麻饼尤佳，色浅黄，名鹅黄豆生。^①

蜜渍豆腐：陆游《老学庵笔记》卷七中有载，其制作方法如下：

（仲殊长老）豆腐、面筋、牛乳之类，皆渍蜜食之，客多不能下箸。惟东坡性亦酷嗜蜜，能与之共饱。^②

把豆腐制作成为甜味菜肴，对于南方人来说是适应其口味的，但对于许多北方人来说就不一定了。由此可以看出，在宋代时期我国的豆腐菜肴已经是制法多样了。

4. 汤羹类菜肴

汤羹类菜肴在宋代是一类品种繁多的菜肴系列，运用也非常广泛，无论日常饮食、各种宴席中都是不可缺少的菜肴。仅据《梦粱录》《都城纪胜》等书所记载的汤羹类菜肴就不下百种。常见的有鹌子羹、妳房玉蕊羹、螃蟹清羹、二色茧儿羹、血粉羹、肚子羹、鲜虾蹄子羹、蛤蜊羹、薛方瓠羹、血羹、大碗百味羹、羊舌托胎羹、日百味羹、锦丝头羹、十色头羹、间细头羹、莲子头羹、百味韵羹、杂彩羹、枕叶头羹、五软羹、四软羹、三软羹、集脆羹、三脆羹、双脆羹、群鲜羹、豆腐羹、江瑶清羹、青虾辣羹、五羹决明、三陈羹决明、四鲜羹、石首玉叶羹、撺鲈鱼清羹、土部假清羹、蛇羹、虾鱼肚儿羹、虾玉腊辣羹、小鸡元鱼羹、小鸡二色莲子羹，小鸡假花红清羹、辣羹、蝤蛑辣羹、辣羹蟹、蚶子辣羹、灌熬鸡粉羹、石髓羹、石肚羹、诸色鱼羹、大小鸡羹、撺肉粉羹、蒿鱼羹、三鲜大熬骨头羹、糊羹、头羹、笋辣羹、杂辣羹、撺肉羹、骨头羹、鸭羹、蹄子清羹、瓠羹、黄鱼羹、肚儿辣羹、土步辣羹、百宜羹、鱼辣羹、鸡羹、耍鱼辣羹、猪大骨清羹、骨槌儿血羹、杂合羹、南北羹、蛤蜊米脯羹等。不过，这些汤羹类菜肴和其他的菜肴一样，大多数都没有记录其制作方法，现在只能从少量的羹类菜肴制作的案例中，略窥一斑。

玉糁羹：此羹因苏轼在一首题为"过子忽出新意，以山芋作玉糁羹，色香味皆奇绝。天上酥陀则不可知，人间决无此味也"的诗传世而名声大噪，苏轼在诗中赞云："香似龙涎仍釅白，味如牛乳更全清。莫将南海金齑脍，轻比东坡玉糁羹。"^③林洪《山家清供》对此也有记载，但所用原料与苏轼的诗中所说有些出入。云：

东坡一夕与子由饮，酣甚，捶芦菔烂煮，不用他料，只研白米为糁食之。急

① 本社编. 生活与博物丛书·山家清供·下. 上海：上海古籍出版社，1993年，第307页。
② 宋·陆游. 老学庵笔记·卷七。
③ 熊四智主编. 中国饮食诗文大典. 青岛：青岛出版社，1995年，第402页。

停箸抚几曰:"若非天竺酥陀,人间决无此味。"①

玉带羹:是一道用笋和莼菜合而为一制成的特色菜肴,被记录在《山家清供》一书中,但并没有详细的制作方法。

春坊赵莼湖、茅行泽亦在焉,论诗把酒及夜,无可供者,湖曰:"吾有镇湖之莼。"泽曰:"雍有稽山之笋",仆笑,"可有一杯羹矣。"乃命仆作玉带羹,以笋似玉,莼似带也。是夜甚适。今犹喜其清高而爱客也。每诵忠简公"跃马食肉付公等,浮家泛宅真吾徒"之句,有此耳。②

山海羹:也是一道用笋制作的羹菜,其制作方法如下:

春采笋蕨之嫩者,以汤瀹过,取鱼虾之鲜省同切作块子,用汤泡果蒸熟,入酱油、麻油、盐,研胡椒同绿豆粉皮拌匀,加滴醋,今后苑多进此,名虾鱼笋蕨羹。今以所出不同,而得同于俎豆间,亦一良遇也。名山海羹,或即羹以笋蕨,亦佳。许梅屋棐诗云:"趁得山家笋蕨春,借厨烹煮自吹薪。倩谁分我杯羹去,寄与中朝食肉人。"③

碧涧羹:其制作方法如下:

芹楚,葵也,又名水英。有二种:荻芹取根,赤芹取叶与茎,俱可食。二月三月作羹时采之,洗净入汤灼过取出,以苦酒研芝麻,入盐少许,与茴香渍之,可作菹。惟瀹而羹之者,既清而馨,犹碧涧然。故杜甫有"青芹碧涧羹"之句。④

金玉羹:据林洪《山家清供》卷下所载,其制法是用切成片的山药和栗子放入羊肉汤中,然后加上佐料煮成。因栗子色似金黄、山药脆似白玉,故名金玉羹。曰:

山药与栗各片截,以羊汁加料煮,名金玉羹。⑤

二、食疗菜肴荟萃

宋代是我国养生食疗菜肴特别发达的时期,这主要是基于宋代的中医药科学研究与经验的积累有了更进一步的发展和提高。由于宋人对饮食在养生和疾病治疗方面的重要作用有了清楚的认识,所以,我国大量的食疗典籍都是出于宋人之手的。《大平圣惠方》对此作了精辟的论述,说:"安人之本,必资于食;救疾之道,乃凭于药,故摄生者须洞晓病源,知其所犯,以食治之,食疗不愈,然后命

---

① 本社编. 生活与博物丛书·山家清供·下. 上海:上海古籍出版社,1993年,第296页。
② 本社编. 生活与博物丛书·山家清供·下. 上海:上海古籍出版社,1993年,第302页。
③ 本社编. 生活与博物丛书·山家清供·下. 上海:上海古籍出版社,1993年,第300页。
④ 本社编. 生活与博物丛书·山家清供·下. 上海:上海古籍出版社,1993年,第291页。
⑤ 本社编. 生活与博物丛书·山家清供·下. 上海:上海古籍出版社,1993年,第311页。

药。"又曰:"……夫食能排邪而安脏腑,清神爽志,以资血气,若能以食平疴,适情遣病者,可谓上工矣。"①正因为这样,《大平圣惠方》一书中有了专门的"食治论"一篇。其他宋代的中医药典籍中也有关于食治、食疗的专章,如《圣济总录·食治门》《养生类纂·论饮食门》等。据不完全统计,"宋代食疗古籍作者26家,成书26卷,文献数量之多为历朝之冠。"②

宋代,有一本专门的食治食疗的著作《养老奉亲书》,作者是宋神宗元丰(公元1078—1085年)时为泰州兴化县令陈直。顾名思义,这是一本专门总结老年人摄食养生的原理、食治方剂,以及医药卫生等内容的书。全书共1卷,分15篇,依次为饮食调治、形证脉候、医药扶持、性处好嗜、宴处起居、贫富分限、戒忌保护、四时养老、春时摄养、夏时摄养、秋时摄养、冬时摄养、食治养老序、食治老人诸疾方、间妙老人备急方。在《饮食调治第一》中,作者充分阐述了饮食调治对人、尤其是对老人的重要作用。云:

主身者神,养气者精,益精者气,资气者食。食者,生民之天,活人之本也。故饮食进则谷气充,谷气充则气血盛,气血盛则筋力强。故脾胃者,五脏之宗也。四脏之气,皆禀于脾。故四时皆以胃气为本。《生气通天论》云:"气味辛甘发散为阳,酸苦涌泄为阴"。是以一身之中,阴阳运用,五行相生,莫不由于饮食也。若少年主人,真气壮,或失于饥饱,食于生冷,以根本强盛,未易为患。其高年之人,真气耗竭,五脏衰弱,全仰饮食以资气血,若生冷无节,饥饱失宜,调停无度,动成疾患。凡人疾病,未有不因八邪而感。所谓八邪者,风、寒、暑、湿、饥、饱、劳、逸也。为人子者,得不慎之。若有疾患,且先详食医之法。审其疾状,以食疗之。食疗未愈,然后命药。贵不伤其腑脏也……。③

在该书的《食治养老序》中,又进一步强调指出:

人若能知其食性,调而用之,则倍胜于药也。缘老人之性,皆厌于药而喜于食,以食治疾胜于用药。况是老人之疾,慎于吐利,尤宜用食以治之。凡老人有患,宜先以食治,食治未愈,然后命药,此养老人之大法也。是以善治病者,不如善慎疾。善治药者,不如善治食。④

本书共录收老人食疗方160余种,可以说是对唐宋时期主要医典中的食疗方剂进行了摘录汇编而成的,这其中包括《食医心鉴》《食疗本草》《诠食要法》《诸家治馔》《太平圣惠方·食治诸法》等。在这些食疗方剂中,纯食疗菜肴就有50

---

① 宋·王怀隐等撰. 大平圣惠方. 北京:人民卫生出版社,1982年。

② 徐海荣主编. 中国饮食史·卷四. 北京:华夏出版社,1999年,第399页。

③ 宋·陈直撰. 养老奉亲书. 上海:上海古籍出版社,1987年。

④ 宋·陈直撰. 养老奉亲书. 上海:上海古籍出版社,1987年。

种以上，分别用于老年人不同的疾病，兹举例如下：①

食治老人脾胃气弱、饮食不多、羸乏，蘩菜羹方：

蘩菜（四两，切之）、鲫鱼肉（五两）。右煮作羹，下五味椒、姜，并调少面，空心食之。常以三五日服，极补益。

食治老人脾胃虚气、频频下痢、瘦乏无力，猪肝煎：

彼猪肝（一具，去膜，切作片，洗去血）、好醋（一升）。右以醋煎肝，微火令汁尽干，即空心常服之，亦明目温中，除冷气。

食治老人下痢赤白，及水谷不度、腹痛，马齿菜方：

马齿菜（一斤，净淘洗）。右煮令熟，及热，以五味或姜醋渐食之。其功无比。

食治老人烦渴、脏腑干枯、渴不止，野鸡臛方：

野鸡（一只，如常法）、葱白（粳米二合，细研）。右切作相和羹作臛，下五味，椒，酱，空心食之。常作，服佳妙。

食治老人消渴、诸药不差、黄瘦力弱，鹿头方：

鹿头一枚，炮，去毛，净洗之令烂熟。空心日以五味食之，并服汁，极效。

食治水气胀满、手足俱肿、心烦闷无力，大豆方：

大豆（二升）、白术（一斤）。右以水和煮，令豆烂熟。空心常食之。食鱼、豆，饮其汁，尤佳。

食治老人淋、小便秘涩、烦热燥痛、四肢寒栗，葵菜羹方：

葵菜（四两，切）、青粱米（三合，研）、葱白（一握）。右煮作羹，下五味、椒、酱，空心食之。极治小便不通。

食治老人中风烦热、言语涩闷，手足热，乌鸡臛方：

乌鸡（半斤，细切）、麻子汁（五合）、葱白（一把）。右煮作臛，次下麻子汁、五味、姜、醋，令熟。空心渐食之，补益。

除《养老奉亲书》中有大量的食疗菜肴之外，《太平圣惠方·食治诸法》记录的食疗菜肴有300余款，②《圣济总录·食治门》中也有近300余款食疗菜肴。③另外，林洪《山家清供》中也记有食疗菜肴数十款，不一一列举。

---

① 本书所选录的食疗菜肴均出自宋·陈直撰《养老奉亲书》中。
② 见宋·王怀隐等撰. 太平圣惠方. 北京：人民卫生出版社，1982年。
③ 见宋·徽宗. 圣济总录. 北京：人民卫生出版社，1998年。

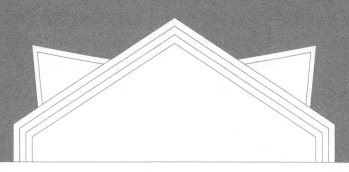

第七章

回汉肴旅的元明食风

我国的元代（公元1271年）始于13世纪的下半叶，加上17世纪中叶结束的明朝，总计四百余年。在这四百多年间，中国饮食文化的发展可以说是经历了中国历史上范围最大的南北交流与民族的融合，菜肴的制作也呈现出多姿多彩、回汉食馔互相融合的特点。不过，本章的内容虽然标明的元明食风，但由于在两宋菜肴的发展介绍中没有涉及到我国北方许多少数民族菜肴的制作情况，而以蒙古族为主要食肴风格的元代菜肴烹饪技艺，是上承辽、金以来的北方牧民饮食习俗的。因此，元代的菜肴发展与制作技艺是有着历史久远的传承，而且也因此对中国整体菜肴体系的发展与完善产生了巨大的影响。

第一节　元代大都的聚珍异馔

元代是中国历史上第一个少数民族入主中原的朝代，蒙古人为了便于统治，就把元代的统治机构搬到了现在的北京，当时的名字叫大都。居住在都城的民众有各色人等，呈现出了包括蒙古人、色目人、汉人、南人混居共存的生活状态。其中的色目人包括了当时蒙古民族以外的西北地区各少数民族、西域各族以及许多的欧洲人。[①]生活在大都的蒙古人和色目人不仅带来了西北地区的饮食风味，甚至把西域和欧洲人的饮食风味也一起融入了当时北京人的饮食生活中，而汉民族的南北风味也在这里汇合，就形成了元代大都融各民族饮食风味于一体、呈现出食肴种类五彩缤纷的局面。不过，在当时的主流社会中是以蒙古食馔、西域回族食肴为主体的饮食风格。

一、《饮膳正要》与宫廷食谱

《饮膳正要》是元代宫廷饮膳太医忽思慧撰写的一部融食肴养生与菜肴烹饪于一体的重要著作，此书在中国饮食文化史和菜肴文化史上具有重要的历史意义。《饮膳正要》由于在介绍元代的菜肴、面食等制作方法的基础上，又增加了养生内容，成为中国饮食养生的经典之作，因此不仅得到了元、明帝王的赞赏，也成为惠及后世的食书之一。

---

① 张征雁，王仁湘著. 昨日盛宴. 成都：四川人民出版社，2004年，第156页。

《饮膳正要》是一部典型的记录元代宫廷饮食品类的食书。全书3卷，卷一、卷二中共记录了当时流行于宫廷的菜肴、主食、汤饮、羹粥等近300种，其中的各色菜肴近200种。《饮膳正要》的菜肴制作具有明显的时代特色，除了烹调方法、原料运用上体现出来的南北、回汉交流之外，更重要的是展示了元代宫廷菜肴制作的特点与风格。

1. 羊肉及羊的其他部位运用广泛

在元代的食肴中，体现了肉类菜肴在饮食品类中占有的绝对地位，尤其是在肉类的应用中又以羊肉及其部位的使用最为突出。在元代的宫廷饮食中，羊的各部位都有菜肴的制作。羊肉应用最为广泛。在卷一的"聚珍异馔"的菜肴中就有"经带面""羊皮面""炙羊心""炙羊腰""河西肺""姜黄腱子""鼓儿签子""带花羊头""鱼弹儿""芙蓉鸡""肉饼儿""盐肠""攒羊头""细乞思哥""肝生""炸䏑儿""熬蹄儿""热羊胸子""红丝""柳蒸羊""羊头脍"[1]等几十种。各种汤、羹也无不用羊肉熬成，如"羊蜜膏""羊脏羹""白羊肾羹""羊肉羹"等有10余种之多。各种带馅、带卤的主食、点心也使用了大量的羊肉及羊的各个部位。在《饮膳正要》中，除了大量的羊肉用于制作菜肴食品外，羊的其他部位，包括羊皮、羊肝、羊肚、羊扒、羊肺、羊尾子、羊胸、羊舌、羊腱、羊腰、羊苦肠、羊头、羊蹄、羊血、羊脂、羊髓、羊辟膝骨、羊肾、羊骨等用来制作菜肴。几乎可以说除了羊毛、羊角以外，羊身上的一切，几乎都被用来制作菜肴、汤羹、面食等食馔。下面列举其中几款比较有特色的羊肉菜肴。

一是"盏蒸"。这是一道用羊皮制作的菜肴，其制作方法如下：

搏羊背皮，或羊肉三脚子卸成什件；草果五个；良姜二钱，陈皮二钱，去白，小椒二钱。右件，用杏泥一斤，松黄二合，生姜汁二合同炒；葱、盐、五味调匀；入盏内蒸，令软熟。对经卷儿食之。[2]

这是一款"蒸碗"的菜式。"蒸碗"一类的菜肴制作在我国民间的宴席菜肴制作中广为流行，但像《饮膳正要》中"盏蒸"这种特色别具一格的菜肴却很少见，充分体现了元代蒙古民族的饮食风格。

二是"柳蒸羊"。这是古代蒙古民族"烤全羊"的一种，而且与流传至今的"馕坑烤全羊"基本相同，但却叫做"柳蒸羊"，颇有意味。其制作方法是：

羊一口带毛。右件，于地上作炉三尺深，周回以石，烧令通赤，用铁芭盛羊，上用柳子盖覆土封，以熟为度。[3]

---

① 忽思慧著，李春芳译注. 饮膳正要. 北京：中国商业出版社，1988年，第54~92页。

② 忽思慧著，李春芳译注. 饮膳正要. 北京：中国商业出版社，1988年，第54页。

③ 忽思慧著，李春芳译注. 饮膳正要. 北京：中国商业出版社，1988年，第92页。

把一只全羊开生后，去净内脏，不要去毛，放在大铁算子上。在地上挖坑深三尺，作成土炉灶，四周用干净的石块码好，在炉子里点上火，把石块全烧红热时，把羊和铁算子一同放入坑中，上面盖上柳子，并用土覆盖封严，以羊肉烤焖熟为止。这种烤全羊食用的时候，是要用刀分割其肉，蘸味汁调料进食的。

三是"羊皮面"。注意这里的"羊皮面"（还有一款"经带面"）实际上不是一般所说的面条，是把羊皮切成像面条一样的带子，这里的"面"是象形的表达方式。实际上是一种菜肴，其制作方法如下：

羊皮二个，撏洗净，煮软；羊舌二个，熟；羊腰子四个，熟；各切如甲叶。蘑菇一斤，洗净；糟姜四两，各切如甲叶。右件，用好肉酽汤或清汁下。胡椒一两、盐、醋调和。①

类似的菜肴还有用羊血制成的"血丝"，用羊肝制成的"肝生"等，就不一一列举了。

在元代的宫廷饮食中，其他家畜肉类虽然也有，但菜肴制品明显不多，只有"豕头姜豉""攒牛蹄""马肚盘""牛肉脯""驴头羹""驴肉汤""乌驴皮汤"数种。

2. 野生动物制作的菜肴丰富多彩

由于生活在我国北方的蒙古民族是一个以捕猎、放牧为主的生产形式，因而在元代的宫廷食肴中可以看出，各种野生动物制成的菜肴在宫廷菜肴中占有相当的比重。以野生动物制作的菜肴有"鹿头汤""熊汤""炒狼汤""炒鹌鹑""盘兔""攒雁""烧雁""烧水札""鹿肾羹""鹿蹄汤""狐肉汤""獾肉羹""野鸡羹""鹁鸽羹""狐肉羹""熊肉羹""野猪臛""獭肝羹"②等几十种，其中不乏特色之品。

炒狼汤：是一款用狼肉制作而成的菜肴，具体方法是：

古《本草》不载狼肉，今云性热，治虚弱。然食之未闻有毒。今制造，用料物以助其味，暖五脏，温中。狼肉一脚子卸成什件，草果三个，胡椒五钱，哈昔泥一钱，荜拨二钱，缩砂二钱，姜黄二钱，咱夫兰一钱。右件，熬成汤，用葱、盐、醋一同调和。③

盘兔：这是一道用两只野兔子、二个萝卜和一只羊尾巴合而为一炒成的菜肴，应该是别具特色的一种野味菜肴。具体制作方法如下：

兔儿二个，切作什件；萝卜二个，切；羊尾子一个，切片；细料物二钱。右件，用炒，葱、醋调和，下面丝二两调和。④

烧水札："水札"，是一种小型的野生水禽，学名鸊鹈，俗名"刀鸭""油

---

① 忽思慧著，李春芳译注. 饮膳正要. 北京：中国商业出版社，1988年，第53页。
② 忽思慧著，李春芳译注. 饮膳正要. 北京：中国商业出版社，1988年，第34~197页。
③ 忽思慧著，李春芳译注. 饮膳正要. 北京：中国商业出版社，1988年，第57页。
④ 忽思慧著，李春芳译注. 饮膳正要. 北京：中国商业出版社，1988年，第76页。

鸭""水鸢"等。"烧水札"的制作方法是：

水札十个，掵洗净；芫荽末一两，葱十茎，料物五钱。右件，用盐拌匀，烧；或以肥面包水札就笼内蒸熟亦可；或以酥油、水和面包水扎入炉鏊内炉熟亦可。[①]

一种小水禽的烹调方法就用了烧、蒸、炉烤等三种，而且还是各有不同的，反映了元代宫廷菜肴的制作技艺是十分讲究的。

除了野味，在元代的宫廷菜肴中，用家禽为原料制成的菜式虽然也有如"攒鸡儿""芙蓉鸡""生地黄鸡""乌鸡汤""炙黄鸡""黄鹂鸡""青鸭羹"等，但总体来说为数是很有限的。

在《饮膳正要》中，以鱼类制作的菜肴虽然不是很多，但却富有特色，如"团鱼汤""鲤鱼汤""鱼弹儿""姜黄鱼""鱼脍""鲫鱼羹"等，其中"鲤鱼汤""鲫鱼羹"各有两种制作方法，这主要是因为他们的养生食疗功能有别。

两种"鲤鱼汤"的制作方法如下。

其一：

大新鲤鱼十头，去鳞、肚、洗净；小椒末五钱。右件，用芫荽末五钱，葱二两（切），酒少许，盐，一同腌拌。清汁内下鱼，次下胡椒末五钱，生姜末三钱，荜拨末三钱，盐、醋调和。[②]

其二：

大鲤鱼一头；赤小豆一合；陈皮二钱，去白；小椒二钱，草果二钱。右件，入五味调和匀，煮熟。空腹食之。[③]

根据《饮膳正要》作者的介绍，这两种菜肴不仅味道鲜美，而且又有食疗功用。前一款"鲤鱼汤"具有"治黄疸、止渴、安胎"等作用，而后一款"鲤鱼汤"对于治疗"消渴水肿、黄疸、脚气"具有非常好的疗效。由于功用不同，所以原料配伍和制作方法也有区别。

两种"鲫鱼羹"的制作方法如下。

其一：

大鲫鱼二斤，大蒜两块，胡椒二钱，小椒二钱，陈皮二钱，缩砂二钱，荜拨二钱。右件，葱、酱、盐、料物，蒜，入鱼肚内，煎熟作羹，五味调和令匀。空心食之。[④]

其二：

大鲫鱼一头，新鲜者，洗净，切作片；小椒二钱，为末；草果一钱，为末。

---

① 忽思慧著，李春芳译注. 饮膳正要. 北京：中国商业出版社，1988年，第91页。
② 忽思慧著，李春芳译注. 饮膳正要. 北京：中国商业出版社，1988年，第56页。
③ 忽思慧著，李春芳译注. 饮膳正要. 北京：中国商业出版社，1988年，第189页。
④ 忽思慧著，李春芳译注. 饮膳正要. 北京：中国商业出版社，1988年，第184页。

右件用葱三茎煮熟，入五味。空腹食之。[①]

前后两款"鲫鱼羹"仅仅由于调味料的差异，而使其食疗功能不同，这也是元代及其以后菜肴烹调的一大特色。

3. 明显的少数民族饮食特色

《饮膳正要》中所记录的宫廷食馔，不仅突出了北方蒙古民族喜食羊肉与羊的全体和大量运用野味的饮食特征，而且其中的许多菜肴、食馔名称也保留了蒙古传统食品的特色，有些菜肴制作中还使用了来自于波斯人或阿拉伯人的调味原料。如"马思答吉汤""八儿不汤""沙儿木吉汤""秃秃吗乞""马乞""搠罗脱因""细乞思哥""颇儿必汤""米哈讷关列孙""赤赤哈纳""马思哥油"等。根据《饮膳正要》的介绍，这些名称之所以使用了西域乃至西亚等地区的语言，是因为在这些菜肴、食馔中运用了蒙古人、波斯人或阿拉伯人对羊的不同部位的习惯称呼，或是使用来自于这些地区的调味原料等。如"颇儿必汤"即是用羊辟膝骨制作的汤，"米哈讷关列孙"是用羊的后脚制作的菜肴等，不一而足。还有一些的菜肴在调味时使用了来自蒙古、波斯或阿拉伯地区的调味品，因而有的菜肴就直接用这些调味品的名字给菜肴命名。如"马思答吉汤"中使用了"马思答吉"的调味品，"沙儿木吉汤"中则使用了"沙乞某儿"等，兹录于下。

"马思答吉汤"的制作：

羊肉一脚子，卸成什件；草果五个；官桂二钱；回回豆子半升，捣碎，去皮。右件一同熬成汤，滤净；下热回回豆子二合，香粳米一升，马思答吉一钱，盐少许，调和匀；下事件肉、芫荽叶。[②]

菜肴中使用的"回回豆子""马思答吉"均是外来的调味原料。

"沙儿木吉汤"的制作如下：

羊肉一脚子，卸成什件，草果五个；回回豆子半升；捣碎去皮；沙乞某儿五个，系蔓菁。右件一同熬成汤，滤净。下熟回回豆子二合，香粳米一升，熟沙乞某儿切如色数大；下事件肉、盐少许，调和令匀。[③]

当然在一些菜肴中虽然使用外来的调味品，但仍然保持了中国菜肴传统式的名称。如"炙羊心""炙羊腰"，都以玫瑰水浸"咱夫兰"的汁等。根据粗略的统计，《饮膳正要》中使用的来自域外的调味品就有"回回豆子""马思答吉""沙乞某儿""咱夫兰""哈昔尼"等近十种。

但就菜肴的烹饪技术来看，《饮膳正要》中所记录的元代宫廷菜馔虽然明显

---

① 元·忽思慧著，李春芳译注. 饮膳正要. 北京：中国商业出版社，1988年，第197页。
② 元·忽思慧著，李春芳译注. 饮膳正要. 北京：中国商业出版社，1988年，第27页。
③ 元·忽思慧著，李春芳译注. 饮膳正要. 北京：中国商业出版社，1988年，第31页。

体现出了当时蒙古民族的许多饮食风格与特点，但还是有更多的菜肴运用和融合了汉民族烹调技艺的，包括菜肴的用料配伍、调味方法等，有的本身就是来自于汉族。如"猪头姜豉""芙蓉鸡"一类的菜肴。

"猪头姜豉"的制作如下：

猪头二个，洗净，切成块；陈皮二钱，去白；良姜二钱；小椒二钱，官桂二钱；草果五个；小油一斤，蜜半斤。右件，一同熬成，次下芥末炒。葱、醋盐调和。①

"芙蓉鸡"的制作如下：

鸡儿十个，熟攒；羊肚、肺各一具，熟切；生姜四两，切；胡萝卜十个，切；鸡子二十个，煎作饼，刻花样；赤根芫荽（打糁），胭脂、栀染；杏泥一斤。右件，用好肉汤炒。葱、醋调和。②

"芙蓉鸡"的名称显然是来自汉民族的习惯，但菜肴的用料与制作又明显的带有蒙古民族的饮食习惯。此菜肴的主料是鸡儿和鸡子，为了适应蒙古民族的饮食习惯，又加上羊肚肺、胡萝卜及生姜、杏泥等物进行配合，这是一种多民族菜肴风格相融合的混合产品。不过，在《饮膳正要》中，以家禽为主料制作的菜肴，主要是以汉族风格的居多，许多的鱼类菜也是如此。

《饮膳正要》中所记录的元代宫廷菜肴，虽然反映出了当时元代上层社会的饮食状况，但由于作者出于对食疗养生的需要，对于入选的菜肴肯定是有所斟酌的，因此不能是元代宫廷菜肴的全部，充其量只是其中的一部分，甚至可能是其中的一少部分。

二、"行厨八珍"

蒙古民族是以游牧为主要生活方式的民族，在元朝立国前后的几十年间，元代的军队东征西战，南北讨伐，长期处于不断的移动与迁徙之中。在行军打仗的征途中，元代的最高统治阶层又是如何饮食的。这在中统年间官拜中书左丞相耶律铸的《行帐八珍诗》中有形象的反映。

蒙古人的"行帐八珍"，也叫"行厨八珍"，是一类珍味菜肴食品的总称，耶律铸在诗的小序中说："往在宜都，客有请述行帐八珍之说，则此行厨八珍也，一曰醍醐，二曰麆沆，三曰驼蹄羹，四曰驼鹿唇，五曰驼乳糜，六曰天鹅炙，七曰紫玉浆，八曰软玉膏。"其中属于菜肴的有驼蹄羹、驼鹿唇、天鹅炙、

① 元·忽思慧撰. 刘玉书点校. 饮膳正要. 北京：人民卫生出版社，1986年，第39页。
② 元·忽思慧撰. 刘玉书点校. 饮膳正要. 北京：人民卫生出版社，1986年，第38页。

软玉膏等。下面摘录其中的三首词如下。

1. 驼蹄羹

康居南鄙伊丽迤西，沙碛斥卤地，往往产野驼，与今双峰家驼无异，肉极美，蹄为羹，有自然绝味。

独擅千金济美名，羞缘遗味更腾声。不应也许教人道，众口难调傅说羹。

2. 驼鹿唇

驼鹿，北中有之，肉味非常，唇殊绝美，上方珍膳一也。

麟脯推教冠八珍，不甘腾口说猩唇。终将此意须通问，曾是和调五鼎人。

3. 软玉膏

软玉膏，柳蒸羊也，好事者名之。

赤髓薰蒸软玉膏，不消割切与煎熬。是须更可教人笑，负鼎徘徊困鼓刀。[①]

耶律铸《行帐八珍诗》中的"八珍"虽然不都是菜肴，但通过驼蹄羹、驼鹿唇、软玉膏、天鹅炙之类这些珍美的菜肴可以看出，都是流行在当时蒙古民族中的一些以稀有野味见长的佳肴，当然像"软玉膏"，即柳蒸羊，是元代颇具草原风味焖炉烧烤的代表菜式，这在《饮膳正要》中已有介绍，而此菜至今在新疆地区仍有此菜沿承，而它的历史可以上溯到隋唐以前流行的"貊炙"一类的食肴。耶律铸在另一首题为《行厨》的诗中，还提到了一款叫做"玉蝉羹"的菜肴，[②]是否是用蝉为主要原料制作而成的，由于史料阙如，就不得而知了，但无疑也属于野味之品。

在汪元量的《湖州歌九十八首》中，描述了当年南宋太皇太后和小皇帝到大都后，忽必烈在举行的欢迎宴会上所献的部分菜肴的情况。其中的第二宴有"驼峰割罢行酥酪，又进雕盘嫩韭葱"；第三宴则有"割马烧羊熬解粥"；第四宴献上的是"并刀细割天鹅肉"；而第五宴为"金盘堆起胡羊肉"；第六宴是"蒸麋烧麂荐杯行"；第七宴有"杏浆新沃烧熊肉，更进鹌鹑野雄鸡"。除了正式宴会，忽必烈还"别赐天鹅与野麋""熊掌天鹅三玉盘"之类的肴馔。[③]忽必烈用来接待南宋皇室的宴席菜肴，虽然已经不是"行军打仗"的时候了，但仍然保留和延续了《行帐八珍诗》中的"八珍"之品，同样是野生动物肉与野禽类的制品。如"驼峰""酥酪""天鹅肉""胡羊肉"等，至于"蒸麋烧麂""割马烧羊""烧熊肉""鹌鹑野雄鸡"之类，对于蒙古人来说，虽非珍品，也都是野生的动物，足以展示元代宫廷菜肴制作的特征与风格。

---

① 熊四智主编. 中国饮食诗文大典. 青岛：青岛出版社，1995年，第653页。
② 熊四智主编. 中国饮食诗文大典. 青岛：青岛出版社，1995年，第655页。
③ 汪元量. 增订湖山类稿·卷二。

三、元代的民间与商业菜品

忽思慧的《饮膳正要》尽管是从食疗养生方面进行编撰的食谱，毕竟反映的是元代宫廷的菜肴制作情形。在元代，一般的老百姓及都市中饭馆、食店等餐饮业经营的菜肴又是如何呢？元代有一本无名氏撰写的《居家必用事类全集》的书，其中的"己集"与"庚集"为饮食类，不仅记载了元代民间菜肴、面食、粥羹等食肴的制作，而且还专题记录了许多"回回食品"与"女真食品"。

元代的宫廷与贵族菜肴多以肉食为主，但对于一般平民百姓来说，日常的菜肴不过是蔬菜素茹而已，有的甚至只是酱品、干盐用来下饭。《析津志辑佚·风俗》中对大都当时"经济生活匠人等"的菜肴食品记录说："菜则生葱、韭、蒜、酱、干盐之属。"这与官僚阶层的饮食形成了鲜明的对比。虽然这样，但根据《居家必用事类全集》的记录，元代商业的菜肴与民间菜肴中还有一定数量的肉类制品。不过，《居家必用事类全集》记载的主要是元代北方地区的菜肴、食品制作情况，因此只能对于当时北方民间的菜肴制作进行简略的说明。

大抵说来，元代的市场上销售的菜肴与民间制作的菜肴，可以分为荤、素两大类。荤菜中使用的家畜肉，仍以羊肉为主，猪肉次之，牛、马、驴肉又次之。因为，牛、马、驴等具有工具性质的大家畜在元代是禁止随便宰杀的，当时规定"凡耕佃备战，负重致远，军民所需，牛、马为本，往往公私宰杀，以充庖厨货之物，良可惜也。今后官府上下公私饮食宴会并屠肆之家，并不得宰杀牛马，如有违者，决杖一百。"[①]不过，在元代各类家禽肉、野生动物肉在北方菜肴中的应用还是比较普遍的，因此《居家必用事类全集》中记载的较多，甚至影响到了南方地区。鱼类中海鱼与淡水鱼菜肴在当时还是都相当普遍的。素菜包括蔬菜和某些豆类制品，在农业地区也很普遍。

《居家必用事类全集》中记载的包括元代市肆菜肴在内的民间菜肴制作，包括"蔬食""肉食""回回食品""女真食品""从食品""素食"，有关其他的食品制作不在我们的讨论范围。其中"肉食"中又分为"腌藏肉品""腌藏鱼品""造鲊品""烧肉品""煮肉品""肉下酒""肉灌肠红丝品""肉下饭品""肉羹食品"等几类。现以"烧肉品"为例略作介绍。所谓"烧肉品"，包括蒸、烤两种制作方法，但以烧为主，而且烧又分为筵上烧、锅烧、划烧、酿烧数种。实际上，烧即烧烤类菜肴，是我国包括蒙古民族在内的北方各少数民族的菜肴大宗。通过《居家必用事类全集》中记载的"筵上烧肉事件"可以窥其一斑。

筵上烧肉事件

---

① 元典章·卷五十七，刑部第十九·禁屠杀。

羊脯（煮熟，烧）　　　　羊肋（生烧）

麋、麂脯（煮半熟，烧）　　黄羊肉（煮熟，烧）

野鸡（脚儿生烧）　　　　鹌鹑（去肚，生烧）

水扎、兔（生烧）

苦肠、蹄子、火燎肝、腰子、脊肉（以上生烧）

羊舌、耳、黄鼠、沙鼠、搭剌不花、胆灌脾（并生烧）

羊奶肪（半熟，烧）　　　野鸭、川雁（熟烧）

督打皮（熟烧）　　　　　全身羊（炉烧）[①]

右件除炉烧羊外，皆用签子插于炭火上，蘸油、盐、酱、细物料、酒、醋调薄糊，不住手勤翻，烧至熟，剥去面皮供。

上面所列出的烧肉品都是供下酒用的菜肴，而且可以看出，元代的烧制方法已有了很大改进，除了"烤全羊"之外，其他均使用面糊包裹物料后再加热烧烤的方法，较之蒙古民族原来直接把食物放在火上烧烤的方法已经有了很大的进步，显然是学习了汉民烹调菜肴的方法所致。至于"炉烧"的全身羊，就是"烤全羊"，也就是将整只羊在炉中烧烤，这与宫廷菜肴中的"柳蒸羊"是一样的。除此以外，元代"锅烧肉"与"碗蒸羊"还是颇具特点的。

锅烧肉

猪羊鹅鸭等，先用盐、酱、料物腌一二时。将锅洗净烧热，用香油遍浇，以柴棒架起肉，盘合纸封，慢火焖熟。

碗蒸羊

肥嫩者每斤切作片。粗碗一只，先盛少水，下肉，用碎葱急一撮、姜三片、盐一撮，湿纸封碗面。于沸上火炙数沸，入酒醋半盏、酱干、姜末少许，再封碗慢火养。候软供。砂铫亦可。[②]

在这两种菜肴的制作中，无论是烧、是蒸都用湿纸进行了封闭，这样一来既可以充分保持食品原料的香气，又有利于节约燃料。尤其是"碗蒸羊"的制作方法，与后世闽菜的"佛跳墙"的隔水炖有异曲同工之妙。

除了烧烤外，煮制肉类菜肴是元代肉品制作运用最广泛的重要方法。当时对煮各种动物肉已积累了颇为丰富的经验，特别是对火候的要求极其严格与细致。如"羊肉滚汤下，盖定，慢火养"，而牛肉也要滚汤下，慢火养，但不能加盖；"马肉冷水下，不盖"。其他如对獐肉、鹿肉、驼峰、熊掌、虎肉、驼肉、熊肉

---

① 元·无名氏编，邱庞同注释. 居家必用事类全集. 北京：中国商业出版社，1986年，第87页。

② 元·无名氏编，邱庞同注释. 居家必用事类全集. 北京：中国商业出版社，1986年，第88~89页。

等，也各有火候的讲究。有的需要"煮七八分熟"，有的则要"慢火养八分熟"，也有的需要"火炙干，下锅煮熟"等，不一而足。

"煮肉品"之外，还有炖制的菜肴，但《居家必用事类全集》没有把炖制菜肴单独列项进行介绍，但炖制菜肴也有火候的要求。还有炒制的菜肴，数量虽然不多见，但却很有特色。如"川炒鸡"的制作方法是：

> 每只洗净，剁作什件。炼香油三两，炒肉，入葱丝、盐半两。炒七分熟。用酱一匙，同研烂胡椒、川椒、茴香，入水一大碗，下锅煮熟为度。加好酒些小为炒。[①]

《居家必用事类全集》又有"盘兔"一味，名字与《饮膳正要》中的宫廷菜肴"盘兔"相同，原料配伍、制作方法略有区别的，但基本上都属于炒的方法。其制作方法如下：

> 肥兔一只，煮七分熟，拆开，缕切。用香油四两炼熟，下肉，入盐少许，葱丝一握，炒片时。却将元汁澄清下锅，滚二三沸，入酱些小。
>
> 再滚一二沸。调面丝，更加活血两勺，滚一沸。看滋味，添盐、醋少许。
>
> 若与羊尾、羊腰缕切同炒，尤妙。[②]

《居家必用事类全集》记载的元代菜肴中，冷菜、冷盘的制作颇为多样，称为"肉下酒"，还包括"肉灌肠红丝品"等。

元代"肉下酒"一类的冷菜制作很有特点，以动物的内脏如肝、肺等原料见长，以及制脍。常见的菜肴如"生肺""酥油肺""琉璃肺""水晶脍""照脍""脍醋""肝肚生""聚八仙""假炒鳝""曹家生红""水晶冷淘脍"等。常见的"肉灌肠红丝品"则有"松黄肉丝""韭酪肉丝""灌肺""汤肺""灌肠"等，制作方法上也各有特色。如"水晶脍"，就是现在的猪皮胶冻一类的菜肴，制作方法如下：

> 猪皮，割去脂，洗净。每斤用水一斗，葱、椒、陈皮少许，慢火煮皮软，取出，细切如缕，却入原汁内再煮，稀稠得中，用绵子滤，候凝即成。脍切之，酽醋浇食。[③]

"水晶"之名颇为形象，是形容猪皮冻透明，犹如水晶一般。在元代，猪皮之外，还可以用鲜活鱼和鲤鱼皮制作，就是现在的鱼胶冻。由此可以看出，在

① 元·无名氏编，邱庞同注释. 居家必用事类全集. 北京：中国商业出版社，1986年，第100页。

② 元·无名氏编，邱庞同注释. 居家必用事类全集. 北京：中国商业出版社，1986年，第101页。

③ 元·无名氏编，邱庞同注释. 居家必用事类全集. 北京：中国商业出版社，1986年，第92页。

金、元之际，晶莹剔透的胶冻菜肴制作技术已经非常成熟了，而且使用的原料也较为宽泛。

肉肠制品则以"灌肺""马驹儿"富有特点。

"灌肺"的制作方法如下：

羊肺带心一具，洗干净，如玉叶。用生姜六两，取自然汁，如无，以干姜末二两代之，麻泥、杏泥共一盏，白面三两，豆粉二两，熟油二两，一处拌匀，入盐、肉汁。看肺大小用之。灌满，煮熟。[①]

"马驹儿"的制作方法如下：

马核桃肠洗净，翻过。将马肉、羊肉同川椒、陈皮、茴香、生姜、葱、榆仁酱一处剁烂，装入肠内。每个核桃装满，线扎煮熟，就筵上割块，又入芥末肉丝食之。[②]

包括其他的羊血灌肠、马肉灌肠、羊肉灌肠之类，看来是当时蒙古民族的特色肉制品，这些制品至今仍然在我国西北少数民族地区的民间传承。

其他的冷菜还有"肝肚生""聚八仙""假炒鳝"之类，也是各有风味的。"肝肚生"是以"精羊肉并肝，薄批，摊纸上，血尽，缕切，羊百叶缕切，装碟内。簇嫩韭、芫荽、萝卜、姜丝，用脍醋浇"。[③]这种把生的羊肉、羊肝、羊百叶"缕切"成丝后，用一种在醋内加葱、姜、酱、椒、糖、盐等物制成的"脍醋"浇拌而食，确实与众不同，它和宫廷中的"肝生"菜肴相似，有如现在"生吃鱼片"之类。"聚八仙"闻其菜名就知道是一款什锦类的冷制菜肴，是用"熟鸡为丝、衬肠焯过剪如线"或者用"熟羊肚针丝、熟虾肉、熟羊肚胘细切，熟羊舌片切"，然后用"生菜、油、盐揉姜丝、熟笋丝、藕丝，香菜、芫荽簇碟内。脍醋浇，或芥辣或蒜酪皆可"。用现在的说法，这就是一款"芥末什锦丝"。"假炒鳝"则是用"羊脊肉批作大片，用豆粉、白面表裏，匀糁，以骨鲁槌拍如作汤裔相似，蒸熟，放冷"，然后，再用刀"斜纹切之，如鳝生，用木耳、香菜簇钉。脍醋浇，作下酒"。为了切割后保持如"鳝生"的效果，必须注意"纵横切皆不可，唯斜纹切为制"。

在元代，肉羹类的菜肴应用较为普遍，因此在《居家必用事类全集》记载了数量可观的"肉羹食品"，包括富有特色的"骨插羹""萝卜羹""炒肉羹""假鳖羹""螃蟹羹""团鱼羹""假香螺羹""假鳆鱼羹"等十余种。

---

① 元·无名氏编，邱庞同注释. 居家必用事类全集. 北京：中国商业出版社，1986年，第96页。

② 元·无名氏编，邱庞同注释. 居家必用事类全集. 北京：中国商业出版社，1986年，第101页。

③ 元·无名氏编，邱庞同注释. 居家必用事类全集. 北京：中国商业出版社，1986年，第94页。

蔬、素类菜肴的制作技术在元代的史料中记录的较为薄弱，尤其是蔬菜的烹调制作，这可能与我国北方的季节物产有关。当时食用蔬菜，一种普遍的方法是洗净后生吃，这符合北方人的生活习惯。一种是用各种酱、汁料调而拌食。另外一种是把蔬菜经过较长时间的曝晒或盐腌，这样可以长期贮存。此外通常的热食方法便是用炒、煮、蒸等烹调方法。《居家必用事类全集》有"蔬食"专集，但主要介绍的是各种干、腌蔬菜的方法，也有少量的拌、炒蔬菜菜肴。如"胡萝卜菜""芥末茄儿"等便是。"胡萝卜菜"和"芥末茄儿"的制作方法如下：

胡萝卜菜

切作片子，同好芥菜入醋内略焯过，食之脆。芥菜内，仍用川椒、莳萝、茴香、姜丝、橘丝、盐拌匀用。

芥末茄儿

小嫩茄切作条，不须洗。晒干，多着油锅内，加盐炒熟。入磁盆中摊开，候冷，用干芥末匀掺拌。磁罐收贮。[1]

虽然"芥末茄儿"是一道在油锅内炒熟的蔬菜菜肴，但仍可以作长期贮存。

在元代著名的画家兼美食家倪瓒的《云林堂饮食制度集》中，蔬菜的制作也仅有"雪盦菜""醋笋法""烧萝卜法"数种，其中的"雪盦菜"颇有特色。

用青菜心，少留叶，每棵作两段入碗内。以乳饼厚切片盖满菜上，以花椒末于手心揉碎掺上，椒不须多，以纯酒入盐少许，浇满碗中，上笼蒸，菜熟烂啖之。[2]

而"醋笋"是先煮笋，将笋捞出，再"用笋汁，入白梅、糖霜碎或白沙糖、生姜自然汁少许，调和合味。入笋淹少时，冷啖。不可留久"。至于"烧萝卜法"则是将萝卜"切作四方长小块，置净器中。以生姜丝、花椒粒掺上。用水及酒，少许盐、醋调和，入锅一沸，乘热浇萝卜上，急盖之，置地。浇汁应浸没萝卜"。[3]

在元代，素菜的制作是以豆制品、面筋制品、菌类原料为主的。豆腐、面筋菜肴是民间家庭、经济类餐馆的流行菜式。《居家必用事类全集》有"素食"一门，介绍了"素下酒"的菜肴4种。有用蘑菇丝、山药、豆粉等制成的"玉叶羹"，有面筋制作的"膳生""素灌肺"，有用魔芋制作的"假灌肺"，都是很有

① 元·无名氏编，邱庞同注释. 居家必用事类全集. 北京：中国商业出版社，1986年，第68~70页。

② 元·倪瓒撰，邱庞同注释. 云林堂饮食制度集. 北京：中国商业出版社，1984年，第9页。

③ 元·倪瓒撰，邱庞同注释. 云林堂饮食制度集. 北京：中国商业出版社，1984年，第17页。

风味特色的素馔。不过，当时的素菜品，在南方更为流行，倪瓒在《云林堂饮食制度集》中介绍了一款"煮麸干"，就很有代表性，其制作方法云：

以吴中细麸，新落笼不入水者，扯开作薄小片。先用甘草，作寸段，入酒少许，水煮干，取出甘草。次用紫苏叶、橘皮片、姜片同麸略煮，取出，待冷。次用熟油、酱、花椒、胡椒、杏仁末和匀，拌面、姜、橘等，再三揉拌，令味相入。晒干，入糖甏内封盛。如久后啖之时觉硬，便蒸之。①

除此而外，豆芽的制作也非常流行，《居家必用事类全集》对此作了详细的记录，叫做"造豆芽法"，云："绿豆拣净，水漫两宿。候涨，以新水淘，控干。扫净地，水湿，铺纸一重，匀掺豆，用盆器覆。一日洒水两次。须候芽长一寸许，淘去豆皮。沸汤焯，姜、醋、油、盐和食之，鲜美。"②

四、清真菜肴飘香华夏

我们今天把中国回族的风味菜肴称为清真菜，在元代的时候虽然有回回民族，但并不把他们的饮食称之为"清真"饮食。中国现代回民族的组成是多元化的，而在元代时候的"回回"，则指来自中亚和西南亚的信奉伊斯兰教的各族居民，他们的饮食别具特色，其菜肴制作也有独到之处。《居家必用事类全集》庚集中专列"回回食品"一节，共记载了各色食品12种，大部分是面食制品，其中属于菜肴的只有"河西肺""海螺厮""哈里撒""酸汤"等几种。这些菜肴的主要用料都有羊肉，但制作方法与后世的"清真菜"还是有一定的区别的，可以算是中国"清真菜"的滥觞。如其中"酸汤"的制作方法是：

乌梅不拘多少，糖醋熬烂，去渣、核。再入沙锅，下蜜，尝酸甜得所，下擂烂松仁、胡桃、酪熬之。胡桃见乌梅、醋必黑。此汁须用肉汁再调味，同煮烂羊肋寸骨、肉弹、回回豆供。③

这是一种酸甜口味的羹类菜肴，由于使用的原料是以"羊肋寸骨、肉弹、回回豆供"的，所以具有特殊的回民饮食风格。

"河西肺"与"海螺厮"的制作也各具特色。

河西肺

① 元·倪瓒撰，邱庞同注释. 云林堂饮食制度集. 北京：中国商业出版社，1984年，第10页。
② 元·无名氏编，邱庞同注释. 居家必用事类全集. 北京：中国商业出版社，1986年，第73页。
③ 元·无名氏编，邱庞同注释. 居家必用事类全集. 北京：中国商业出版社，1986年，第109页。

连心羊肺一具，浸净。以豆粉四两，肉汁破开，面四两，韭汁破开，蜜三两，酥半斤、松仁、胡桃仁去皮净，十两，擂细，滤去滓，和搅匀，灌肺满足，下锅煮熟。大单盘盛，托至筵前，刀割碟内。先浇灌肺剩余汁，入麻泥煮熟。作受赐。

海螺厮

鸡卵二十个，打破，搅匀。以羊肉二斤细切，入细料物半两，碎葱十茎，香油炒作燥子。搅入鸡卵汁令匀。用醋一盏、酒半盏、豆粉二两调糊，同鸡子汁、燥肉再搅匀。倾入酒瓶内。箸扎口。入滚汤内煮熟。伺冷，打破瓶，切片，酥蜜浇食。①

这两款菜肴都具有特别的风格，"河西肺"的制作方法极其讲究、大气，富有回民族的粗犷情趣，而"海螺厮"是把鸡蛋液内加入燥子羊肉，冷凝后制成的一种冷食菜肴，类似于现在的肉肠制品，属于冷菜的一种。

实际上，元代的回族在后来的发展中，与我国西北地区的其他少数民族有很大的交流与融合，后世的"清真菜肴"包括了许多西北地区的饮食风味。这通过《饮膳正要》与《居家必用事类全集》两书对元代菜肴的记录就可以看出来。《居家必用事类全集》在己集中还有"女真食品"专项，共收6种，除了"柿糕""高丽栗糕"为主食加工外，其余4种分别是"厮剌葵菜冷羹""蒸羊眉突""塔不剌鸭子""野鸡撒孙"。这些菜肴均是使用羊与鸡、鸭等禽类为主要原料的菜肴制作，在今天看来，也是属于"清真菜"一类风格的。其中"厮剌葵菜冷羹"是一道以用葵菜心、叶为主加有鸡、鸭、羊肉等多种配料的荤菜冷盘。制作方法如下：

葵菜去皮，嫩心带稍叶长三四寸，煮七分熟，再下葵叶。候熟，凉水浸，拨拣茎叶另放，如簇春盘样。心、叶四面相对放。间装鸡肉、皮丝、姜丝、黄瓜丝、笋丝、莴笋丝、蘑菇丝、鸭饼丝、羊肉、舌、腰子、肚儿、头蹄、肉皮皆可为丝。用肉汁、淋蓼子汁，加五味，浇之。②

"蒸羊眉突"就是一种特色蒸羊肉菜式：

羊一口，燖净。去头、蹄、肠、肚等，打作事件。用地椒、细料物、酒、醋调匀。浇肉上，浸一时许。入空锅内，柴棒架起，盘合泥封。发火，不得大紧。候熟，碗内另供原汁。③

显然元代的"女真菜肴"既具有我国北方少数民族擅长使用羊肉的饮食特

① 元·无名氏编，邱庞同注释. 居家必用事类全集. 北京：中国商业出版社，1986年，第110~111页。

② 元·无名氏编，邱庞同注释. 居家必用事类全集. 北京：中国商业出版社，1986年，第111页。

③ 元·无名氏编，邱庞同注释. 居家必用事类全集. 北京：中国商业出版社，1986年，第112页。

征，在烹饪制作技艺上又借鉴、学习了汉民族的一些方法。因为女真人自古以来从事畜牧业和狩猎为主，所以，"女真，善射，多牛、鹿、野狗，其人无定居，行以牛负物，遇雨则张革为屋。常作鹿鸣，呼鹿而射之，食其生肉"。[①]但金、元时期女真人已有农业，故"饮食则以糜酿酒，以豆为酱，以半生米为饭，渍以生殉血，及葱韭之属相而食之，笔以芜荑。食器无瓠陶，无匕箸，皆以木为盆。春夏之间，止用木盆贮鲜粥，随人多寡盛之，以长柄小木杓子数柄，回环共食。下粥肉味无多品，止以鱼生、獐生，间用烧肉。冬亦冷饮，却以木碟盛饭，木碗盛羹。下饭肉味与下粥一等。饮酒无算，只用一木杓子，自上而下，循环酌之。炙股烹脯，以余肉和菜捣臼中，糜烂而进，率以为常"。[②]可见他们的菜肴制作还是相当具有原始风格的。但后来在南宋与大辽饮食文化的影响下，不仅菜肴烹调发生了改变，牛羊鹿等以外的食物也大量增加。如"参知政事魏子平嗜食鱼，厨人养鱼百余头，以给常膳"。"东平薛价，阜昌初进士，尝令鱼台，嗜食糟蟹。凡造蟹，厨人生揭蟹脐，纳椒一粒，盐一捻，复以绳十字束之，填入糟瓮，上以盆合之，旋取食"。[③]又有"曹州定陶县之北有陂泽，民居其傍者，多采螺、蚌、鱼、鳖之属，鬻以赡生"。[④]

从历史演变的角度上看，金、元代的"女真菜肴"后来在很大程度上融入了"清真菜"中。而后世的"清真菜"在其发展过程中，是吸收、融合了包括汉族菜肴制作技艺在内多种民族的饮食烹饪方法而形成的。

第二节　饮食好尚明宫菜

明代，是中国饮食文化日趋完善发展的时期，菜肴的制作技术已经达到了相当高的水平，尤其是在明代宫廷饮食极尽豪华奢侈的大背景下，促进了中国菜肴的制作技术。菜肴技术的发达，同时又促进了理论总结的发展，明代大量食书、食谱、养生一类专业书籍的出现，就足以证明了这一点。菜肴制作技术与理论总结的共同发展，为后世中国几大著名菜肴体系的形成奠定了良好的基础。

---

① 宋·欧阳修撰. 新五代史·四夷附录第二. 北京：中华书局，1997年，第906~907页。
② 会编·卷3. 北风扬沙录。
③ 元好问. 续夷坚志·卷4. 魏相梦鱼，虫介之变。
④ 元好问. 夷坚志乙·卷1. 定陶水族。

一、明代宫廷食馔

要了解明代的菜肴发展情况，必须首先了解明代的宫廷饮食与御厨菜肴的制作。明人刘若愚在《明宫史·饮食好尚》中，对当年明宫岁时节日的饮食习俗进行了较为详细的记录，其中也有大量的节日菜肴。如每年正月十五的灯节，照例宫廷是要进行赏灯活动的，至十六日是赏灯活动达到高潮的时候，所谓"天下繁华，咸萃于此"。在此佳节，宫内帝后眷属所品尝的珍馐与节令时鲜食品，品种丰富多样，它们来自全国各地，且都是地方名特产品和滋养食品，花样不胜枚举，主要有冬笋、银鱼、鸽蛋、麻辣活兔等，还有来自塞外的黄鼠、半翅鹨鸡，以及江南的蜜柑、凤尾橘，漳州橘、橄榄、小金橘、风菱、脆藕等。甚至连冰下的活虾之类，也可以在明宫里吃得到。当时，在宫廷的御宴之上，可以见到各色美味佳肴，主要的有烧鹅鸡鸭、烧猪肉、冷片羊尾、爆炒羊肚、猪灌肠、大小套肠、带袖腰子、羊双肠、猪脊肉、黄颡管耳、脆团子、烧笋鹅鸡、曝醃鹅鸡、燥鱼、柳蒸煎瀵鱼、煤铁脚雀、卤煮鹌鹑、鸡醢汤、米烂汤、八宝攒汤、烩羊头、糟腌猪蹄尾耳舌、鹅肫掌等，以及羊肉猪肉包、枣泥卷、糊油蒸饼、乳饼、奶皮等民间风味小吃。据载，这时节，供帝后享用的菜蔬则有滇南的鸡枞，五台山的天花羊肚菜、鸡腿银盘等藏菇，东海的石花海白菜、龙须、海带、鹿角、紫菜，江南的蒿笋、糟笋、香苗，辽东的松子，蓟北的黄花、金针，都中的山药、土豆，南都的苔菜，武当的驾嘴笋、黄精、黑精，北山的榛子、栗子、梨、枣、核桃、黄连茶、木兰菜、蕨菜、蔓青等各种菜蔬和干鲜果品、土特产等，真是不胜枚举。除了一些干鲜果品以外，其他的食物都是可以用来制作各种菜肴的名贵原料的。根据《明宫史·饮食好尚》中的记录，元宵节期间，明代皇帝最喜欢吃的肴馔是炙蛤蜊、炒鲜虾、田鸡腿、笋鸡脯以及名叫"三事"的菜肴。其中，"三事"是由海参、鳆鱼、鲨鱼筋、肥鸡、猪蹄筋烩成的。[①]

在明代的宫廷菜肴中，不仅原料丰富多彩，而且菜肴制作方法也日益完善，尤其是以"爆炒"方法制作的菜肴已经非常突出。"爆"的方法虽然早在宋代已有所制，但缺少完备的史料证明。《明宫史》中的"爆炒羊肚"是一款典型的代表，类似的菜肴在宋诩的《宋氏养生部》中有"油爆猪""油爆鹅""油爆鸡"较为详细的介绍。其制作方法如下。

油爆猪

取熟肉，细切脍，投热油中爆香。以少酱油、酒浇，加花椒、葱。宜和生竹

---

① 明·刘若愚撰. 明宫史·饮食好尚·火集. 济南：山东大学图书馆清代刻本。

笋丝、茭白丝，同爆之。①

油爆鹅（二制）

用熟肉切脔，以盐、酒烦揉，加花椒、葱，投少香油中，爆干香。烦揉以赤砂糖、盐、花椒，投油中爆之。②

油爆鸡（二制）

用熟肉，细切为脔，同酱瓜、姜丝、栗、茭白、竹笋丝，热油中爆之，加花椒、葱起。

用生肉，细切为脔，盐、酒、醋泡少时，作沸汤煠，同前料，入油炒。③

运用"爆"的烹调方法制作的菜肴，是中国菜肴制作的一大特色，充分体现出了中国菜肴制作的快速与神奇，也展示了中国菜肴制作中火功的运用。从明代的史料记录来看，中国"爆"类菜肴的制作源于宋，至明代得到了广泛的运用，并使之逐步完善。

在明宫菜肴中，"三事"是由海参、鳆鱼、鲨鱼筋、肥鸡、猪蹄筋烩制而成的一款高档菜肴。所谓高档是因为此菜肴的制作中使用海参、鲍鱼（即鳆鱼）、鱼翅（即鲨鱼筋）等珍贵原料，而且是将海参、鱼翅等名贵原料用于制作菜肴的最早记录，这足以展示明代菜肴制作技术水平的发达。

在明代的宫廷中，不同的时令、节日的饮食是不同的，几乎可以说是月月有新鲜，节节有变化。诸如二月吃河豚，三月吃烧笋鹅，四月品吃笋鸭、白煮猪肉，五月宫中尚有吃"长命菜"，即马齿苋的习俗，六月吃莲蓬、藕等时鲜菜品和喝莲子汤的习尚，七月吃鲥鱼，八月吃肥蟹等。宫廷吃的肥蟹是将活蟹洗净，用蒲叶包上蒸熟，然后五六成群，围坐共食。九月品"糟瓜茄"，十月宫中帝后享用的时令性菜肴主要有羊肉、爆炒羊肚、麻辣兔等，十一月则要吃糟腌猪蹄尾、鹅肫掌、爽羊肉等菜肴。十二月宫中要吃灌肠、油渣卤煮猪头、烩羊头、爆炒羊肚、煠铁脚小雀加鸡子、清蒸牛乳白、酒糟蚶、糟蟹、煠银鱼等，以及醋溜鲜鲫鱼、鲤鱼等各种风味菜肴。至于宫眷内臣所用的年节菜肴，"皆炙煿煎煠厚味"见长。④

二、明代菜肴著述

明代是一个饮食文化理论非常发达的时期，既有《易牙遗意》《宋氏养生部》

---

① 明·宋诩. 宋氏养生部. 北京：中国商业出版社，1989年10月，第101页。
② 明·宋诩. 宋氏养生部. 北京：中国商业出版社，1989年10月，第114页。
③ 明·宋诩. 宋氏养生部. 北京：中国商业出版社，1989年10月，第118页。
④ 明·刘若愚撰. 明宫史·饮食好尚·火集. 济南：山东大学图书馆清代刻本。

一类的烹饪专著，也有《多能鄙事》《便民图纂》之类的便民通用的著作，更有一些与烹饪有关的农书、中医食疗等方面的著作。其中与菜肴制作密切相关的著作主要有如下几种。

1.《易牙遗意》

作者是元末明初时平江人韩奕。该书共2卷，分12类。其中，上卷分"酝造类""脯鲊类""蔬菜类"；下卷分"笼造类""炉造类""糕饵类""汤饼类""斋食类""果实类""诸汤类""诸茶类""食药类"。共记载了150多种调料、饮料、糕饵、面食、菜肴、蜜饯、食药的制法，内容较为丰富，其中菜肴制作主要包括脯鲊类、蔬菜类、斋食类，在果实类与诸汤类中也有少量的介绍，数量有60余种。其中较有代表性的菜肴制作主要在"脯鲊类"中，计29种菜肴33法，具体菜肴名称有千里脯、槌脯、火肉、腊肉（三种法）、风鱼法、炙鱼（二种法）、水咸鱼法、蟹生方、鱼鲊、生烧猪羊肉法、大㸆肉、捉清汁法、留宿汁法、用红曲法、瓮㸆方、细㸆料方、㸆鸭羹、又煮鸭法、带冻姜醋鱼、瓜齑法、水鸡干、盏蒸鹅（二种法）、笋条巴子、燥子蛤蜊、炉焙鸡、蒸鲥鱼法、酥骨鱼、川猪头法、酿肚子。[1]这些菜肴虽然不是明代菜肴的全部，但富有一定的代表意义，能够反映出菜肴制作精细、工艺讲究、口味适中、重视审美等特点。

2.《宋氏养生部》

编撰者宋诩，明代江南华亭人。他出身饮食世家，所谓"余家世居松江，偏于海隅，习知松江之味，而未知天下之味为何味也。家母朱太安人，幼随外祖，长随家君，久处京师，暨任二三藩臬之地，凡宦游内助之贤，乡俗烹饪所尚，于问遗饮食，审其酌量调和，遍识方士味之所宜，因得天下味之所同，及其肯綮"。[2]宋诩在母亲的传授下，于明代弘治十七年（公元1504年）编成此书。全书6卷。第一卷为茶制、酒制、酱制、醋制；第二卷为面食制、粉食制、蓼花制、白糖制、糖缠制、蜜煎制、糖剂制、汤水制；第三卷为兽属制、禽属制；第四卷为鳞属制、虫属制；第五卷为菜果制、羹制；第六卷为杂造制、食药制、收藏制、宜禁制。全书共收录1000余种菜肴、面点等食品制法及食品加工贮藏法。本书所收录的菜肴，是按原料进行分类的，并采用由大类再到小类的方法，具有很强的逻辑关系，条理非常清晰。如卷三"兽属制"大类中就收有牛、马、驴、羊、猪、犬、鹿、兔、野马、犀牛、牦牛、犏牛、㹀牛、山牛、野驴、麂、獐、黄羊、野猪、豪猪、水獭、狼、狐、玉面狸、野猫、笋䍲、黄鼠、虎肉、豹肉、獾肉、驼峰、驼蹄、熊掌等30余种小类，以及这些家畜野兽的内脏等。每

---

① 元·韩奕撰. 邱庞同注释. 易牙遗意. 北京：中国商业出版社，1984年，第11～24页。

② 明·宋诩撰. 邱庞同注释. 宋氏养生部. 北京：中国商业出版社，1989年10月，序第2页。

一种原料用于制作菜肴的数量不同，多的达数十种，少的仅一两种。以"猪"为例，其菜肴有烹猪、蒸猪、盐酒烧猪、盐酒烹猪、爊猪、盐煎猪、酱煎猪、酱烹猪、酒烹猪、酸烹猪、猪肉饼、油煎猪、油烧猪、酱烧猪、清烧猪、蒜烧猪、藏蒸猪、藏煎猪、火猪肉、风猪肉、冻猪肉、和糁蒸猪、和粉蒸猪、盐猪犯、糖猪犯、油爆猪、火炙猪、手烦猪、生猪脍、熟猪脍（附五辛醋）、熟猪肤、猪豉、烧猪。[①]另外，本书中还收录了许多具有较高史料价值的菜肴制作，如"炕羊""烧鸭""炙鸭""油爆猪"等，以及对一些特殊烹饪原料的制法，都具有相当高的研究价值。

3.《饮馔服食笺》

《饮馔服食笺》是《遵生八笺》一书中的第四部分，作者高濂，今浙江杭州人，是明代著名的戏曲家和诗人。《饮馔服食笺》共3卷。上卷分序古诸论、茶泉类、汤品类、熟水类、粥糜类、果实粉面类、脯鲊类、治食有法条例；中卷分家蔬类、野蔌类、酿造类；下卷分甜食类、法制药品类、神秘服食类等。该书内容极其丰富。书中仅收录的各色菜肴就多达200多种。其中，脯鲊类50种、家蔬类64种、野蔌类100种，在甜食类和神秘服食类中也有一些属于菜肴制作。菜肴之中，脯鲊和家蔬类菜肴制作与宋代浦江吴氏《中馈录》中的品种相似、甚至相同的较多，说明了明代菜肴制作具有良好的历史传承意义，以及与唐宋菜肴制作技艺上的渊源关系。但是，在传承的基础上又有新方法和新菜肴，如"湖广鱼鲊法""水煠肉""清蒸肉""文笋鲊""炒羊肚儿""炒腰子"等就富有新鲜特色，尤其是"炒羊肚儿"对研究"爆"的制作方法极具参考价值。

4.《多能鄙事·饮食类》

《多能鄙事》旧题作者为刘基，浙江青田人，为明代开国功臣。全书共12卷。第一至第四卷为饮食类，其余九卷为居室、药方、农圃、牧养、阴阳、占卜等类。书中饮食类的内容比较丰富，分造酒法、造醋法、造酱法、造豉法、造鲊法、腌藏法、酥酪法、饼饵米面食法、回回女真食品、糖蜜果法、治蔬菜法、老人疗疾方等，共收录各种食品制法、老人疗疾方500多条。此书虽然收录的菜肴制作数量较多，但大多没有新意，大部分菜肴制作都是抄录《事林广记》《居家必用事类全集》等书，具有大全一类书籍的效果和积极作用。

明代其他与饮食烹饪、菜肴制作有关的书还有《救荒本草》《臞仙神隐书》《便民图纂》《菽园杂记·饮食部分》《升庵外集·饮食部分》《饮食绅言·饮食部分》等。在这些书中都有不同程度的菜肴制作记录或介绍，虽然有些不属于菜谱

---

① 明·宋诩撰，邱庞同注释. 宋氏养生部. 北京：中国商业出版社，1989年10月，第85～113页。

式的记录，但有菜肴制作技术的介绍，不过大抵都没有超出前面所介绍的几部书的范围。

三、明代的食疗养生菜肴

明代食疗养生方面的书较多，即便不把李时珍的《本草纲目》算在内的话，也有像卢和的《食物本草》、姚可成的《食物本草》、吴禄的《食品集》、宁原的《食鉴本草》、高濂的《遵生八笺》等。这些食疗养生的专门书籍，是以介绍食物性味、食疗功效为主的，但其中也有一些属于菜肴制作、面点制作等食品加工的内容，但不属于专门的食疗菜谱著作。下面以姚可成的《食物本草》①为例略加介绍。

明代以《食物本草》命名的食疗书有数种，包括雪已的《食物本草》、卢和的《食物本草》、东垣《食物本草》等，但以姚可成的《食物本草》最为全面系统。本书共计22卷，卷首还辑有《救荒野谱》（共计120种），这是一本在其他食物本草古籍基础之上集大成者的著作，全书分水、谷、菜、果、鳞、介、蛇虫、禽、兽、味、草、木、火、金、玉石、土等十六部。其中谷部有117种，菜部有132种，果部有120种，鳞部有113种，介部有45种，等等。卷末还有"摄生诸要"，详细叙述了饮食养生调理事宜及治病、疗疾、养生论方。因此，此书被点校者认为是一本"研究药用食物产地、性能、作用、用法的专著。内容充裕详实，阐述详尽，切合实用，其重要性实冠历代食物本草之首。"②

此书虽然不是养生食疗的食谱，但其中却介绍了许多食物用于养生、食疗的使用、食用、制作方法，因而也有菜肴制作的意义在里面。下面略举几例。

卷之十一·海参

生东南海中。……味极鲜美，功擅补益，肴品中之最珍贵者也。……味甘咸平，无毒，主补元气，滋益五藏六腑，去三焦火热。同鸭肉烹治食之，主劳祛虚损诸疾。同□肉煮食，治肺虚咳嗽。

卷之十二·乌骨鸡

味甘平，无毒。主补虚劳羸弱，治消渴，中恶鬼系心腹痛，益产妇。

……

补益虚弱。用乌雄鸡一只，治净，五味煮极烂，食之。治反胃吐食，用乌雄鸡一只，治如食法，入胡荽半斤在腹内，烹食二只愈。治死胎不下，用乌鸡一

---

① 所引用内容依据明·姚可成汇辑录. 达美君，楼绍来点校. 食物本草. 北京：人民卫生出版社，1994年版本。

② 明·姚可成汇辑录. 达美君，楼绍来点校. 食物本草. 北京：人民卫生出版社，1994年，第3页。

只，去毛，以水三升，煮二升，去鸡，用帛蘸汁摩脐下，自出。

卷之十三·羊肉

味苦甘大热，无毒。主暖中，虚劳寒冷，补中益气，安心止惊。……羊肉有形之物，能补有形肌肉之气，故曰补可去弱。人参、羊肉之属，人参补气，羊肉补形。

……

羊肉汤。治产后寒劳虚羸，心腹疝痛。用肥羊肉一斤，水一斤，煮汁八升，入当归五两，黄芪八两，生姜六两，煮去二升。分四服，此张仲景方也。

治骨蒸久冷。羊肉一斤，山药一斤，各烂煮如泥，下米煮粥食之。

治骨蒸传尸。羊肉一拳大（煮熟），皂荚一尺（炙），以无灰酒一升，铜铛内煮三五沸，去滓，入黑饧大如鸡子，令病人先啜肉汁，乃服一合，当吐虫如马尾为数。①

如此一类的食疗方剂在姚可成的《食物本草》中是无以胜数的。这些方剂都是从食疗菜肴的角度来记述的，不需要任何的医疗设备，在自家按方烹制食用即可有效。这也是本书能成为中医学史上意义重大的著作的原因之一。

第三节　文学名著中的菜肴制作

在我国的古典名著中，《红楼梦》与《金瓶梅》诞生于明清（为便之计，二著作在此一并介绍），所产生的历史影响与艺术价值是不言自明的。尤其难能可贵的是，在这两部文学名著中，作者还以时代的生活背景为前提，在著作中记录描述了许多的宴饮、烹饪与菜肴制作的场面与情景。通过对这两部文学作品中菜肴制作技术的总结与研究，也可以略窥明清菜肴文化之一斑。

一、《红楼梦》与官府菜肴

《红楼梦》是我国一部比较全面反映18世纪时上层社会生活的文艺作品。虽

---

① 明·姚可成汇辑录. 达美君，楼绍来点校. 食物本草. 北京：人民卫生出版社，1994年，第695~798页。

然，《红楼梦》不是描写饮食文化的著作。但出于文学创作的需要，曹雪芹在《红楼梦》中记录、描写了大量的菜肴食谱、点心饮料、宴饮场景。这些精美的菜肴、点心等食品无不精妙异常，不仅反映了我国官府门第的菜肴烹制水平，而且也充分表明了本书的作者曹雪芹还是一名精通食道的美食家与烹饪大师。

《红楼梦》全书直接提到或描写的菜肴共有四十余种。根据习惯上的分类，可分为汤羹菜、畜禽肉及乳、水产、素菜、其他等五大类。其中典型的汤菜有酸笋鸡皮汤、莲叶羹、野鸡崽子汤、合欢汤、火腿鲜笋汤、虾丸鸡皮汤、火肉白菜汤7种；畜禽肉及乳制成的菜肴有烧野鸡、野鸡瓜子、炸鸡骨、炸鹌鹑、糟鹌鹑、糟鹅掌、胭脂鹅脯、鸽子蛋、炖鸡蛋、火腿炖肘子、牛乳蒸羊羔、烤鹿肉12种；水产的菜肴仅有蒸螃蟹1种；素菜则有法制紫姜、腌咸菜、豆腐、炒面筋、酱萝卜炸儿、油盐炒豆芽、蒸芋头、椒油莼荠酱、五香大头菜、南小菜10种；其他菜肴主要有豆腐皮包子、茄鲞、荤炒蒿子秆儿、鸡髓笋、鸡瓜子、飘马儿6种。从《红楼梦》书中记载的菜肴用料来看，除了少量的高档原料之外，大多也是一般江南家庭的通食之物，但不同的是反映在菜肴的制作技术上，较之普通的平民百姓之家，就要高妙得多了，充分展示出了一个豪门贵族家庭的菜肴制作与饮食文化水平。现列举几例富有特色的菜肴如下。

1. 酸笋鸡皮汤

《红楼梦》第八回描写说，贾宝玉在薛姨妈处吃晚饭，多喝了酒，薛姨妈做了酸笋鸡皮汤来，宝玉"痛喝了几碗"，然后才吃了半碗多的碧粳粥。这种被称之为"酸笋鸡皮汤"的菜肴，具有非常好的醒酒效果，风味自然非同小可。"酸笋"是指制作此汤用的调味味型，是否是一种经过发酵过的笋子，书中没有说明，因此不得而知。鸡皮应该是用鸡蛋液吊制成的薄饼，习惯上称为"鸡蛋皮"。类似的菜肴在元人倪瓒的《云林堂饮食制度集》中有一款"醋笋"的菜肴，其制作方法是："用笋汁，入白梅、糖霜或白沙糖、生姜自然汁少许，调和合味。入笋淹少时，冷啖。不可留久。"①如果用这样的"醋笋"菜肴醒酒，估计效果也会不错。这"醋笋"虽然不是一道汤类菜肴，但如果加适量汤加热后食之也有酸甜爽口的效果。不过根据《红楼梦》描述的那样，还需要在汤中加淡黄色的鸡蛋皮丝，其美感自然更好，这也就是官府菜肴制作不同于一般家庭的所在吧。

2. 烧野鸡

"烧野鸡"在《红楼梦》中的描述是一款很讲究火候与新鲜度的菜肴，并多次出现，因而显得异常珍美。书中第二十回描写道：李嬷嬷偷了钱，到宝玉房里骂袭人出气。正巧凤姐来，忙拉住李嬷嬷说，妈妈别生气，我屋里烧的滚热的野

---

① 元·倪瓒撰. 邱庞同注释. 云林堂饮食制度集. 北京：中国商业出版社，1984年，第17页。

鸡，快跟了我喝酒去罢。引得李嬷嬷脚不沾地地跟着就走。又第五十回：贾母正在大观园暖香坞和姐妹们热闹，凤姐来叫吃晚饭，说："老祖宗快回去，已备下稀嫩的野鸡，再迟一回就老了。"

烧烤野鸡，我国古人早有所为，唐宋食书中已有记载。但《红楼梦》中的"烧野鸡"从描述上来看，不是炙烤的制作方法。因为讲究火候，需要趁热食用，风味又非同寻常，所以凤姐两次用它的鲜美来诱引他人，可见这"烧野鸡"是难得的美味了。明人宋诩所撰《宋氏养生部》中有"野鸡"的两种做法："皆切为轩，盐酒渑片时，投熬油中炒香，同少水烹熟，新蒜、胡荽、花椒、葱调和。宜鲜竹笋，山药。"另外一种是："用全体，以盐微腌，水烹微熟，腹实花椒葱。沃酒烧熟。一取油或醋滴入锅中，发焦烟触之，色黄味香为度。宜蒜醋。"[①]前一种烹调方法就是今天的"炒法"，也是讲究火候的菜肴。后一种制作方法和同书介绍的"烧鸡"基本一致。

3. 胭脂鹅脯

《红楼梦》第六十二回描写说：贾宝玉生日那天，芳官自向厨房传来中午饭。柳家遣人送了一个盒子来，揭开看时，就有一碟腌制的"胭脂鹅脯"。但芳官怕油腻，只拣了两块腌鹅吃。此菜之所以名之曰"胭脂鹅脯"，是经过腌制过的鹅脯肉色赤红似女人化妆用的胭脂，又因为红而且亮，故有"油腻腻"的感觉。但"胭脂鹅脯"是如何加工制作的，书中没有详述，自然不得而知了。韩奕《易牙遗意》中有一款"千里脯"，其制作颇有特点，可以作为参照。云："牛、羊、猪肉皆可，精者一斤、酿酒二盏、淡醋一盏、白盐四钱、冬三钱、茴香、花椒末一钱，拌一宿，文武火煮，令汁干，晒之。"诗曰："不问猪羊与太牢，一斤切作十来条。一盏淡醋二酿酒，茴香花椒末分毫。白盐四钱同搅拌，淹过一宿慢火熬。酒尽醋干穿晒却，味甘休道孔闻韶。"[②]这"千里脯"的风味如何，用一句"味甘休道孔闻韶"来形容，看来确实非常的香美，非同一般。只是肉色是否胭脂红色，没有说明。明人宋诩《宋氏养生部》中则有"香脯"之制，所使用的也是牛、猪肉，而非鹅肉。"用牛、猪肉微烹，冷切为轩，以花椒、莳萝、地椒、大茴香、红曲、酱、熟油，遍揉之，炼火上烘绝燥"。[③]这种"香脯"的制作技艺精良，须将牛肉或猪肉略微烹熟，冷后切片，再用拌和有红曲的味料揉拌之，经火上烘干，不仅味道特别香美，而且肉的颜色肯定是红色的，应该有胭脂红的特色。《红楼梦》中的"胭脂鹅脯"是否运用了这样的制作技术，抑或其制

---

① 明·宋诩撰. 邱庞同注释. 宋氏养生部. 北京：中国商业出版社，1989年，第119页。
② 元·韩奕撰. 邱庞同注释. 易牙遗意. 北京：中国商业出版社，1984年，第11页。
③ 明·宋诩撰. 邱庞同注释. 宋氏养生部. 北京：中国商业出版社，1989年，第110页。

法更加精妙绝伦，也是可能的。

4. 烤鹿肉

《红楼梦》第四十九回有这样的描述：贾母见到上的第一道菜是"牛乳蒸羊羔"时说："这是我们有年纪人的药，没见天日的东西，可惜你们小孩吃不得。今儿另有新鲜鹿肉，你们等着吃吧。"当时，宝玉、湘云听贾母说有新鲜鹿肉，就要了一块，到园里玩去了。李婶娘见了奇怪，便问李纨说："怎么一个哥儿，一个姐儿，在那里商量着要吃生肉呢？"急得李纨了不得。找着他们，宝玉说："我们烧着吃呢。"李纨才罢了。"烤鹿肉"在《红楼梦》的描写中是用来吃着玩。吃的时候，要用铁炉、铁叉、铁丝蒙等工具，吃者自己动手，这就颇有点满族老祖先的遗风了。因为烤鹿肉既香又有味，不但吸引了宝玉、湘云，而且又引来了探春、宝钗、黛玉、宝琴众姐妹，连凤姐也凑在一处，围着烤肉炉子，真的"又吃又玩"。究竟风味如何，湘云说："别看我们这回子腥的膻的大吃大嚼，回来却是锦心绣口。""烤鹿肉"之香美由此可见一斑。类似的菜肴在《宋氏养生部》中也有介绍，名叫"鹿炙"，其制作方法是："用肉帔二三寸，微薄轩，以地椒、花椒、莳萝、盐少腌，置铁床上，转炼火中炙，再渴汁，再炙之。俟香透彻为度。"[1]这里的"铁床"应该是一种较为原始的铁烤炉，因为烤制时温度很高，也是需要铁叉、铁丝蒙等工具的。

5. 茄鲞

《红楼梦》中的"茄鲞"菜肴，被称为是官府菜肴粗料精做的典型代表。在本书的第四十一回中有这样的描述：大家在大观园缀锦阁欢宴，刘姥姥捧着大杯喝酒，薛姨妈命凤姐布个菜，贾母说："把茄鲞夹些喂她。"凤姐听说，依言夹了些茄鲞，送入刘姥姥口中，笑道："你们天天吃茄子，也尝尝我们的茄子，弄得可口不可口？"贾府的"茄鲞"制作委实精致，据凤姐说，茄鲞的做法是，把才摘下的茄子，削净了皮，只要净肉，切成碎丁子，用鸡油炸了。再用鸡肉脯子合香菌、新笋、蘑菇、五香豆腐干子、各色干果子，都切成丁儿，拿鸡汤煨干了，拿香油一收，外加糟油一拌，盛在磁罐子里，封严了。要吃的时候儿，拿出来，用炒的鸡瓜子一拌，就是了。由于"茄鲞"的制作技艺复杂高超，估计茄子的本味已经吃不出来了，所以刘姥姥吃了说："别哄我了，茄子跑出这样的味儿来了。"

关于茄子的制作，在明代的许多烹饪书中都有记录，制作方法也各不相同，风味各异。明高濂《饮馔服食笺》和无名氏的《居家必用事类全集》中就有"糖蒸茄""糟茄子""淡茄干""食香瓜茄""鹌鹑茄""糟瓜茄""糖醋茄""蒜茄儿""酱

---

① 明·高濂撰. 邱庞同注释. 饮食服食笺. 北京：中国商业出版社，1985年，第104页。

瓜茄""芥末茄儿"等十余种菜肴。《饮馔服食笺》中"糟瓜茄""糖醋茄"的制作方法如下：

糟瓜茄

瓜茄等物每五斤盐十两，和糟拌匀，用铜钱五十文逐层铺上，经十日取钱，不用别换糟入瓶收。久翠色如新。

糖醋茄

取新嫩茄切三角块，沸汤漉过，布包榨干，盐腌一宿，晒干，用姜丝、紫苏拌匀，煎滚，糖醋泼浸，收入磁器内。瓜同此法。①

在宋诩的《宋氏养生部》中还记录了一款"蜜茄"方法，也颇有风味，云："摘其稚小者，界其蒂四道，去中骨，释米。界其身为细棱，去子肉，作沸汤煠，晾干，以蒂倒结束之。蜜煮，曝透。又以蜜渍。"但无论是《饮馔服食笺》《居家必用事类全集》中的茄子制法，还是《宋氏养生部》中的"蜜茄"，都无法与《红楼梦》中的"茄鲞"菜肴风格媲美。看来，有钱人家吃一味普通的茄子菜肴也是与众不同的，这从一个侧面反映出了这一时期菜肴制作技术水平之高超。

二、《金瓶梅》与乡俗食馔

《金瓶梅》②虽然是一部文学作品，但它生动地展示了明代市井商贾人家的饮食风貌，内容非常丰富广泛。仅《金瓶梅》中所记的菜肴，就有百余种之多。大致说来，有炒豆腐、烩豆腐、温豆腐、煎豆腐、摊鸡蛋、煎鸡子、白煮鸡子、腌鸭蛋、豆豉腌鸡、炒幸螃蟹、活洛鱼、炉螃蟹、螃蟹汤、粉皮合菜、黄瓜调面筋、凉粉、腊肉、蒜薹、白切肉、汤猪、汤鸡、汤羊、糟鱼、鲫鱼、咸鱼、虾米、鹰爪虾米、青州淡虾米、甜虾米、响皮肉、狗肉、田鸡、熟白菜、拌黄瓜、豆芽菜、香椿芽、莴笋、姜芽、生菜、干豆角、酸辣汤、豆腐汤、粉汤、小豆腐、芝麻盐、猪肚、猪肘、猪头、猪蹄、白顿猪蹄、藕、煎藕、山药、割切香芹、盐醋苔菜、烧鸡、烧鹅、水晶膀蹄、鸭腊、熏肉、糟鲥鱼、糟蹄子筋等。菜肴制作虽然都是些鸡、鸭、鱼、肉、蔬菜、水果之类，却富有明代的民间特点，因而有很高的研究价值。下面略举菜肴制作数种，以展现明代一般商贾人家与平民百姓的菜肴制作情况。

---

① 明·宋诩撰. 邱庞同注释. 宋氏养生部. 北京：中国商业出版社，1989年，第98~99页。

② 引文均见兰陵笑笑生著. 金瓶梅词话. 太原：山西人民出版社，1993年。

1. 烧鸭

烧鸭，在书中多次出现，如第三十四回中就有："李瓶儿还有头里吃的一碟烧鸭子，一碟鸡肉，一碟鲜鱼没动，教迎春安排了四碟小菜，切了一碟火薰肉，放下桌儿，在房中陪西门庆吃酒。"不过"烧鸭子"是怎么制作的没有说明。在明人《宋氏养生部》中有"烧鸭"一味，其制作方法有两种：一是，"用全体，以熟油盐少许遍沃之，腹填花椒葱，架锅中烧熟。二是，按花椒盐、酒，架锅中烧熟，以油或醋浇热锅上生烟，熏黄香。宜醋"。[①]

2. 烧猪头

烧猪头在书中多次提到，但烹制此肴，宋惠莲却最拿手，对此书中第二十四回有详细的描述：（潘金莲说道）："三钱买金华酒儿，那二钱买个猪头来。教来旺媳妇子（即宋惠莲）烧猪头咱们吃，说他会烧的好猪头，只用一根柴禾儿，烧的稀烂。"于是"来兴儿买了酒和猪首，送到厨下。……于是（宋惠莲）走到大厨灶里，舀了一锅水，把那猪首、蹄子制刷干净，只用的一根长柴禾，安在灶内，用一大碗油酱，并回香大料，拌的停当，上下锡盖子扣定。那消一个时辰，把个猪头烧的皮脱肉儿，香喷喷五味俱全"。用烧的方法制作的菜肴在明代很是流行，仅以猪而言，《宋氏养生部》中就有"油烧猪""酱烧猪""清烧猪""蒜烧猪"等。关于"猪头"的烹调法明代史料中较多，《易牙遗意》中有"川猪头法"一菜的做法："猪头先以水煮熟，切作条子，用沙糖、花椒、砂仁、酱拌匀，重汤、蒸顿。"[②]《云林堂饮食制度集》中的"煮猪头肉"写出了用料比例："用肉切作大块，每用半水半酒，盐少许，长段葱白，混花椒入碟钵或银锅内重汤顿一宿。临供，旋入糟姜片、新橙橘丝"。[③]但《金瓶梅》中宋惠莲的"一根柴禾"所烧的猪头，不仅火功讲究，更有独特风味。

3. 煮螃蟹

关于螃蟹的吃法，以煮见长，书中也多次提到，书中第五十八回写道："吴月娘买了三钱银子螃蟹，午间煮了。……众人围着吃了一回。"具体做法是按照倪氏《云林堂饮食制度集》的"煮蟹法"，云："用生姜、紫苏、桂皮、盐同煮。才火煮沸透便翻，再一大沸透便啖。"吃时则要："凡煮蟹，旋煮旋啖则佳，以一人为率，只可煮二只，啖已再煮，橙齑，醋供。"[④]

① 明·宋诩撰. 邱庞同注释. 宋氏养生部. 北京：中国商业出版社，1989年，第122页。

② 元·韩奕撰. 邱庞同注释. 易牙遗意. 北京：中国商业出版社，1984年，第24页。

③ 元·倪瓒撰. 邱庞同注释. 云林堂饮食制度集. 北京：中国商业出版社，1984年，第25页。

④ 元·倪瓒撰. 邱庞同注释. 云林堂饮食制度集. 北京：中国商业出版社，1984年，第4页。

4. 烧鹅

关于烧鹅，书中多处记述。有的是整只烧，谓之"烧鹅"。如第六十七回写道："到次日，先是应伯爵家送喜面来。落后黄四领他小舅子孙文相，宰了一口猪，一坛酒，两只烧鹅，四只烧鸡，两盒果子，来与西门庆磕头。"有的则是整只烧完后，再用快刀片成小片，摆在食盘中食用，此谓之"小割烧鹅"。第四十三回中写道："厨役上来献小割烧鹅，赏了五钱银子。"有的则是将鹅剁成块烧制。第三十一回有："正说着，迎春从上边拿下一盘子烧鹅肉，一碟玉米面玫瑰果馅蒸饼儿与奶子吃。"元倪瓒著的《云林堂饮食制度集》中有"烧鹅"一菜，制作方法是："用烧肉法，亦以盐、椒、葱、酒多擦腹内，外用酒、蜜涂之。入锅内。余如前法。但先入锅时，以腹向上，后翻则腹向下。"同书记载"烧猪肉"的具体方法是："洗肉净，以葱、椒及蜜少许盐、酒擦之。锅内竹棒阁起。锅内用水一盏，酒一盏，盖锅，用湿纸封缝。干则以水润之。用大草把一个烧，不要拨动。候过，再烧草把一个。住火饭顷。以手候锅盖冷，开盖翻肉。再盖，以湿纸仍前封缝。再以烧草把一个。候锅盖冷即熟。"[①]

5. 水晶鹅

"水晶鹅"这道菜肴，在《金瓶梅》中大都作为重要礼品或大件菜出现。如书中第三十五回写道："早间韩道国送礼桐谢，一坛金华酒，一只水晶鹅，一副蹄子，四只烧鸭，四尾鲥鱼。"再如第四十一回写道："上了汤饭，厨役上来献了头一道水晶鹅，月娘赏了二钱银子。""水晶鹅"作为大件菜肴，在明代的市井饮食中，所占的位置和烧鸡、烧鸭、扒肘子等同，甚至在其上，这就足见此肴的特色了。"水晶"是一大类带冻菜肴的总称。如"水晶鸡""水晶膀蹄""水晶鸭"等。鲁菜中有"水晶肘子"一菜，制作方法是："肘肉熟烂不腻，汤冻清凉爽口，宜于夏令食用。因汤冻透明，状如水晶，故名。"[②]其实，这便是水晶菜的普遍特点了。

6. 煎新鲥鱼、糟鲥鱼

鲥鱼，是一种溯河性鱼类，每年五、六月间鱼贯入长江下游产卵，夏末秋初又返回大海，"应时而来、应时而去"故以"鲥"称谓。端午节前后，鲥鱼丰腴肥硕，含脂量高，此时捕捞最好。《金瓶梅》中记载的鲥鱼烹调方法，或蒸或煎或糟，各有特色。书中第五十二回有"煎新鲥鱼"一味，实际上是"清炖鲥鱼"，因当时"煎"有"水煮""炖"之意。明人《宋氏养生部》和《饮馔服食

---

① 元·倪瓒撰. 邱庞同注释. 云林堂饮食制度集. 北京：中国商业出版社，1984年，第38页。

② 张廉明主编. 济南菜. 济南：山东科学技术出版社，1998年，第98页。

笺》中都收录了"蒸鲋鱼"的制作方法，而且基本相同，其中《宋氏养生部》云："带鳞治，去肠胃，涤洁，用腊酒醋酱和水调和，同长葱，花椒置银锡砂锣中蒸。"亦可以"用花椒、盐、香油遍沃之，蒸。有少加以酱油"。①因为鲋鱼鳞片上富含脂肪，所以烹调鲋鱼，不宜去鳞，这在古籍中多有记载。关于"糟"的鲋鱼，明代史料中没有详细记录其制作方法，我们可以通过清人《食宪鸿秘》中对于"糟鲋鱼"的制法了解其一二："（鲋鱼）内外洗净，切大块。每鱼一斤，用盐半斤，以大石压极实。以白酒洗淡，以老酒糟略糟四、五日，不可见水。去旧糟，用上好酒糟料匀入坛。每坛面加麻油二盏，火酒一盏。泥封固。候二、三月用。"②糟鲋鱼因其先腌后糟，故可久存，并且加白酒浸糟，有杀菌之功效。除此而外，还有糟鸡、糟鸭等菜肴，至今江南、鲁菜中仍有糟制菜肴流传。

---

① 明·宋诩撰. 邱庞同注释. 宋氏养生部. 北京：中国商业出版社，1989年10月，第130页。

② 清·朱彝尊撰. 邱庞同注释. 食宪鸿秘. 北京：中国商业出版社，1985年10月，第154页。

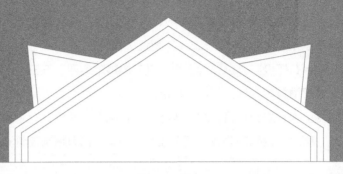

第八章

满汉大餐与清代菜肴

清代，是我国饮食文化非常发达的时期，在成熟的汉民族饮食与原始粗犷的满族菜肴的融合中，中国的菜肴制作与饮食文化丰富到了一个非常令人羡慕的高度与境界，特别是在宴席的规模与菜肴的制作技术、菜肴的种类等方面，之前各个朝代都是无法与之相媲美的。

第一节　满汉大宴之菜肴

　　清朝是满族入主中原的一个封建王朝，关外满族的饮食习俗对清代皇宫的饮食有着直接的影响。但王朝建立后，清帝以及帝后们的宫廷膳食，却是在继承了以明朝宫廷食馔宴饮为主要膳食内容的基础上，集历朝的御膳制度与体系建立起来的。所以，清代宫廷御膳的提供，不仅有着庞大的管理机构，也有数量惊人的厨役，更有历代御膳所不能与之比拟的繁盛精美的菜肴体系，这一切都是空前绝后的。帝王帝后们至高无上的特权与尊严，在清代的宫廷饮食生活中得到了最充分的表现。

一、御膳之美

　　中国历代皇帝的饮食称为"御膳"。御膳包括日常饮食与节日庆典活动等饮食内容。即便是日常饮食，皇帝餐桌上的菜肴食品也是丰富多样的，其精美程度绝不亚于民间的豪华宴席。下面略举几例，以窥御膳之美的风貌。

　　乾隆五十三年五月十九日起，乾隆帝自圆明园起程，"驾幸热河水栏"。七月初七日乾隆早膳记录：

　　"寅正请驾，卯正二刻（皇）上至水芳严秀供前拈香行礼毕。卯正，一片云西暖阁进早膳，用填漆花膳桌，摆燕窝扁豆锅烧鸭丝一品（沈二官做）（红黄碗）、酒炖鸭子、酒炖肘子一品（郑二做）（红潮水碗）、燕窝肥鸡丝一品（朱二官做）（八仙碗）、羊肉片一品、托汤鸭子一品（此二品五福珐琅碗）、清蒸鸭子、烧狍肉攒盘一品、煳猪肉攒盘一品、竹节卷小馒首一品、孙泥额芬白糕一品、巧果一品（此二品珐琅盘）。随送，萝卜丝下面进一品；额食三桌：饽饽十二品、菜一品（收的）、奶子二品，共一桌；内管领炉食四盘，一桌；盘肉七盘，一桌。上进毕，赏用。妃嫔等位，一片云东暖阁聚座分例膳，早膳后熬茶时，送符供尖巧果一品、瓜果三品，共一盒。

呈进，上进毕，赏祥玉等。记此。"①

当天晚上，乾隆皇帝晚膳情况记录如下：

"七月初七日，未初二刻，梨花伴月进晚膳，用折叠膳桌，摆辣汁鱼一品
（八吉祥盘）、燕窝鸡糕锅烧鸡一品（沈二官做）（八仙碗）、猪肉丸子清蒸鸭一
品（朱二官做）（红黄碗）、炒鸡白鸭子炖杂脍一品（红潮水碗）、羊他他士一品
（五福珐琅碗）。后送，符供鹿筋鹿肉条一品、炒鸡蛋一品、蒸肥鸡烧狍肉攒盘
一品、挂炉鸭子攒盘一品、象眼小馒首一品、猪肉馅包子一品、巧果一品（此三
品珐琅盘）、珐琅葵花盒小菜一品、珐琅碟小菜四品。随送，仓米水膳进一品，
上进毕，赏用。记此。"②

又，乾隆五十三年七月十七日早膳情况：

"寅正一刻请驾，卯正二刻，（乾隆帝）勤政殿进早膳，用填漆花膳桌，摆额
思克森一品、全猪肉丝一品（此二品大银碗）、燕窝鸭腰锅烧鸭子一品、燕窝攒
丝肥鸡一品（此二品八仙碗）、燕窝葱椒鸭子一品（江黄碗）、烧肉烧肝血肠攒
盘一品、塞勒肝肚抓攒盘一品、肥鸡腿烧狍肉猪尾庄一盘、竹节卷小馒首一品、
孙泥额芬白糕一品（此二品黄盘）、江米馅藕一品、煮藕一品（此二品珐琅盘）、
珐琅葵花盒小菜一品、珐琅碟小菜四品。随送，燕窝红白鸭子大菜汤膳进一品
（此一次亦未赏额食）。次送，东西两边，赏随营王公大人福康安、海蓝察、鄂
辉、普尔普巴图里辖人等九十余人，用桌五十张。每桌：全猪肉一盘、全羊肉一
盘、蒸食一盘、米面一盘、银螺蛳盒小菜二个、乌木快（筷）子二双、肉丝汤、
膳房饭。"③

乾隆五十三年七月十七日晚膳情况如下：

"七月十七日，未初二刻，含青斋进晚膳，用折叠膳桌。摆：肥鸡火熏白菜
一品、酒炖扒鸭一品、葱椒羊肉一品、糟鸭子酱肉一品、羊他他士一品。次送，
溧牒（排）骨一品、蒸肥鸡烧狍肉攒盘一品、挂炉鸭子挂炉肉攒盘一品、象眼小
馒首一品、白糖油糕一品、馅藕一品、银葵花盒小菜一品、银碟小菜四品。随
送，仓米水膳进一品。次送，菜二品（收的）、饽饽二品，共一桌。上进毕，赏
用。记此。"④

从上面的记述，可以看出，清朝初期，皇帝及皇室成员在宫中日常饮膳每餐
所食用的菜肴、面点一般在20几种，菜肴一般在10种左右，相对于晚清的帝王

① 林永匡，王熹合著. 清代饮食文化研究. 哈尔滨：黑龙江教育出版社，1990年，第259页。
② 林永匡，王熹合著. 清代饮食文化研究. 哈尔滨：黑龙江教育出版社，1990年，第260页。
③ 林永匡，王熹合著. 清代饮食文化研究. 哈尔滨：黑龙江教育出版社，1990年，第260页。
④ 林永匡，王熹合著. 清代饮食文化研究. 哈尔滨：黑龙江教育出版社，1990年，第260页。

生活来说还算是节俭的，但菜肴的制作和用料都是一流的水平。

随着清朝后期的发展，国势虽然渐衰，经济状况也日益下滑，但清宫的饮食与菜肴制作水平却越来越奢侈。

光绪七年（1881年）元宵节时，宫中《膳底档》记载：

"正月十五日，卯正二刻，上（指光绪帝）至太高殿、寿皇殿供元宵，拈善。辰正，上至保和殿筵宴，俱是外边伺候。此一日，未赏外边大克食。记此。"

养心殿进早膳，用填漆花膳桌摆：

炖鸭子一品（双喜碗）、三鲜鸡一品（双凤碗）、红白鸭仁一品、黄焖肘子一品、炖肉一品、羊肉片炖胡萝卜一品（此四品中碗）、豆腐汤一品（银碗）。后送肉片炖白菜一品、羊肉片氽萝卜一品、羊肉片炖冻豆腐一品（此三品三号碗）、炒羊肝尖一品（四号碗）、肉片焖豇豆一品、豆芽菜炒肉一品、肉片焖白菜一品、羊肉丁萝卜酱一品、面筋酱一品（此五品碟）、白煮鸭子片一品（银盘）、烹肉一品（银碟）、苹果馒首一品、枣糖糕一品（此二品黄盘）。随进豆腐汤一品、老米膳、老米汤膳、素粳米粥、薏仁米粥、福米粥。

添安早膳一桌：火锅子二品、野意锅子一品、酱炖羊肉一品。

大碗菜四品：燕窝天字锅烧鸭子一品、燕窝下字口蘑肥鸡一品、燕窝太字八仙鸭子一品、燕窝平字三鲜鸡丝一品。

怀碗菜四品：大炒肉炖榆蘑一品、氽鱼腐一品、燕窝肥鸡丝一品、海参蜜制酱肉一品。

碟菜六品：溜鸽蛋饺一品、燕窝炒锅烧鸭丝一品、肉片焖玉兰片一品、青笋晾肉胚一品、炸八件一品、肉丁果子酱一品。

片盘二品：挂炉鸭子一品、挂炉猪一品。

饽饽四品：如意卷一品、白糖油糕二品、苹果馒首一品、苣蓿糕一品。

燕窝八鲜面一品。添安早膳奉旨，赏小太监等。钦此。上进随早膳元宵一品，赏任代班。钦此。上进果桌一桌二十三品，奉旨赏领侍小太监等。钦此。

养心殿进晚膳，用填漆花膳桌摆：

焖鸭子一品（双喜碗）、三鲜鸭子一品（双凤碗）、肥鸡丝一品、黄焖肉一品、肉片炖冬蘑一品、炖肉一品（此四品中碗）、猪肉丝汤一品（银碗）。后送肉片炖白菜一品、羊肉片氽萝卜一品、羊肉片炖冻豆腐一品（此三品三号碗）、锅烧鸭条溜脊髓一品（四号碗）、肉片焖豇豆一品、油渣炒菠菜一品、豆芽菜炒肉一品、韭菜炒肉一品、醋溜白菜一品（此五品碟）、挂炉猪肉盘一品、五香肉片盘一品（此二品银盘）、苹果馒首一品、白蜂糕一品（此二品黄盘）。随送：逛尔汤一品、老米膳、老米汤膳、素粳米粥、薏仁米粥、福米粥。上进随晚膳元宵一品，赏督领侍。钦此。

安晚膳一桌：火锅子二品、八宝奶猪一品、金银鸭子一品。

大碗菜四品：燕窝五字海参焖鸭子一品、燕窝谷字口蘑肥鸡一品、燕窝丰字红白鸭丝一品、燕窝登字什锦鸡丝一品。

怀碗菜四品：荸荠蜜制火腿一品、燕窝白鸭丝一品、余鲜虾丸子一品、鸡丝煨鱼翅一品。

碟菜六品：碎溜鸡一品、燕窝伴熏鸡丝一品、大炒肉焖玉兰片一品、口蘑溜鱼片一品、榆蘑炒肉一品、盖韭炒肉一品。

片盘二品：挂炉鸭子一品、挂炉猪一品。

饽饽四品：苹果馒首一品、如意卷一品、白糖油糕一品、苜蓿糕一品。燕窝三鲜汤一品。添安晚膳一桌，奉旨赏督领侍。钦此。

进母后皇太后、圣母皇太后二位晚膳一桌，照此。添安晚膳一样。每位克食二桌：蒸食四盘，炉食四盘，羊肉四盘，猪肉四盘。记此。晚用：肉丝黄焖翅子一品、羊肉片炒羊角葱一品、肉片焖面筋一品、白鸭丝一品、熏肘子一品、小肚一品、老米膳、老米汤膳、素粳米粥、薏仁米粥、福米粥。[①]

嘉庆二十四年八月二十七日，皇帝从避暑山庄返回京城，"驻跸常山峪行宫"，据当时内务府（膳底档）记录，其膳单的各色菜肴食品如下：

"八月二十七日寅正二刻，常山峪行宫西院殿内进早膳，用楠木无足方盘摆：燕窝白鸭丝一品、三鲜鸡一品、酒炖羊肉一品、杂脍一品、猪肉丝汤一品，后送溜鸡肉饼一品、蒸鸭子烧鸡肉卷攒盘一品、煳猪肉攒盘一品、竹节小馒首一品、银碟小菜一品，南菜一碟，随送鸡汁面进一品、清蒸鸭子野鸡沫汤膳进一品、猪肉粥进些。午初二刻，两间房行宫东配殿进晚膳，用楠木无足方盘摆：燕窝锅烧鸭丝一品、攒丝锅烧鸡一品、苏脍一品、鸭子白菜一品、额思克森汤一品；后送扁豆丝炒肉丝一品；蒸烧肥鸡攒盘一品、羊乌叉攒盘一品、羊肉胡萝卜馅合手包子一品、银碟小菜一品、南菜一碟；随送老米干膳进一品，鸭子粥进些。晚晌伺候，上要炒锅烧鸭丝一品、溜鲜虾仁一品、攒盘饽饽一品、面咯哒（疙瘩）汤、香稻米粥。"[②]

我们姑且不论在一餐中，皇帝一个人是否能够把如此丰盛的一桌美味佳肴吃掉，仅从御膳的菜肴用料来看确是十万分的讲究，每餐都有高档原料制作的菜肴，如燕窝、鱼翅、海参之类。如果从菜肴制作技术来看，每一款菜肴的制作都可以说是精益求精，烹调方法变化多样，充分体现了清代御膳厨师菜肴制作水平的高超。从膳单可以看出，常用的菜肴大类就有十几种。

炒菜类：清朝宫廷中炒菜极多。有"大炒肉""鸡蛋炒肉""鸭子炒小豆

---

① 徐海荣主编. 中国饮食史·卷五. 北京：华夏出版社，1999年，第371页。

② 邱庞同著. 中国菜肴史. 青岛：青岛出版社，2001年，第368页。

腐""炒面鱼""芸扁豆炒肉""油渣炒菠菜""豆芽菜炒肉""燕窝炒炉鸭丝""小炒鲤鱼""肉丝炒鸡蛋""韭炒肉""榆蘑炒肉""羊肉片炒羊角葱""春笋炒肉""腌菜炒燕笋""燕窝炒鸭丝""韭芽炒肉""炒福肉丝""炒锅渣泥""炒木樨肉""羊油炒麻豆腐""炒蟹肉"等。从专业方面看，已运用了"小炒""大炒""炒福""生炒""熟炒"等不同的炒菜技艺，技术非常细腻。

爆菜类：清宫菜中运用"爆"的烹调方法制作的品种也不少。如"爆肚""春笋爆炒鸡""白蘑爆炒鸡""鲜蘑爆炒鸡""葱爆羊肉""爆野鸡肉"等。清宫中的"爆"与"爆炒"是我国极富典型意义的烹调技艺，并且其中还有"葱爆""酱爆"的运用。

溜菜类：清宫中用"溜"的方法制作的菜肴也是相当得多。有"醋溜白菜""溜鲜蘑""溜鸽蛋""燕窝溜鸭条""鸡皮溜海参""碎溜小鸡""溜野鸡丸子""口蘑溜鱼片""溜鸽蛋饺""鸭条溜海参""鸭丁溜葛仙米"等。

炸菜类：在清宫菜肴的制作中，运用炸的方法做的菜也有许多。较常见的有"炸八件""油炸鲟鳇鱼肉钉""干炸肉""炸牌（排）骨"等。但从比例上看，炸菜类的菜肴似乎在清宫中并不是特别的被看重。

炖菜类：在清朝宫廷中，运用炖的方法制作的菜肴特别多。炖菜类适合于天气寒冷地区与季节的食用，这可能与满族在关外时的饮食习俗有关。膳单中常见的炖菜如"鹿筋酒炖肉""肥鸡炖面筋""酒炖鸭子""酒炖肘子""青笋香蕈口蘑炖鸡""大炒肉炖榆蘑""羊肉片炖冻豆腐""肉片炖白菜""酱炖羊肉""肉片炖冬蘑""冰糖炖燕窝""油炸肉片炖鸭子""鸭炖菠菜""鸭子炖白菜""酒炖羊肉""羊肉炖冬瓜""羊肉炖倭瓜""肘子炖萝卜""菠菜炖豆腐""松子丸子炖白菜""山药酒炖鸭子""羊肉炖胡萝卜"等。

焖菜类：焖和炖是两种在烹饪技艺上有着比较近似的操作特点，清宫中用焖的方法做的菜也相当多。有"肉丝黄焖翅子""大炒肉焖玉兰片""肉片焖面筋""焖鸡蛋""黄焖肉""焖鸭子""肉片焖豇豆""肉片焖白菜""黄焖羊肉"等。

烩菜类：清宫中烩菜也常见，如"烩鸭腰""脍（烩）三鲜豆腐""炒鸡大杂脍（烩）""烩什锦豆腐""燕窝会（烩）鸭子""会（烩）三鲜""杂脍（烩）""苏脍（烩）"等。

㲚菜类：清宫中用"㲚"的方法做的菜也很多。不过"㲚"在膳档记录多写作"爁"，如"羊肉爁片萝卜""爁鱼腐""肉片爁冬瓜""爁鲜虾丸子""肥鸡火熏撺（爁）白菜"等。

熏菜类：清宫菜中熏的品种也有一些。如"熏鸡""熏肘子""熏干丝"等。

汤菜类：清宫汤菜很多，不仅御宴最后总要上汤，日常饮食中也有种类繁多的汤菜。如"燕窝芙蓉汤""树鸡（飞龙）汤""肚肺丝汤""燕窝八仙汤""攒丝汤""羊肉片汤""菠菜鸡丝豆腐汤""鸡汤"等。

除了以上重点介绍的几种烹调方法外，实际上清宫御膳还有许多烹调技法也有运用，如蒸、煎、煳、酱、烧、煮等，代表菜肴如"清蒸鸭""清蒸鱼""盐煎肉""煎野鸡丸子""锅煳豆腐""煮白肉""烧羊肉""烧狍肉""摊黄菜""拌豆腐""小葱拌小虾米""鹿尾酱""棒椒酱""鸭羹"等。

二、满汉大席与烧烤大菜

清人入关，造成满族食馔文化与传统汉族菜肴文化的大交流、大融合，至今享誉中国饮食文化发展史的"满汉全席"就是在这样的历史背景下出现的。满汉全席，又叫满汉大宴，它富有筵宴规模庞大，进餐程序复杂，礼仪内容缛繁，食馔种类众多，烹饪技法兼具满汉传统工艺等特色。

根据张征雁、王仁湘先生的研究表明，清朝初期宫中仅用满席，康熙时兼用汉席。以后筵宴形成定制，宫廷宴席分为满席、汉席、典筵、诵经供品四大类。满席分为六等，头三等是用于帝、后、妃嫔死后的奠筵，后三等主要用于三大节朝贺宴、皇帝大婚宴、赐宴各国进贡来使及下嫁外藩的公主、郡主、衍圣公来朝等。汉席分二等，主要用于临雍宴、文武会试考官出闱宴、实录、会典等书开馆编纂日及告成日赐宴等。[①]

满汉大宴，又称之为烧烤大席。《清稗类钞》记录说："烧烤席俗称满汉大席，筵席中之无上上品也。烤，以火干之也。于燕窝、鱼翅诸珍错外，必用烧猪、烧方皆以全体烧之。酒二巡，则进烧猪，膳夫、仆人皆衣礼服而入。膳夫奉以侍，仆人解所佩之小刀脔割之，盛十器，屈膝，献首座之专客。专客起箸，筵座者始从而尝之，典至隆也。次者用烧方，方者，豚肉一方，非全体，然较之仅有烧鸭者，犹贵重也。"[②]

其实，满汉大宴中的烧烤菜肴，是传承了满族烧烤食馔的饮食习惯，这在晚清几个皇帝的日常膳单中有非常清楚的体现。如道光二十五年（1845年）四月初六日，总管沈魁奉旨赏公主额驸饭菜二桌。每桌菜肴如下：

"大盘菜二品；燕窝福在眼前金银鸭子、万年青蜜制奶猪
中盘菜四品：燕窝如意肥鸡、双喜字鸭羹、肥鸭镶长生菜、芙蓉鸡
怀盘菜四品：燕窝鸭条、鸡皮溜海参、鹿筋火腿、鲜虾丸子
碟菜四品：燕窝拌鸭丝、碎溜小鸡、炒面鱼、芸扁豆炒肉

---

① 张雁征，王仁湘著. 昨日盛宴. 成都：四川人民出版社，2004年，第174页。
② 清·徐珂编撰. 清稗类钞·饮食类. 北京：中华书局，1986年，第6266页。

片盘二品：挂炉鸭子、挂炉猪

饽饽四品：喜字黑糖油糕、喜字白糖油糕、喜字猪肉馅馒首、喜字澄沙馅馒首

燕窝福寿汤、燕窝八仙汤。"[1]

其中的"挂炉鸭子""挂炉猪"都是"以全体烧之"而上桌的烧烤大菜。同样，如在咸丰十一年（1861）十二月三十日，在刚即位不久的载淳（即同治）晚膳膳单中，也有"挂炉鸭子""挂炉猪"之类的烧烤大菜。

大碗菜四品：燕窝万字金银鸭子、燕窝年字三鲜肥鸡、燕窝如字锅烧鸭子、燕窝意字什锦鸡丝

怀碗菜四品：燕窝熘鸭条、攒丝鸽蛋、鸡丝翅子、熘鸭腰

碟菜四品：燕窝炒炉鸭丝、炒野鸡爪、小炒鲤鱼、肉丝炒鸡蛋

片盘二品：挂炉鸭子、挂炉猪

饽饽二品：白糖油糕、如意卷

燕窝八仙汤[2]

在清人无名氏编撰的食谱《调鼎集》中，有满席、汉席条。满席记有全羊、全猪烧小猪、挂炉鸭、白蒸小猪、白蒸鸭、糟蒸小猪、白哈尔巴、烧哈尔巴、挂炉鸡、白煮乌叉等，[3]都是当时运用常见的烧烤大菜。在《扬州画舫录》所录的满汉席菜单中，也有"挂炉走油鸡鹅鸭、燎毛猪羊肉、白蒸小猪子、小羊子鸡鸭鹅"等或整体或烧烤的大菜。

由此可以看出，烤烤类的菜肴，是清代菜肴制作最常用，也是最重要的方法之一。御宴中，尤其是在满汉大宴中，几乎都有"以全体烧之"而上桌的烧烤大菜。烧烤大菜的品种主要"片盘二品"，即膳单中的"挂炉鸭子""挂炉猪""挂炉走油鸡鹅鸭"。另外，还有"挂炉肉""烧方"之类，类似现今的烧烤肘子菜肴。这些菜肴的制作是采用明炉明火悬挂烤制而成，带有明显的满族原始食风。

除了烧烤大菜，清代御宴中"锅烧"类的菜肴也有许多，也是清宫菜中常用的烹调方法之一。而这些锅烧类的菜肴也大多是以整体上桌的，也有类似"挂炉鸭子""挂炉猪"的效果。如御宴膳单中常有"锅烧鸭子""锅烧肘子""燕窝锅烧鸭子""锅烧鸭丝春笋丝""锅烧鸭子燕窝把""口蘑山药锅烧鸭子""锅烧鸭丝烩金银豆腐""燕窝锅烧鸭丝""燕窝锅烧鸡丝"等。一般来说，我国传统的"锅烧"之法，应该是把整体动物原料用竹棒"架"在铁锅中，锅内略放酒水（或不放），密封后，烧火加热，连烘带烤而成。其中的"锅烧鸭子""锅烧肘子"，可

---

① 邱庞同著. 中国菜肴史. 青岛：青岛出版社，2001年，第368页。

② 邱庞同著. 中国菜肴史. 青岛：青岛出版社，2001年，第369页。

③ 佚名撰. 邢渤涛注释. 调鼎集. 北京：中国商业出版社，1986年，第107页。

以说是传统的烘烤菜。但其他的菜肴品种，似乎又是另外的烧法，说明，烧烤在清代御膳厨房中，已经有了进一步的改进与发展。

三、清朝宫廷菜的特点

清朝宫廷菜肴是在积累了以前历代宫廷菜肴的基础上，又在充分融合满族饮食风俗的前提下，形成了体系完备、技艺全面、原料繁盛、菜肴众多、制作精美的特点。通过清宫的膳单以及其他大量不能全部引用的清宫饮食史料可以看出，清朝宫廷菜肴大致有如下特点。

第一，体系完备。清代宫廷菜肴经过近两百年的积累与发展，形成了从豪华大菜到精美小炒、各色冷菜到面食点心等一应俱全的完整体系，为皇帝皇后等的宫廷日常饮食与举办各种大型宴会活动提供了有利条件。其中尤以满汉全席为代表的菜肴组合与宴席艺术就是最好的例证。

第二，技艺全面。清宫菜肴在烹饪方法的运用上，也是多种多样、丰富多彩的。但同时又有明显的特色，以烧、烤、炖、焖等见长，炒、爆、熘、炸、煮、烩、蒸、熏、煏等也运用较多。

第三，原料繁盛。在用料上，可以说清宫的菜肴原料应有尽有。从汉族传统的燕窝、鱼翅、海参、鸭、鸡、猪、鱼、菌类、菇类、蔬菜、豆腐等，到以东北地区出产的各种兽、禽、水产、野蔬，以及满人习惯食用的野味熊掌、鹿肉、鹿血、鹿筋、獐、狍等，一应俱全。

第四，菜肴众多。清宫菜在菜肴风味上，兼具满族大菜，融合山东、扬州、苏州、杭州等菜肴风味，形成多样化的特色。这种民俗风味与地方风味的融合，使清宫菜肴种类众多，不胜枚举。

以上几个方面，不过是约略言之，详细叙述，仍还有许多，限于篇幅，不一一罗列。

第二节　清代贵族饮食与孔府菜

清代皇宫的帝王饮食是如此的豪华排场，肴馔制作是如此的华贵精美，御宴菜肴是如此的繁花似锦。实际上，在清代不仅御膳菜肴丰富多彩，制作精致，而且在清代的贵族阶层中宴席饮食的菜肴制作也与皇宫御膳有异曲同工之妙。尤其是在晚清与皇室有血缘关系的王爷府以及达官贵族的府第中，其饮食的豪华与菜肴的制作几乎达到了登峰造极的境地。现在仅以保存完好的孔府菜为例加以介绍。

一、孔府菜的构成及特点

不管孔子当年所说的"食不厌精，脍不厌细"与"割正、得酱、不可失饪"的烹饪要求的本意如何，就居住在曲阜孔府的孔氏后裔而言，还是把这些训导作为烹饪与饮食宴饮活动的指导性家训而相承不悖的。他们依据富足的财富作为雄厚的物质基础，秉承"食不厌精，脍不厌细"的饮食原则，在菜肴、面点的制作上刻意追求精美豪华，使中国的烹饪技术在这个非同寻常的历史大家族中得到了异乎寻常的发展和提高，加之历代厨师的辛勤劳动和聪明才智，创造出了丰富多彩、精烹细作的各种菜肴、面食、点心及小吃，形成了独具特色的孔府烹饪。

1. 孔府菜的构成

从孔府档案的记载中，我们可以看出，至清朝末年，孔府菜肴体系已臻完美，形成了从家常菜点到宴席菜点，从一般原料到高档菜肴加工烹饪技术较为完整的孔府菜。孔府菜的形成是在长期的发展中，广泛地吸收了以鲁菜为代表的北方菜和以苏菜为代表的南方菜的烹饪技术及其风味特色，同时又大量兼收了许多皇宫御膳的烹饪精华而形成的。如果按不同菜式在不同场合的用途来看，孔府菜可以说是由三大部分构成的。即祭祀菜点、宴用菜点和家常菜点。当然，这种分类不是严格意义上的区别，其中有些菜点是可以交叉使用的，兼具各类菜点的应用价值，充当各种角色。

（1）祭祀菜肴　如果我们说，孔府饮食文化主要起源于祭祀活动，恐怕并不为过。其中孔府菜的形成，更是与孔府主人的祭孔活动有着不可分割的关系。祭祀活动和我国其他各类延续下来的祀礼活动一样，奉供的主要物品是饮食品。在人们的心目中，只有把自己认为是最美好的食品用于供祀，才能赢得先祖列宗的神灵信赖，也就能真正地起到护佑后代子孙的作用。因而，祭祀菜点是祭祀活动中必不可少的内容，从而成为构成孔府菜的一个主要部分。

所谓祭祀菜点，就是孔府中专门用于祭孔、祭天地、祭鬼神等祭祀活动的一类专用菜点，其中大部分又是祭孔所用。由于这些活动带有明显的宗教色彩，同时更是一个民族的原始崇拜与信仰心理的外在反映与表现，因此，祭礼活动对人们来说又是非常认真和虔诚的。

孔府的祭祀菜肴有一个发展过程。最初之时，孔氏后裔社会地位平常，居无府第，生活也不富裕，虽然也"岁时奉祀"孔子，其用品却是极为简单，不过几样常食之品而已，自西汉以降，开始使用太牢（牛、猪、羊三牲各一）祭孔，规格升高，用品也渐丰。发展到唐宋年间，其祭品规格及所用礼器已与先秦时天子祭祖无二。所用礼器有：俎、豆、籩、爵、簋、簠、笾、铏、牺尊、象尊、壶尊、铜镫、铜罍、……数量多达二十余种。

而用于祭孔的食品也多达几十种。据《阙里广志》记载，在大成殿内孔子正坛陈设前，其供祭食品有：整牛一头、整猪一头、整羊一头、白饼、菱、榛、黍、稻、韭菹、菁菹、兔醢、黑饼、芡、粟、稷、粱、菹、笋菹、鱼醢、脾析、鹿脯、枣、形盐、薨鱼、醓醢、鹿醢、豚膊、和羹、太羹、铏羹。

从这些菜肴祭品来看，除了生食品外，主要的是冷食品，醢是肉酱，脯为腌干肉，菹为腌菜类。这些菜肴的制作与热菜相比，较为简单，但要求却是相当严格的。这些冷菜肴的制作技术在后来的孔府菜中也是显而易见的。

随着孔府地位的升高和财富的增加，人们越来越觉得仅用这些带有原始遗俗的冷食为祭，未免觉得寒酸或于心不忍。尤其是，孔子的后代生活上益趋奢侈，大鱼大肉，山珍海味应有尽有，而祭祖之品仍承旧制，不合情理。据《孔氏祖训箴规》中的明确规定，祭祀就要做到"必洁、必丰、必诚、必敬"，也就是说应该在祭祀中奉献自己最精美的食品，以示诚心。所以，到了明清年间，祭孔所用食品除了"太牢"之类的象征性食品种类之外，开始制备一种特别规格的祭祀宴席来祭祀孔子。这样，就形成了一系列祭礼上使用的菜肴、点心。不过，这种祭祀供宴因菜品数量、档次不同又有区别，其制作与常宴大同小异，用料从燕窝、鱼翅、鲍鱼、海参一类的珍品，到瓜蔬素料无所不有。其实，这种供席，不过是摆摆形式而已，最后还是由祭祀者分而享之。

（2）宴用菜肴　宴用菜肴是孔府菜中数量最为丰富的一大类。由于孔府经常用于迎送皇帝、接待王公大臣、各级地方官员、亲朋好友及府内喜庆祝寿等各项活动，每每都离不开宴饮。因而，制作各种宴席菜肴也就成为孔府厨师的主要任务。宴用菜肴的制作，其工艺一般都非常讲究，不同规格的宴席，要烹制不同的菜肴，即使同种宴席在不同的举宴时间，菜式上也有较大的变化。而且，制作又是配套的。宴用菜肴根据宴席的组成可分为冷菜、头菜、大件、行件及饭菜等。

冷菜是宴用菜肴的先头部队，多以小形盘碟盛装，有的还要在盘内摆成一定的形状增加美感，摆布于宴桌四周，故又有围碟之称。菜肴大多以口味干香、清爽不腻见长。用料以动物肉、内脏及蔬菜为多。冷菜在宴席中的数量也因宴席的规格而异，有6～12个不等，特别豪华的宴席也有用几十种的。孔府菜中常用的冷菜有百余种。

头菜是一桌宴席中用来起挂帅作用的菜肴。孔府中许多宴席的名称，就是根据头菜的名称而确定的。如"燕菜席""鱼翅席"等。"燕菜席"中的头菜多为"一品官燕""清汤燕菜"之类的菜肴。"鱼翅席"又称"翅子席"，是用鱼翅制作的菜肴为头菜。由于头菜是代表一桌宴席水平的高低优劣，因此，头菜的制作又是非常考究的，技术要求是相当严格的。如七十六代"衍圣公"孔令贻奉母携妻晋京给慈禧太后祝寿进贡的早膳一桌，其头菜便是嵌有"万寿无疆"祝词的"燕窝四大件"，分别是：燕窝"万"字金银鸭块、燕窝"寿"字红白鸭丝、燕窝"无"字口蘑肥鸡、燕窝"疆"字三鲜鸭丝。其宴席规格之高，由此可见一斑。

大菜，又称为大件菜。在许多宴席中大件菜有时和头菜又没有严格的区别，因此，有些宴席中的头菜又是大件菜之一。一桌宴席中大菜的数目和质量是衡量宴席规格高低的主要依据。孔府宴中有许多是用大件菜的数量命名的宴席。如"海参三大件席""鱼翅三大件席""燕菜四大件席"等。"海参三大件席"则说明该宴中有三个大件菜，主菜是海参菜，其余两个大件一般为鸭（或鸡）菜和鱼类。档次高一级的"燕菜四大件席"，头菜为"燕窝"之外，尚有"挂炉烤鸭""冰糖肘子""清蒸桂鱼"之类。据《孔府档案》记录的宴席菜单统计表明，孔府宴中常用的大件菜有一百四五十种之多，可供各种规格的宴席使用。

行件，又叫热炒，是宴中用来侑酒的主要菜肴，没有大件那样讲究，制作起来比较灵活，富于变化，原料使用也较广泛。一桌宴席一般有4~16个行件不等。行件相对于大件而言，数量上一般相当或稍多，但质量上却不能压过大件。一宴之中，无论几个行件，应讲究口味、色泽、用料、烹饪及造型等各个方面的搭配变化，不能千篇一律，使宴席丰富多彩。如孔府中较为流行的"海参三大件席"中有八个行件，一般是"炒软鸡""熘鱼片""红烧大肠""肉烧海带""酱汁鱼块""烧吊子""海米珍珠笋""肉丝炒青菜"，有鱼有肉，有荤有素，有炒有烧，色味不一，变化多样。

饭菜，顾名思义，就是饮酒结束后，上一组用来佐食下饭的菜肴。饭菜在齐鲁地方宴席中是很讲究的，民间有所谓宴席由"几盘几碗"组成之说。所谓"几盘"就是用来侑酒的大件和行件，而"几碗"则是用来佐食的饭菜。这也是孔府宴席沿袭古制的结果，在我国的周朝宴席就有"九鼎""八簋"的规定，其中的"九鼎"就是侑酒之肴，而"八簋"则是饭食之属。孔府宴席中的饭菜数量有6~9个不等。如"扣肉""余肉丸子"之类便是。但饭菜在孔府宴中，由于大件和行件等下酒菜肴一般都很丰盛讲究，因而相比较而言，一般不是太看重，大多用口味清淡的素菜及汤菜为之，而有的宴席则根本没有饭菜，也是用几大碗的形式佐食。

（3）家常菜肴　孔府菜中的另一大部分是家常菜肴，亦即"衍圣公"一家人日常饮食的菜肴或节日便酌时的菜式。事实上，严格地讲，在孔府，家常菜肴和宴用菜肴有一部分是相互通用的，没有严格地区别。大致说来，宴席菜肴制作一般讲究工艺，要求严谨，而家常菜肴则一般比较随便，以味美适口、精细实惠为主。

2. 孔府菜的技艺特征

孔府菜无论在吸收鲁菜制作技术的风格，还是学习苏菜的技艺特点，乃至兼及清宫菜的精华，都是有选择地摄取其长处，并非原样照搬。我们虽然可以从孔府菜的整体上看到鲁菜、苏菜以及清宫菜的某些特征，但就孔府菜的全部而言，却又谁都不是，有的只是孔府菜所独有的风格和特点。大致简要说来，孔府菜肴的制作，大体有以下几个方面的技艺特征。

首先是菜肴用料极其广泛。孔府菜的用料，上至山珍海味，下至瓜果菜豆，乃至野蔬笋根，皆可入馔。日常饮食大多就地取材，以乡土原料为主。宴用原料除兼具地方特色外，更多的则是购自四面八方。常用的如鱼翅、燕窝、猴头、海参、鲍鱼、干贝、大虾、菌蕈等山珍海味，有牛、羊、猪、鸡、鸭、鹅、鸽等家畜禽蛋，也有鹌鹑、麋鹿、野兔、山鸡等野味，更有鳜鱼、鲭鱼、甲鱼、螃蟹、南荠、蒲菜等鱼虾水鲜，干鲜果品则有银杏、莲子、瓜、梨、桃等，以及豆芽、白菜、韭黄、芹菜、黄瓜等应时蔬菜，无不入馔制肴。甚至野荠、马齿菜、高粱根等都可采来，制成美味佳肴。孔府菜中有"龙爪笋"，便是采高粱的嫩须根经过精心处理，烹制而成的一款颇具特色的菜肴。

其次是菜肴制作极为精细。粗菜细作，细料精制，这是孔府厨师秉承"食不厌精，脍不厌细"的饮食原则而形成的烹饪特色。如"八仙过海闹罗汉"一菜，各种原料在加工上相当精细，每种原料的加工都有严格的要求。鸡里脊要剔去筋膜，剁成细蓉，加入鸡蛋清、清汤、精盐搅成料子；海参用抹刀片成蝴蝶形；鱼肉切成6厘米长的条；青虾去头、皮，留尾及虾腰处的环状虾皮；芦笋切成6厘米长的条；青菜洗净备用。然后将其一一加工，鸡料子用手捏成直径2厘米的丸子，将水发鱼翅插在丸子上呈菊花形；海参片铺平，用鸡料子抹在中间呈长圆条形，做成蝴蝶身子，另用青菜丝、木耳丝、黄鸡蛋皮丝在蝴蝶身上相间粘成花纹；再用余下的鸡料子做成一个圆饼，饼上用火腿点缀成罗汉钱饼状，为罗汉饼。然后将各种加工好的料坯，需要入笼蒸制的入笼蒸好，该入开水余透的用水余好，再将上述原料摆入汤盅内，将八种原料按八个方位摆整齐，罗汉饼放置中间，加入清汤。孔府的清汤也别有特色，被称为"三套汤"，系用三套吊汤原料精心制成。如此精细复杂的加工烹制，足以显示出孔府烹饪求精求细的特点。

再次是菜肴极具富贵气息。孔府菜因加工精细，用料考究，加之盛器典雅，因而使之体现出一种浓厚的富贵气息。这种富贵气不同于那种庸俗的铜钱味，而是富贵之中蕴含着一种高雅和文化气味，这是孔府菜有别于他类富贵菜式的根本之处。如孔府中的"一品锅"就是如此。一品锅在清朝年间流行很广，大抵皇室贵族、王爷府第均有所制，及至晚清，一般受过皇帝点赐的地方官员也有资格享用一品锅。清末文人刘鹗的《老残游记》中，就记述了老残与黄人瑞吃一品锅调侃的情节。而一品锅在孔府的制做，却是非常讲究的。孔府"一品锅"的锅具乃是清朝乾隆皇帝亲赐之物，锅盖顶部镂刻有"当朝一品"四个大字，锅为双层，可在中间夹层注入热水以起保暖作用，锅内用料大抵山珍海味一类，厨师调制有术，最能显示孔府菜的富贵气派。

最后是菜肴极具美感和文化韵味。孔府菜不仅注重质地、味道、火候等菜品本身的质量要求，同时应重视菜肴的形态美。特别是宴用菜点，优质的原料，美好的口味再赋予一个优美生动的形象，使孔府菜达到了内容与形式的统一，同时也提高了孔府菜的审美价值，融质美、味美、形美为一体，这就是孔府烹饪的最高境界。代表性的菜肴如"御带虾仁""一品寿桃""一卵孵双凤"等。孔府菜的另一大特点，是受了儒家文化和清宫御膳的影响，菜名十分讲究，寓意深刻高雅，极具文化韵味。

二、孔府经典菜肴概览

孔府菜肴，经上千年数十代烹饪大厨们的精益求精的发展探索，既体现出了美感，又具备了传统文化的成分。从菜肴名称上，听来便会感到一种文化的气息扑面而来，如：诗礼银杏、孔门干肉、带子上朝、玉笔虾仁、虎卧尼山、阳关三叠、一品寿桃、烧秦皇鱼骨、合家平安等。孔府菜肴，选料精，工艺精，有的以原料高档名贵取胜，有的则以罕见珍奇称道，有的则以精湛的烹技享誉宾客；孔府菜肴口感美，形态美，意境美，几乎每一款菜肴都有着一则生动的典故、一段情味隽永的轶闻。下面略举数款名肴加以介绍，达到窥一斑而见全豹之效果。

1. 诗礼银杏

在孔子故宅内建造的诗礼堂庭院中，有两棵植于宋代的银杏树，千余载枝叶繁茂，尤其是西边那棵雌银杏，浓荫半院，年年硕果累累，族人们说是因受了孔子圣灵护佑的缘故。这银杏树所结果实，特别胖大饱满，且香甘异常。孔府厨师便取树上银杏，趁鲜去净壳及内脂皮，然后入开水氽过，去其异味，放入用白糖、蜂蜜调制的汤液中，煨至酥烂盛盘，称为"蜜蜡银杏"。此菜首次献之宴席时，菜呈琥珀亮色，口感酥软香甜、鲜美淡雅，且开胃健脾、醒神明目，衍圣公认为味道颇好，但其名不雅又不含蓄。经了解得知银杏取之于孔子"诗礼庭训"故地，于是名其为"诗礼银杏"。此名一改，既可借此纪念先祖"诗礼庭训"，又可假银杏长生不老之意表达孔子家族"诗礼传家"的世代不衰，一名双关。从此，普通一款甜菜，便成为孔府宴席中的珍品，有时作为大件上席。

2. 神仙鸭子

这是孔府菜中著名的菜品之一，常作为大件上席。其原名叫"清蒸全鸭"，对于更名为"神仙鸭子"，也有一段风趣的故事：相传孔子第六十四代孙孔繁坡，从小就喜欢食鸭。明正德年间孔繁坡出任山西同州知州，把多年跟随他治馔的王厨师也带到任上，此人极擅烹制鸭子菜肴。一天午餐，孔繁坡要吃清蒸鸭，王厨师从市集上亲自选了一只雄鸭，回厨房宰杀、煺毛、去内脏。然后将鸭脊脊肉剔下，剁成细泥调好味。将剔下脊脊肉的鸭架放开水锅中氽过，再入汤锅中煮至八成熟，捞出剔去大骨，扣入大海碗，撒上花椒、葱、姜及清汤和各种佐料。另取同样大小的一只海碗扣在上面，而后用毛边皮纸糊严密封，入笼内蒸至鸭子烂熟，取出。去净葱、姜、花椒，将碗内汤汁倒入锅内，加适量清汤，倒入肉泥，边搅边加热，待肉渣浮起时撇净不用，将汤浇鸭上即成。此菜一上桌，浓郁的肉香早把孔繁坡吸引住了，一尝，肉烂、汤鲜、味醇，肥而不腻，烂而不糜，与往日不同。询之，厨师讲鸭一入笼，便插香燃着，香烬时鸭刚好熟烂。孔繁坡深感惊奇，香烬鸭熟，出笼则烂，莫非有神助矣，遂取名此肴为"神仙鸭子"。后来，孔繁坡谢任归里。"神仙鸭子"及其美谈便传到了孔府。

3. 烤花篮桂鱼

烤花篮桂鱼是孔府宴中三大烤菜（另有烤鸭、烤乳猪）之一，常用于较高级的满汉全席、燕菜席中。桂鱼，即鳜鱼，谐其"贵余"寓"富贵有余"之意，故而喜庆寿筵上常有此肴。据传，孔子第七十六代孙衍圣公夫人特别喜欢吃鳜鱼，一次过节，设宴团聚，掌灶厨师用鱼户贡送来的新鲜鳜鱼，精心制作了一款"烤桂鱼"。原料新鲜，烹制精细，衍圣公夫人食之甚为中意，一边品尝，一边询问菜肴的做法，侍宴仆人叫来厨师讲述：用海参、干贝、鸡肉、玉兰片等小丁混合成什锦丁馅，加入料酒、食盐拌匀，装入处理干净的鳜鱼腹中，取一张整修合适的网状猪脂油，把鱼包上，再用硬面团擀制的薄面皮裹紧包好网油的鱼，置于熏箅子上，覆以大盆，下以木炭火烤二三个小时，便熟透。衍圣公夫人听后，说：用猪网包鱼，恰似花篮盛鱼，何不取名"花篮桂鱼"。

类似菜肴还有更多，不一一详述。在张廉明先生编著的《孔府名馔》一书中，共选编孔府菜186种，这是我国第一本较全面地整理孔府菜肴的专业书。下面将其中"宴席菜"55种菜单抄录如下。

孔府一品锅	奶汤燕菜	牡丹蒸菜	冰糖蒸菜	蒸菜捶鸡丝
八仙过海闹罗汉	白扒通天翅子	锅烧鸭子	把儿鱼翅	八仙鸭子
红扒鱼翅	三套鸭子	红烧海参	带子上朝	珍珠海参

一卵孵双凤	糟烧海参	葡酒醉鸡	镶海参	霸王别姬
狮子滚绣球	烧安南子	奶汤鹿筋	怀抱鲤	御笔猴头
清蒸桂鱼	烧猴头	烤花篮桂鱼	红扒海角	口蘑干烧鱼
烩银耳	八宝红鱼	烧秦皇鱼骨	一品豆腐	神仙鸭子
烧什锦素鹅脖	蜂窝豆腐	八宝肉	乌云托月	干蒸莲子
七星鸡子	诗礼银杏	凤鸡	花扣冬瓜	烤乳猪
八宝苹果	烤鸭	扒苹果	鸭勾肉	炸梨球
蒸肉	西瓜冻	冰糖猪蹄	四松碟	蜜汁金腿[①]

第三节　菜肴著作的理论总结

清代，是我国菜肴烹饪理论最为发达的时期，而尤以总结、记录菜肴制作方法的菜谱类最多，其中较有影响和代表性的菜肴著作如袁枚的《随园食单》、顾仲的《养小录》、朱彝尊的《食宪鸿秘》、李化楠的《醒园录》、曾懿的《中馈录》、无名氏的《调鼎集》、徐珂编纂的《清稗类钞·饮食类》等。在这些以记录菜肴制作方法为主的专业著作中，记录了我国清朝时期大量的各地方菜肴制作技术，是我们今天了解清代菜肴文化的最好途径。

一、《随园食单》中的烹调理论与菜肴制作

《随园食单》是清代著名学者、诗人、烹饪鉴赏家袁枚（公元1716—1798年）所著。全书约4万字，书中包括烹饪原理和名菜介绍两大部分，是一部在中国饮食文化史上具有巨大影响的烹饪专著。

1. 菜肴烹调理论

在菜肴烹调理论部，《随园食单》分列"须知单"和"戒单"两章，作者先从菜肴烹调的基础知识入手，相继论述了"先天""作料""洗刷""调剂""搭配""独用""火候""色臭""迟违""变换""器皿""上菜""时节""多寡""洁净""用纤""选用""疑似""补救"和"本分"20个"须知"，讲烹调事厨原理

---

① 张廉明著. 孔府名馔. 济南：山东科学技术出版社，1996年，第4页。

及具体的操作方法，然后依据多年的烹调临灶实践经验，提出了"14戒单"，也就是14个禁忌与注意事项，内容包括"外加油""同锅熟""耳餐""目食""穿凿""停顿""暴殄""纵酒""火锅""强让""走油""落套""混浊"和"苟且"，[①]这可以说是我国18世纪中国菜肴的规范作业指导书，制定出了做菜的规程和禁忌事项，纠正了厨师菜肴烹调、购买原料、宴席设计等方面的许多偏颇与不足，具有很强的实用性与可操作性。

对于菜肴原料的选择，书中说："凡物各有先天，如人各有资禀"，如果"物性不良，虽易牙烹之，亦无味也。"袁枚强调选料要切合"四时之序"，专料专用，还应注意综合利用，反对暴殄天物。同时他还重视原料的采购，并说："大抵一席佳肴，司厨之功居其六，买办之功居其四。"[②]对烹饪专业采购人员给予了肯定，这是符合菜肴原料选择原则的，至今在一些没有专业菜肴原料采购人员的酒店里，都是厨师长充当采购员。

中国菜肴制作，重于火候，是历史经验，书中指出要因菜而异，"有须武火者，煎炒是也，火弱则物疲矣，有须文火者，煨煮是也，火猛则物枯矣，有先用武火而后用文火者，收汤之物是也，性急则虚焦而里不熟矣。"为了巧用火力，他提出"煎炒下料宜少，煨煮下料宜多"[③]的原则和经验之谈，即使在今天仍不失其指导意义。

调味技艺，是中国菜肴制作的精髓。书中主张"使一物各献一性，一碗各成一味"。对于菜肴的调味要求，主张"味要浓厚，不可油腻；味要清鲜，不可淡薄。"并告诫厨师"慎宜选择上品"，"纤必恰当。"只有做到"咸淡合适，老嫩如式"，才能成为烹调高手。[④]

对于菜肴的烹制工艺，书中提出了"六戒"。一戒"外加油"，袁枚认为"淋油起锅"，等于玷污菜肴的清白，多此一举。二戒"同锅熟"，他觉得这是"千手雷同，味同嚼蜡"，失去了各种原料的本真之味。三戒"穿凿"，他特别反对把燕窝做成团子，把海参熬成肉酱，把西瓜制成冻糕，把苹果蒸制成果脯之类，这完全是抹杀食物的本性。四戒"走油"，他认为肥美之物，应是油存肉中为好，倘若大火熬煎，轮番加水，火势忽停，屡起锅盖，美味就散而不存，失却本来面目。五戒"混浊"，他认为："同一汤也，望去非黑非白，如缸中搅浑之水。同一卤也，食之不清不腻，如染缸倒出之浆。"令食索然无味。六戒"苟且"，

① 清·袁枚撰. 随园食单. 广州：广东科学技术出版社，1983年，第4~19页。
② 清·袁枚撰. 随园食单. 广州：广东科学技术出版社，1983年，第4页。
③ 清·袁枚撰. 随园食单. 广州：广东科学技术出版社，1983年，第9页。
④ 清·袁枚撰. 随园食单. 广州：广东科学技术出版社，1983年，第11~19页。

烹制不当者，不许"登盘"，这应该是厨师菜肴制作中的基本准则。[①]这"六戒"分别从菜肴的色、香、质、味、形等各方面的质量提出的具体的标准要求，具有很强的针对性，即使在今天仍具指导意义。

《随园食单》中关于菜肴烹调理论的论述还有更多，恕不一一列举。应该说，在袁枚之前，还没有人如此系统、精辟地把菜肴烹调的理论进行这样的总结与论述，因此，《随园食单》在我国菜肴烹调理论上的建树是具有引领风气之先的意义和作用的。

2. 菜肴制作技艺

在菜肴制作技艺部分，书中把菜肴分为海鲜单、江鲜单、特牲单、杂牲单、羽族单、水族有鳞单、水族无鳞单、杂素菜单、小菜单、点心单、饭粥单和茶酒单12组，共记录了特色风味菜点326种，可谓洋洋大观。与一般菜谱不同的是，作者还根据不同的菜肴特点，针对烹制技术的关键环节进行了评价与分析，这在以前也是没有过的。

下面以"特牲单""羽族单"两个部分的菜肴进行简单的介绍。

《随园食单》在"特牲单"中共收录菜肴50种，部分菜单如下：

猪头二法、猪蹄四法、猪爪猪筋、猪肚二法、猪肺二法、猪腰、猪里脊、白片肉、红煨肉三法、白煨肉、油灼肉、干锅蒸肉、盖碗蒸肉、瓷坛装肉、脱沙肉、晒干肉、火腿煨肉、荔枝肉、八宝肉、菜花头煨肉、炒肉丝、炒肉片、八宝肉圆、空心肉圆、锅烧肉、酱肉、糟肉、暴曝肉、尹文端公家风肉、家乡肉、笋煨火肉、烧小猪、烧猪肉、排骨、罗蓑肉、端州三种肉、杨公肉、黄芽菜煨火腿、蜜火腿。[②]

其中记载"烧小猪"的做法是："小猪一个，六、七斤者，钳毛去秽，上叉炭火炙之。要四面齐到，以深黄色为度。皮上慢慢以奶酥油涂之，屡涂屡炙。食时酥为上，脆次之，硬斯下矣。旗人有单用酒、秋油蒸者，亦惟吾家龙文弟，颇得其法。"[③]这实际上是一种"烤乳猪"的菜肴制作，而叉烤之法当以南方精良。

又如"烧猪肉"的制作："凡烧猪肉，须耐性。先炙里面肉，使肉膏走入皮内，则皮松脆而味不走；如先炙皮，则肉上之油尽落火上，皮既焦硬，味亦不佳。烧小猪亦然。"着墨不多，语言简练，但表达清楚，而且尽得要领。

《随园食单》在"羽族单"中共收录菜肴44种，部分菜单如下：

白鸡片、鸡松、生炮鸡、鸡粥、焦鸡、捶鸡、炒鸡片、蒸小鸡、酱鸡、鸡

---

① 清·袁枚撰. 随园食单. 广州：广东科学技术出版社，1983年，第19~28页。
② 清·袁枚撰. 随园食单. 广州：广东科学技术出版社，1983年，第38~56页。
③ 清·袁枚撰. 随园食单. 广州：广东科学技术出版社，1983年，第53页。

丁、灼八块、珍珠团、黄芪蒸鸡治疗、卤鸡、酱鸡、唐鸡、鸡肝、鸡血、鸡丝、糟鸡、鸡蛋、野鸡五法、赤炖肉鸡、蘑菇煨鸡、鸽子、鸽蛋、野鸭、蒸鸭、鸭糊涂、卤鸭、鸭脯、烧鸭、挂卤鸭、干蒸鸭、野鸭团、徐鸭、煨麻雀、煨鹌鹑黄雀、云林鹅、烧鹅。①

其中，"煨麻雀"的做法是："取麻雀五十只，以清酱、甜酒煨之，熟去爪脚，单取雀胸头肉，连汤放盘中，甘鲜异常。其他鸟雀，俱可类推。但鲜者一时难得。薛生白常劝人勿食人间豢养之物，以野禽味鲜，且易消化。"这是一道以野禽鲜味取胜的菜肴，而且有名家的饮食经验为证。

至于"云林鹅"一肴，则是名家所创制的名馔。云："整鹅一只，洗净后，用盐三钱，擦其腹内，塞葱一帚，填实其中，外将蜜拌酒，通身满涂之，锅中一大碗酒、一大碗水蒸之，用竹箸架之，不使鹅身近水。灶内用山茅二束，缓缓烧尽为度。俟锅盖冷后，揭开锅盖，将鹅翻身，仍将锅盖封好蒸之，再用茅柴一束，烧尽为度；柴俟其自尽，不可挑拨。锅盖用棉纸糊封，逼燥裂缝，以水润之。起锅时，不但鹅烂如泥，汤亦鲜美。以此法制鸭，味美亦同。"②这可以说是一道味道绝美的家庭秘制佳肴。

其他还有"海鲜单""杂牲单""水族有鳞单""杂素菜单"等。袁枚在"杂素菜单"所列出的50余种素类菜肴颇有特色，其中豆腐的制作方法大多数为家庭秘制法，烹调技艺各具风采。"杂素菜单"中的菜肴有：

蒋侍郎豆腐、杨中丞豆腐、张恺豆腐、程立万豆腐、庆元豆腐、芙蓉豆腐、王太守八宝豆腐、冻豆腐、虾油豆腐、蓬蒿菜、蕨菜、葛仙米、羊肚菜、石发、珍珠菜、素烧鹅、韭、芹、豆芽、茭、青菜、台菜、白菜、黄芽菜、瓢儿菜、波（菠）菜、蘑菇、松蕈、面筋三法、茄二法、苋羹、芋羹、豆腐皮、扁豆、瓠子黄瓜、煨木耳香蕈、冬瓜、煨鲜菱、豇豆、煨三笋、芋煨白菜、香珠豆、马兰、杨花菜、问政笋丝、炒鸡腿蘑菇、猪油煮萝卜等。③

通过上面的菜肴介绍可以看出，袁枚记录菜谱的方式是与众不同的，具有明显的特色。特色之一，记录菜肴制作方法不是面面俱到，而是突出关键技术点，使人一看就能掌握其要领。特色之二，不仅记录菜肴的原料、制法和风味，而且有的还要注明是何地何人何家的名菜，有史料意义。特色之三，书中所记录的菜肴，作者不但品尝过，有的还不止一次，有的还亲眼目睹了菜肴烹熟的全过程，因而记录的菜式是真实可信的。特色之四，有的菜肴在记录下了其制作方法后，

① 清·袁枚撰. 随园食单. 广州：广东科学技术出版社，1983年，第64~81页。
② 清·袁枚撰. 随园食单. 广州：广东科学技术出版社，1983年，第81页。
③ 清·袁枚撰. 随园食单. 广州：广东科学技术出版社，1983年，第101~117页。

还常把类似的菜肴拿来进行比较，从而判定菜肴品质的优劣。特色之五，不仅记录高档、奇特的风味菜肴，也记录一般性的家庭中低档菜肴。在袁枚看来，只要具备独特风味，均可编入书中，传之后世。特色之六，袁枚认为，对于有专业基础的烹调者来说，看懂菜谱不在于记录的如何详尽，因而他采取了该说则说，该记则记，有话则长，无话则短，没有定规和套路，清新耐读。与今天出版的大量的菜谱书比较起来，真的值得我们借鉴。

二、其他专著之菜肴

随着烹调理论的不断丰富发展，我国清代的菜肴烹制技术著作及与菜肴烹制技术有关的著作呈现出多样繁盛的局面。仅菜肴烹制技术方面的著作，就有谢墉的《食味杂咏》、袁枚的《随园食单》、曹寅的《居常饮馔录》、朱彝尊的《食宪鸿秘》、张英的《饭有十二合》、黄云鹄的《瓣谱》、曾懿的《中馈录》、顾仲的《养小录》、丁宜曾的《农圃便览》、李化楠的《醒园录》、无名氏的《调鼎集》、施鸿保的《乡味杂咏》、夏曾传的《随园食单补正》、薛宝辰的《素食说略》等。而与之有关的农、林、果、水产等书籍更是不计其数。

下面通过简要介绍几种专业性较强、特色突出的菜肴烹制技术的菜谱，以窥清代史籍中有关菜肴的制作情况。

1. 李化楠的《醒园录》

《醒园录》的作者是李化楠，但文字大多系其子李调元整理。该书在《序》中说，李化楠当年"宦游所到，多吴羹酸苦之乡。厨人进而甘焉者，随访而志诸册，不假抄胥，手自缮写，盖历数十年如一日矣"。后来，李调元将其父之书稍加整理刻印。因家中有"醒园"，故取名为《醒园录》。[①]

全书分上下两卷。共收录了120多种关于菜点制作、调味品加工、食品加工、食物贮藏的谱方，书中所收菜肴、面点，以江南风味为主，也有一些四川当地风味的，还有少数北方风味以及西洋食品。菜肴制法记录简明扼要，其中尤以水产品、山珍海错类菜肴制作有特色。如炒鳝鱼、炖脚（甲）鱼、醉螃蟹、醉鱼、糟鱼、鱼松、虾羹、鹿尾、熊掌、煮燕窝、煮鲍鱼、煮鱼翅、煮鹿筋等。其中记录制作"虾羹"的方法是：

"将鲜虾剥去头、尾、足、壳，取肉，切成薄片，加鸡蛋、绿豆粉、香圆丝、香菇丝、瓜子仁和豆油、酒调匀。乃将虾之头、尾、足、壳用宽水煮数滚，去渣澄清。再用猪油同微蒜炙滚，去蒜，将清汤倾和油内煮滚，乃下和匀之虾肉

① 清·李化楠撰. 侯汉初注释. 醒园录. 北京：中国商业出版社，1984年，第1页。

等料，再煮滚，取起，不可太熟。"①

再如书中记录了两种"煮燕窝法"，其中的一种加工方法是：

"用熟肉锉作极细丸料，加绿豆粉及豆油，花椒、酒、鸡蛋清作丸子，长如燕窝。将燕窝泡洗撕碎，粘贴肉丸外，包密，付滚汤烫之，随手捞起，候一齐做完烫好，用清肉汤作汁，加甜酒、豆油各少许，下锅先滚一二滚，将丸下去再一滚，即取下碗，撒以椒面、葱花、香菰，吃之甚美。"②

这两道菜肴在技术上别具一格，风味独到，特色鲜明，按照今天人们的判断标准，带有很明显的南方菜式风格。在《醒园录》中，类似的菜肴还有许多，尤其是那些具有浓郁四川地方风味特色的腌菜种类，极适合于广大家庭的菜肴加工之用。

2. 顾仲的《养小录》

顾仲的老家是浙江嘉兴，该书所记录的菜肴、面点、粥品等制作自然以浙江风味为主，但也有一些属于中原与北方地区的菜肴。《养小录》一书不仅记录了近代200余种菜肴食品制作。包括饮料、调料、荤菜、蔬菜、糕点、花卉菜、粥品、水果制品等。而且，还在饮食理论上提出了"养生、务洁"的观点，至今仍有现实意义。

《养小录》在菜肴食品风味上，既有浙江的笋馔、水产、火腿制品等，也有中原和北方的熊掌、杏酪、乳制品等。所记录的菜肴、面点食品制作方法大多简便明了，既便于专业人员学习，也易于一般读者学习。如"响面筋"的制作：

"面筋切条，压干。入猪油炸过，再入香油炸，笊起，椒盐酒拌。入齿有声，坚脆好吃。"③

又如"鲫鱼羹"的制作方法："鲜鲫鱼治净，滚汤焯熟，用手撕碎，去骨净。香蕈、鲜笋切丝，椒、酒，下汤。"④在文字表达上通俗易懂，而且技术要领突出，生人一看就能够明白。

《养小录》中还有一些构思巧妙的特色菜肴，如"带壳笋""煨冬瓜"之类，不仅反映了清代菜肴的创新趋势，而且还为后人提供了可资借鉴的菜肴烹制技艺。

3. 朱彝尊的《食宪鸿秘》

《食宪鸿秘》的作者朱彝尊，也是今浙江嘉兴人，清代著名的文学家。《食宪鸿秘》是一部饮食专著，分为上下2卷，上卷包括食宪总论、饮食宜忌、饮之属、饭之属、粉之属、煮粥、饵之属、馅料、酱之属、蔬之属；下卷内容主要有

---

① 清·李化楠撰. 侯汉初注释. 醒园录. 北京：中国商业出版社，1984年，第35页。
② 清·李化楠撰. 侯汉初注释. 醒园录. 北京：中国商业出版社，1984年，第29页。
③ 清·顾仲撰. 邱庞同注释. 养小录. 北京：中国商业出版社，1984年，第5页。
④ 清·顾仲撰. 邱庞同注释. 养小录. 北京：中国商业出版社，1984年，第5页。

餐芳谱、果之属、鱼之属、蟹之属、禽之属、卵之属、肉之属、香之属，种植以及附录《汪拂云抄本》等。①"食宪总论"和"饮食宜忌"是关于饮食理论的论述，从内容上属于对各书的理论汇集与总结。理论之外，书中共收录了400多种调料、饮料、果品、花卉、菜肴、面点的制作法，内容极其丰富。但由于朱彝尊系浙江人，所以《食宪鸿秘》中所收录菜肴以浙江地区为主，兼及北京和其他地区。其中最突出的是不仅对"金华火腿"的制法进行了详细记录，而且记述了10多种关于火腿的食用方法，包括煮火腿、东坡腿、熟火腿、辣拌法、糟火腿等，极富地方风味特色。其中以"糟火腿"为例："将火腿煮熟，切方块。用酒酿糟糟两三日，切片取供，妙！夏日出路最宜。"这样的菜肴，不但风味特殊，而且颇与今天的旅行食肴相类，堪称佳品。书中所收菜肴，无论南方还是北味，在制作技艺的叙述上颇具简单明了、方便实用的特征。该书对我国素类菜肴的制作技艺进行了大量的记录，这是本书的特别之处。如响面筋、素肉丸、素鳖、熏面筋、生面筋等。其中"素肉丸"与"素鳖"的制作方法是：

素肉丸："面筋、香蕈、酱瓜、姜切末，和以砂仁，卷入腐皮，切小段。白面调和，逐块涂搽，入滚油内，令黄色取用。"

素鳖："以面筋拆碎，代鳖肉，以珠栗煮熟，代鳖蛋，以墨水调真粉，代鳖裙，以芫荽代葱、蒜，烧炒用。"②

4. 丁宜曾的《农圃便览》

《农圃便览》的作者丁宜曾，系今山东日照市人。丁宜曾曾随父到过四川、江西、福建、台湾等地方，对各地菜肴、面点的制作多有了解。他多次参加科举考试，但屡试不第。大约在50岁时，他在亲身实践及向人求教以及参考有关书籍的基础上，写出了《农圃便览》一书。该书虽为农书，但饮食菜肴烹制技术的内容也很丰富。书中记载了100多种食品原料的加工方法。有酒、豆制品、禽蛋、肉类、海产、蔬菜、水果等。其中，豆制品有糟豆腐、甜酱、腐乳、潲豆豉、水豆豉、酱油等；禽蛋类有风鸡、皮蛋等；肉类有腌肉、腌火腿等；海产有腌虾、腌鱼、糟鱼、糟乌蛋等；蔬菜类有霉干菜、茄鲞、腌香椿芽、酸菜、水晶蒜、水萝卜、盐笋干、青豆、十香瓜等；干鲜果类有梨干、樱桃干、蜜煎藕、桃脯、柿饼、蜜梅、盐梅、糖脆梅等。

《农圃便览》一书中更记载了70多种菜肴、点心的制法。这些菜肴、面点的制作是以山东当地特色见长的品种。其中，大多数菜肴是从鲁西南民间搜集到的，充满了质朴的乡土气息。主要菜肴有：虾皮烘肉、烧鸡、蒸肉、海蜇、西施

① 清·朱彝尊撰. 邱庞同注释. 食宪鸿秘. 北京：中国商业出版社，1985年，第1~10页。
② 清·朱彝尊撰. 邱庞同注释. 食宪鸿秘. 北京：中国商业出版社，1985年，第162页。

舌、鱼膘、鲨翅、制海参、制鲍鱼、熏肝、焦鳖、麻酥、糖薄脆、浆棒果、山药糕、水饼、玉簪花瓣拖面等。现举几例，以起到窥斑见豹之效果。

攂鸡：用鸡胸肉，切薄片，加香油、黄酒、团粉，入白盐些许，拌匀，再将鸡骨煮汤，去骨，入粉条、笋丝、香蕈同煮，汤极沸，入鸡肉，才熟，即速取起，加葱、姜少许。

脍鸡：将肥鸡生切厚片，加香油、酱油，入锅炒熟，再将鸡骨煮汤浸入，用文火煮滚，再入粉皮、笋片、香蕈、白果、栗子、核桃仁、葱、姜，煮熟。临盛时，用黄酒调粉团少许，入锅搅匀。

熏肚：先将猪肚用淡盐腌两宿，吊起控干，划几道口子，填入椒、茴末，外用纸糊，仍吊起。用时，将杉柏锯末细细熏过，再蒸熟，去纸食之。若吊久，便不美。

炒肉：用猪肉，切薄片，酱油洗净，入极热锅，爆炒去血水，微白，取出，切成丝，再加酱瓜、蒜片、橘丝、香油、砂仁、草果、花椒末，炒熟，加葱花、酒、醋少许。

炰鳖：用大鳖，滚水去粗皮，再煮熟，拆开盖，加肉丁、鸡丁、白果、栗子，仍将盖盖好，入浆酒、酱油、香油、脂油各一盅，姜、葱少许，文火煮至汤将干，取用。

菜肴由于取自民间制法，技术记录也较为平实简便，使人一看就懂。不过，在选取的菜肴中，也不乏特色鲜明之品，如上例中的“脍鸡”“炒肉”。其中尤其是“炒肉”，先把肉片在沸水中氽去血水，再切成丝，然后再加酱瓜、蒜片、橘丝、香油、砂仁、草果、花椒末，炒熟，最后再加葱花、酒、醋少许而成。此菜肴无论是在处理方法上还是在使用调味料与调味方式上，都颇具独到之处，值得今天的鲁菜厨师去研究学习。

类似的清代菜肴制作技术类的著作，还有许多，限于篇幅不一一罗列。

第四节　京城荟萃的各路菜式

一、《清稗类钞》与京城美食

《清稗类钞》是一部大型的类书，书的编纂者徐珂生活于清末民初，浙江杭州人。《清稗类钞》酝酿编撰主要完成于清末，出版于1916年。该书内容广博、取材繁杂、门类众多，主要是汇集了清代的各种笔记、杂书、坊间流传的人物、故事与事实。全书共分92类，其中的第九十二类为"饮食类"。在"饮食类"中，徐珂共收录条目868条，约15万言。内容相当丰富，其中尤其有大量的菜肴名称与菜肴制作技艺的记录。

由于在清朝的中晚时期，繁华的京师荟萃了各地的美味佳肴，其中有许多酒楼、饭店的美味佳肴，以及京城著名的豪门府第、文人雅士的私家菜肴被记录在《清稗类钞》"饮食类"中，对我们今天了解清朝中晚期京师的菜肴文化与菜肴制作销售情况具有重要的史料价值。

如在"京师食品"条目中，记录的菜肴中仅"北京填鸭"就有汤鸭、扒鸭、烧鸭等，而鸡肴中以"桶子鸡"最有名，至于鸡蛋菜肴因避讳"蛋"字，则有"摊黄菜""溜黄菜""木樨汤"等，[①]这仅仅是从民俗学意义上的零散记录。

清代京师的菜肴制作，当以宴席、宴会菜肴为最，而且这些宴席的名称大多都是以宴席菜肴的档次、数量命名的。《清稗类钞》在"京师宴会之肴馔"条中说：

"光绪己丑、庚寅间，京官宴会，必假座于饭庄。……若夫小酌，则视客所嗜，各点一肴，如福兴居、广和居之葱烧海参、风鱼、肘子、吴鱼片、蒸山药泥，致美斋之红烧鱼头、萝卜丝饼、水饺，便宜坊之烧鸭，某回教馆之羊肉，皆适口之品也。"[②]

《清稗类钞》在"宴会之筵席"条中又进一步说：

"……就其主要品而言之，曰烧烤席，曰燕菜席，曰鱼翅席，曰鱼唇席，曰海参席，曰蛏干席，曰三丝席（鸡丝、火腿丝、肉丝为三丝）等是也。若全羊席、全鳝席、豚蹄席，则皆各地所特有，非普通所尚。

计酒席食品之丰俭，于烧烤席、燕菜席、鱼翅席、鱼唇席、海参席、蛏干席、三丝席各种名称之外，更以碟碗之多寡别之，曰十六碟八大八小，曰十二碟六大六小，曰八碟四大四小。碟，即古之馂饤，今以置冷荤（干脯也）、热荤（亦肴也，第较置于碗中者为少），糖果（蜜渍品）、干果（落花生、瓜子之类）、鲜果（梨、橘之类）。碗之大者盛全鸡、全鸭、全鱼或汤，或羹，小者则煎炒，点心进二次或一次。有客各一器者，有客共一器者。大抵甜咸参半，非若肴馔之咸多甜少也。"[③]

由于宴席菜肴最能够体现当时的菜肴技术发展情况，下面以"全羊席"的菜肴制作为例加以介绍。《清稗类钞》在"全羊席"一条中说："清江庖人善治羊，如设盛宴，可以羊之全体为之。蒸之，烹之，炮之，炒之，爆之，灼之，熏之，

① 清·徐珂编撰. 清稗类钞·饮食类. 北京：中华书局，1986年，第6245页。
② 清·徐珂编撰. 清稗类钞·饮食类. 北京：中华书局，1986年，第6271页。
③ 清·徐珂编撰. 清稗类钞·饮食类. 北京：中华书局，1986年，第6265页。

炸之，汤也，羹也，膏也，甜也，咸也，辣也，椒盐也。所盛之器，或以碗，或以盘，或以碟，无往而不见为羊也。多至七、八十品，品各异味。"①

用一只羊的肉及各个部位，运用不同的烹调方法，制作出色味各异的羊肉菜肴，足以展示当时菜肴烹饪技术之全面高超。那么，一桌"全羊席"的菜肴都有哪些品类呢？根据清同治年间无名氏抄本的《全羊如意席》的记录，当时一桌豪华的"全羊席"共有菜肴88道，宴席点心及饭食20道，总计118道菜点。其中，冷荤菜肴有五香凤眼、香糟登山等；热菜有迎风扇、开泰仓、天花云片、珍珠玉环、福寿堂、凤兰冠、千层翻草、烩鲍鱼丝、清煨登山等；点心、面食则有杏仁茶、羊尾卷、滚糖馍、云片饼、素心盒子等。②

在另一种清代无名氏的《全羊谱》中，一桌宴席的全部76道菜肴如下：

"麒麟顶、龙门角、双凤翠、迎风扇、开泰仓、白云会、明开夜合、玉珠灯、望峰破、探灵芝、千层梯、天花板、明鱼骨、迎香草、香糟猩唇、落水泉、饮涧台、炖陀（驼）峰、金道冠、蝴蝶肉、玉环帧、彩凤眼、五花宝盖、舞门锁、提炉顶、爆炒玲珑、鼎炉盖、七孔灵台、安南子、凤头冠、炸铁鹊、算盘子、梧桐子、炸鹿尾、红叶含霜、红炖豹胎、爆荔枝、炒银丝、百子囊、鹿挞户、八宝袋、蜜蜂窝、百草还园、千层翻草、穿丹袋、百子葫芦、花爆金钱、天鹅方腐、黄焖熊胆、烩鲍鱼丝、山鸡油卷、犀牛眼、爆炒凤尾、素心菊花、红烧龙肝、清烩凤髓、苍龙脱壳、糟蒸虎眼、红炖熊掌、清烩鹿筋、清煨登山、五香兰肘、锅烧浮肘、樱桃红腐、百合鹿腐、吉祥如意、冰花松腐、玻璃方腐、清炖牌岔、红白棋子、满堂五福、炸银鱼、炸血角、炸东篱、炸鹿茸、竹叶梅花汤。"③

两种"全羊席"的菜肴组合，在数量上大致相当，而且其中有许多菜肴的名称是相同的，他们之间是否有传承或是连带关系，尚待进一步研究。通过"全羊席"的菜肴记录，不仅可以看出菜肴的制作技艺精湛超群，而且菜肴丰富多彩，尤其具有文化蕴涵。

不仅宴席菜肴制作精良，数量繁多，就连家常菜肴也是丰富多样，南北风味，荤素俱全。这在《清稗类钞》中也有记述，如在"肴馔"条中说：

"家常肴馔，分荤素两类。今先言其荤者。海鲜非时时所有、处处可得之物，干者则价多贵重，通行者猪、羊、鸡、鸭、鱼、虾耳。北方鸡贱，猪羊亦不昂，鸭贵，鱼、虾亦贵。铁道所达，鱼虾亦不贵。南方鱼、虾贱，猪、羊、鸡、

① 清·徐珂编撰. 清稗类钞·饮食类. 北京：中华书局，1986年，第6267页。
② 孙嘉祥、赵建民主编. 中国鲁菜文化. 济南：山东科学技术出版社，2009年，第229页。
③ 清·佚名撰. 张次溪藏，王仁兴，张叔文校释. 全羊谱. 北京：北京燕山出版社，1993年。

鸭亦不甚贵。总之荤素四肴，两荤杂用猪、羊、鱼、虾、腌肉、干肉、腌鱼、干鱼、鸡鸭蛋诸物，间用少许鸡鸭，若风干鸡鸭、卤鸡鸭、腌鸡鸭之类，及猪、羊、鸡、鸭腹中之物，猪、羊头部之物尤便。再佐以蔬菜、瓜瓠、荚生（各种豆类，皆荚生者），实根（芋、萝卜、落花生之类），及豆制各物（如豆腐、豆干之类）。加以各种烹调，参互变换，已可得数十品之多。视其物品之衰旺，物价之低昂，或数日一易，或同日一易，亦可时出不穷矣。"[1]

《清稗类钞》在记录各种宴席的同时，更记录了各式的菜肴、面点、汤羹、粥品等500余种。所记菜肴数量之多可谓此前众多食书之冠。下面是部分录自《清稗类钞》的菜肴名单。

胡桃肉炙腰、煨牛舌、红烧羊肉、煮羊头、煨羊蹄、摩（蘑）菇炒羊肉、白片肉、四喜肉、八宝肉、东坡肉、芙蓉肉、荔枝肉、霉菜肉、西瓜煮猪肉、熏煨猪肉、干锅蒸肉、粉蒸肉、荷叶粉蒸肉、黄芽菜包猪肉、炒肉生、小炒肉、油灼肉、锅烧肉、肉燕、家乡肉、煮鲜猪蹄、神仙肉、走油猪蹄、水晶蹄肴、丁蹄、佘猪肉皮、八宝肚、清汤花生猪肚、煮猪头、太仓肉松、蒸煮风肉、蒸糟肉、笋煨火腿、西瓜皮煨火腿、蜜炙火方、烹驴、豪猪、熊掌、煨燕窝、枣鸡、松干鸡、芙蓉鸡、八珍蛋、三鲜蛋、蛋饺、八宝鸭、新河鸭、烹石鸭、烧鸭、腌鸭尾、烤鹅掌、煨鸽、煨麻雀、炒桃花鹦、鱼生、清炖荷包鱼翅、鱼肚、蒸鲥鱼、烹鳜鱼、杭州醋鱼、烹鲤鱼、醋搂黄花鱼、火锅银鱼、炒鳝、拌鳖裙、汤煨甲鱼、酒腌虾、虾生、醉蟹、刺姑肉酱、鸡汤鳆鱼煨豆腐、八宝豆腐、笋煮肉等。[2]

这些菜肴、面点、汤羹、粥品一部分取自于当时社会流行之外，还有一些是从《山家清供》《闲情偶寄》《随园食单》等古代食书中转录来的。这些被转录的菜肴，虽然没有学术意义，但至少反映了我国清朝在菜肴烹饪技法与菜肴品种制作上的传承性。

二、八大菜系的菜式

按照饮食文化学界通俗的说法，我国丰富多姿的地方菜系大多是在清朝年间形成的，这在《清稗类钞》一书中是有所反映的，书中记录了我国各地不同的饮食习俗与风味菜肴，是研究清代不同菜肴风味流派发展的重要依据。以国内公认的八大地方风味菜系为例，无论鲁、川、苏、粤，还是湘、闽、徽、浙，它们形成的历史渊源是很久远的，早在明、清两代以前便有雏形，但发展到清代这些

---

① 清·徐珂编撰. 清稗类钞·饮食类. 北京：中华书局，1986年，第6413页。
② 清·徐珂编撰. 清稗类钞·饮食类. 北京：中华书局，1986年，第6421~6515页。

菜系才处于更加丰富与完备的时期。《清稗类钞》在"各省特色之肴馔"一条中记录总结说："肴馔之有特色者，为京师、山东、四川、广东、福建、江宁、苏州、镇江、扬州、淮安。"[①]所言菜系名称与后世虽有差异，但鲁、川、苏、粤、湘、闽、徽、浙八大菜系的基本格局还是一清二楚的，加上北京菜与上海菜，更成为流行中国餐饮市场多年的"十大菜系"。

1. 鲁菜大系与菜肴

清代，山东菜作为在我国北方最有影响的风味菜式，进入宫廷并成为御膳的支柱之一。[②]日本著名学者奥野信太郎在《食在宫廷》一书的序中说："以山东烹调为母胎、加之博采各地乡土烹调之精粹而构成的清代宫廷烹调，又达到了北京市井烹调之典范的地步。"[③]同时，随着清代京城与周边大城市的经济与文化的繁荣，山东菜系在当年的京、津等地非常繁荣，这些城市中的许多大酒店、饭庄差不多都是鲁菜为主要菜品的经营模式。因此，鲁菜在性质上有宫廷、官府宴席大菜和市肆商业经营的一般菜品之分。宫廷、官府宴席大菜如清汤燕菜、扒通天鱼翅、荷花鱼翅、扒熊掌、烤乳猪、红烧海参之类，市肆商业经营的菜品如油爆海螺、炸蛎黄、九转大肠、糖醋鲤鱼、油爆双脆、熘肝尖、爆炒腰花之类。清代的鲁菜一般来说是由济南、胶东、济宁三个不同风味的地方风味组成。其中，济南风味菜以"三斤精料五斤汤"著称，其烹调方法有爆、烧、炒、炸等，菜品以清鲜脆嫩著称。胶东菜则以擅长烹制各种海鲜品见长，尤其是在制作小海鲜菜肴方面独具一格。济宁菜包括两大菜式，一是突出微山湖湖区风格的菜肴体系，二是具有典型官府文化特征的孔府菜。

2. 川菜大系与菜肴

清代的川菜在全国已有较大影响，在京师的川菜馆虽然不是很多，但以其独特的口味特色吸引了众多食客。清代川菜吸收南北菜肴之长，融合官府、盐商、文人宴席菜品的诸多优点，尤以北菜川烹、南菜川味的特色最为突出，形成"一菜一格，百菜百味"的特征。它在麻、辣、咸、甜、酸、苦、香七种味道的基础上，创造出了麻辣、酸辣、鱼香、酱香、荔枝、椒麻、咸鲜、糖醋、白油、红油、怪味、麻酱、香糟、芥末、蒜泥、姜汁、豆瓣等多种复合味道。川菜的烹饪方法有煸、炒、煎、烧、炸、腌、卤、熏、泡、蒸、烩、糟等。其中小炒、小煎、干烧、干煸，尤其见长。川菜在清代已经形成了上江、下江、内江等地方风味，其代表菜肴有回锅肉、麻婆豆腐、夫妻肺片、樟茶鸭、鱼香肉丝等。

---

① 清·徐珂编撰. 清稗类钞·饮食类. 北京：中华书局，1986年，第6416页。

② 爱新觉罗·浩著. 王仁兴译. 食在宫廷. 北京：中国食品出版社，1988年，第1页。

③ 爱新觉罗·浩著. 王仁兴译. 食在宫廷. 北京：中国食品出版社，1988年，第4页。

3. 粤菜大系与菜肴

粤菜即清代的广东菜系，是由广州菜、潮州菜、东江菜几个地方风味菜组成。在清代粤菜主要以广州菜为代表。广州菜包括珠江三角洲和肇庆、湛江等地名食在内，地域最广，用料庞杂，选料精细，技艺精良，善于变化，品种多样，风味讲究清而不淡，鲜而不俗，嫩而不生，油而不腻。春秋力求清淡，冬春偏重浓郁。菜肴用料，飞禽走兽，野味家畜，一应俱全。烹制方法则有煎、炸、泡、浸、焗、炒、炖等见长。菜肴如片皮乳猪、糖醋咕噜肉、东江盐焗鸡、蟠龙大鳝、白切响螺等。

4. 苏菜大系与菜肴

清代的江苏菜系，在江南地区影响最大，甚至江南名厨进入清宫成为御厨，为帝王制作豪华的宴席菜肴。清代的江苏菜包括江宁（南京）、苏州、镇江、扬州、淮安等不同地方风味菜式，是在《清稗类钞》中是被记录最多的地方特色菜式的省份。江宁（南京）菜擅长炖、焖、叉、烤等技法，口味平和；扬州菜刀工精细，味厚醇美，擅长炖、焖、烧、炸等技法；苏州菜肴，口味趋甜，以炖、焖、焐、炸、熘、爆、炒、烧、余等烹法见长。清代江苏一带经济发达、人文荟萃，商业繁荣，为菜肴的制作、消费创造了条件。《随园食单》《红楼梦》等著作中都有反映，菜肴如清蒸鸭子、笼蒸螃蟹、油炸骨头、鸡肉炒蒿子秆、炸鹌鹑、豆腐面筋、酱萝卜炸儿、燕窝粥之类，都是苏菜名馔。而清代人所著的《扬州画舫录》中关于"满汉全席"菜肴的记录，更加反映了清代江苏的发达与繁荣。

5. 浙江菜系与菜肴

清代的浙江菜系虽然没有被《清稗类钞》单独记录，那只是由于浙江菜在清代的京城没有多大的影响，但在江南还是颇有引人入胜的众多菜肴的。浙江菜系以杭州、宁波、绍兴三种风味菜为代表，而杭州菜则是在传承了南宋以来南北方优秀烹调技艺的基础上形成了独具一格的菜肴体系，擅长煮、炖、焖、煨、熘、炸、炒等烹调方法，口味略甜，尤以烹制河鲜、湖鲜、海鲜见长。杭州菜以东坡肉、叫花鸡、西湖醋鱼、龙井虾仁、西湖莼菜汤、三片敲虾、干炸响铃、蜜汁火方、南肉春笋为代表。

6. 安徽菜系与菜肴

安徽菜系在我国的清代，是富有影响力的著名菜系之一。清代徽菜的发展，主要与徽商有着密不可分的关系。清代中叶是徽商的黄金时代，其人数之多、活动范围之广、资本之雄厚，居全国经商集团的前列。他们经营以盐、典、茶、木为最著，商栈、邸舍、酒肆、钱庄随之兴起，遍布全国各地，徽菜也由此走向全国。徽菜由皖南、沿江和沿淮三种地方风味所构成。皖南风味以徽州地方菜肴为代表，它是徽菜的主流和渊源。其主要特点是擅长烧、炖，讲究火功，喜用火腿佐味，米糖提鲜，善于保持原汁原味。不少菜肴都是用木炭火单炖单炼，原锅上桌，香气四溢，诱人食欲，体现了徽味古朴典雅的风貌。例如，"黄山炖鸽""问政山笋""鼋凤兰桥会"等，都是脍炙人口的山乡珍品。而芜湖、安庆地区的"毛峰熏鲥鱼""熏刀鱼""无为熏鸡"，蚌埠、宿州、阜阳等地的"符离集烧鸡""萄萄鱼""奶汁肥王鱼""朱洪武豆腐""香炸琵琶虾"等菜肴也久负盛名。

7. 湖南菜系与菜肴

清代的湖南是人才辈出的地方，文人指点传播，湖南菜名声远播。清朝晚期，湖南菜系中的民间菜已经大行其道，以火宫殿为代表。而以谭（延闿）家菜为代表的官府菜又乘机兴起，使湖南菜达到了一个高潮。湖南菜一般认为是由湘江流域、洞庭湖区和湘西山区三种不同的地方风味菜式构成。在菜肴制作上以煨、炖、腊、蒸、炒见长，菜肴的共同特点是突出辣味菜及烟熏腊肉，以酸辣味、熏香味见长。湖南菜的代表菜肴主要有腊味合蒸、麻辣子鸡、组庵鱼翅、笔筒鱿鱼、红烧寒菌、吉首酸肉、红烧全狗、冰糖湘莲等。

8. 福建菜系与菜肴

清代的福建菜系，拥有闽侯（福州）、闽南、闽西三个不同的地方风味菜式体系。口味偏甜、偏酸、偏淡，烹调技法中，以炒、蒸、煨、炖、氽等烹法最为突出。其中，福州菜由于受广东菜的影响较大，菜肴烹调中还夹杂着部分西方菜肴（主要是欧陆）的烹调方法在内，这样一来福州的烹饪技师们均纷纷效尤。故在清末至民国年间，福州有颇多的广东菜馆，如"广复楼""广资楼"，以及"广裕""广宜""广升"带"广"字的菜馆等。福建菜肴运用香糟、白糟、红糟、醪糟等调味技艺是一个显著的特点，而且糟的使用方法颇多讲究，有炝糟、红糟、拉糟、醉糟、爆糟、炸糟等区别。以南普陀为代表的素菜斋食也是福建菜中一路重要的组成部分。福建菜系的代表菜肴有佛跳墙、烧片糟鹅、煎糟通心鳗、太极明虾、闽生果、七星丸、油焗红鲟、土笋冻等。

清代除了有名的八大菜系之外，其他如被称为京师菜的北京菜；融合众家特长的上海菜；以汁浓、芡稠、口重、味纯著称的湖北菜；以鲜香清淡、四季分明、色形典雅、质味适中为特色的河南菜；以咸鲜定味、料重味浓、香肥酥烂等特点闻名的陕西菜；以及风味各异的山西菜、蒙古菜、辽宁菜等，无不显示了中国菜肴制作技艺与菜肴文化在清代的发达与进步。

三、繁荣发达的清代素菜

到了清代，我国的素菜与素食，较之以前有了更大的发展。当时在寺院素食的影响下，形成了具有广泛意义与特色分明的"宫廷素菜"与"民间素菜"，而且十分兴盛。

早在乾隆、嘉庆年间，寺院素菜由原有的菌、蔬、豆制品等为主的菜肴体系，就又出现了"有以果子为肴者"的情形，使用果品制作菜肴颇有风味，如炒苹果、炒荸荠、炒藕丝、炒山药、炒栗片，以及油煎白果、酱炒核桃、盐水煮落花生之类，不胜枚举。而且用各种花叶入馔制成的菜肴也大为流行，如胭脂叶金雀花、韭菜花、菊花瓣、玉兰花瓣、荷花瓣、玫瑰花瓣之类，皆可烹制加工后上席。[①]其中，寺院素菜中最著名的菜肴是"罗汉斋"，又名"罗汉菜"，它是以金针、木耳、笋等十几样干鲜菜类为原料制成。

寺院素菜在清代，尽管菜肴品类有所扩大，但仍然保持着佛家的饮食习规，具有清肃淡雅的风格。宫廷素菜和民间素菜的兴盛，则不受寺院的规矩影响，其烹制素类菜肴和食品的加工技艺，得到了显著的提高。因此，在一定程度上来说，则是清代寺院饮食文化得以发扬光大的一个天赐良机。

清代的宫廷素菜主要是帝王在斋戒时食用，为此清宫御膳房专门设有素局。据有关档案材料记载，仅在光绪年间，御膳房素局就有御厨近三十人之多。这些专做素菜的御厨技艺精湛，他们常以面筋、豆腐、名贵菌类等为原料，能烹制出二百多样风味独特的素菜菜肴。如乾隆二十八年（1763年）四月初七日的御膳单上便载有："皇后用供一桌，素菜十三品：面卷果三品，面筋三品，卷签二品，山药糕三品，豆腐干二品。"光绪末年，御厨还创制了慈禧斋戒时食用的"小窝头"等名点。

清代的民间素菜，则是指社会市肆间的素菜馆。早在清朝道光年间，京师的民间便已出现了专门经营素菜的素菜馆。到清光绪初年，开设在京师前门街路西的"素真馆"已载于当时的史料中。当年，该馆的门面上还挂有"包办素席""佛前供素"的牌匾。而城内的"香积园""道德林""功德林""菜根香""全素斋"等，更为世人所共知。

在清代的地方风味菜肴体系中，虽然人们谈论的时候关注的主要是荤类菜肴，但其中也有别具一格的"素肴"。据有关史籍记述，清代"肴馔之有特色者，为京师、山东、四川、广东、福建、江宁，苏州、镇江、扬州、淮安"。[②]在这些菜肴帮派中，尤以南方菜系中素馔特色鲜明。如史籍记载说："即以江宁言之，乾隆初，泰源、德源、太和、来仪各酒楼之肴馔，盛称于时。至末叶，则以利涉桥之便意馆、淮清桥河沿之新顺馆为最著。别有金翠河亭一品轩诸处，则大半伧劣，不足下箸。新顺盘馔极丰腴，而扣肉、徽圆、荷包蛋、咸鱼、焖肉、煮面筋、螺羹及菜碟

---

① 林永匡，王熹著. 清代饮食文化研究. 哈尔滨：黑龙江教育出版社，1990年，第205页。

② 清·徐珂编撰. 清稗类钞·饮食类. 北京：中华书局，1986年，第6414页。

之鲜洁，酒味之醇厚，则便意所制为尤美。每日暮霭将沉，夕餐伊迩，画舫屯集于阑干外。某船某人需肴若干，酒若干，碟若干，万声齐沸，应接不暇。但一呼酒保李司务者，嗷然而应，俄顷胥致，不爽分毫也。而秦淮画舫之舟子亦善烹调。舫之小者，火舱之地仅容一人，踞蹲而焐鸭，烧鱼，调羹，炊饭，不闻声息，以次而陈。小泛清游，行厨可免。另买菽乳皮，以沸汤瀹之，待瀹挤去其汁，加绿笋干、虾米、米醋、酱油、芝麻拌之，尤为素食之美品，家庖为之，皆不能及。"[1]由此可以看出，在各大地方风味菜肴体系中，素菜的烹制占有十分重要的地位，而且各种素食的美馔佳肴，是构成地方风味菜肴体系的一个有机组成部分。

　　清代的民间素菜品种繁多，技法多样。其中，清代民间素菜肴在烹制时，有"单纯用素者"，亦有以"素肴为主而稍杂荤肴者"。具体而言，其一，单纯用素的素菜烹制方法。据《清稗类钞》一书记述，则有将各种"生菜"炒、拌、煮、烧等法。如春韭、秋菘等。在用这些生菜烹调素菜时，清代民间"大抵食生菜有四法，一宜炒，一宜拌，一宜清煮，一宜红烧。烹饪得宜，甘芳清脆，可口，不下于荤肴。至于菰、笋、蒲（北方甚多，其质在竹笋、茭白之间、味甚清美）、椒（青椒、红椒）之类，有特别风味。生菜四种食法，皆可斟酌加入，倍觉可口"。以素菜肴为主而杂混荤料的菜肴烹制方法，则有二，一为"其稍杂以荤物者"，如大白菜、冬瓜最宜用虾米，即小干虾。壶瓜，即壶子，最宜丁香，丁香蚵为海滨一种小鱼，如丁香，故名。而烧笋、烧茄、炒蚕豆、豌豆时，则宜用虾米、肉丁、冬菰丁之类掺入。二为"有素肴之中加以荤肴之汁者"，烹制时则"仅用流质"原料，如鸡肉汁、猪肉汁、鸡油、猪油之类。这样加工烹制成的素菜肴，可以令"食之者惟觉其味之鲜美，而仍目之曰素菜也"。[2]如此美味的素菜能不招来众多的食客吗？也就是在这样的市场需求下，清代民间的素菜技艺得以繁荣发展，并成为我国清代饮食文化重要的组成部分。

第五节　菜肴大全《调鼎集》

　　在中国国家图书馆中，收藏了一部书名为《调鼎集》的菜肴制作专著，据

① 清·徐珂编撰. 清稗类钞·饮食类. 北京：中华书局，1986年，第6414页。
② 清·徐珂编撰. 清稗类钞·饮食类. 北京：中华书局，1986年，第6413~6415页。

研究表明，《调鼎集》是我国清代传世篇幅最大的饮食、烹饪典籍，同时也是我国古典菜肴制作技术与饮食文化专门著作中容量最大、内容最为丰富的历史典籍。原本的《调鼎集》，是一部手抄本，共10卷，约1000页，用工工整整的蝇头小楷抄写，大约40万字。1986年由中国商业出版社出版、由邢渤涛注释的版本，总文字达到了近60万字，真可谓一部洋洋大观的鸿篇巨制。原手抄本的首页有戊辰年上元节南京人成多禄撰写的序文。序中说："是书凡十卷，不著撰者姓名。"[①]至于成书年代，也未指明。所以，此书的成书年代与作者至今还是一个谜。

一、《调鼎集》——清代菜肴技艺之大全

《调鼎集》内容十分丰富，涉猎有关菜肴制作、各类食品加工技艺十分广博。全书十卷之中，第一卷为油盐酱醋与调料类加工技艺，其中尤以各种酱、酱油、醋的酿制法以及提清老汁的方法，叙述详备。第二卷主要为宴席类及一些宴席的菜肴，其中尤以铺设戏席、进馔款式及全猪席等资料比较珍贵。从第三卷到第九卷为各类菜肴、面点制作技艺部分。其中第三卷为特牲、杂牲类菜肴菜谱。第四卷为禽蛋类菜肴菜谱。第五卷为水产类菜肴菜谱。第六卷内容较为混杂，从八珍原料到衬菜、面食、一般菜肴均有。第七卷为蔬菜类菜肴菜谱。第八卷为宴席酒水类、饭粥类及宴席菜单的记录。第九卷为面食、点心类食谱。最后是第十卷，为糖卤及干鲜果品的制作加工技术。《调鼎集》不仅在记录菜肴、面点、酒水、果品、调味品、宴席等各个大类上内容完备无缺，更重要的是《调鼎集》记录的菜肴、面点、酒水、果品、调味品、宴席等的数目相当可观。其中记录的调味品达到了120余种之多，猪肉类菜肴介绍了330余种之多，羊肉菜肴介绍了90余种，鱼鲜类菜肴介绍了360余种之多，就连高档的燕窝、鱼翅、海参等海味菜肴也介绍了30余种，竹笋菜肴介绍了80余种，茶介绍了24种，酒介绍了37种。该书记录的菜肴、面点的总数约为2000款左右，这是中国历史上任何一种食书所不能与之比拟的。正如该书序言中所评价的那样："上则水陆珍错，羔雁禽鱼，下及酒浆醯酱盐醢之属，凡周官庖人之所掌，内饔外饔之所司，无不灿然大备于其中。其取物之多，用物之宏，视《齐民要术》所载物品饮食之法尤为详。"[②]因此说，《调鼎集》是集清代菜肴、面点、酒水、果品、调味品、宴席等食品技艺之大成者，是一部地地道道的清代菜肴烹制大全。

---

① 清·佚名撰. 邢渤涛注释. 调鼎集. 北京：中国商业出版社，1986年，第1页。
② 清·佚名撰. 邢渤涛注释. 调鼎集. 北京：中国商业出版社，1986年，第1页。

二、菜肴分类及编排独辟蹊径

对于像《调鼎集》这样的一部菜肴食品制作大全的大型食书来说，它的编排体例、菜肴的分类方法就显得尤为重要。如我国最早记录菜肴制作技术的《齐民要术》，是同时运用了按烹饪方法分类和按菜肴食品种类分类两种方法，略显混乱。明、清以来的食书，在记录菜肴制作技术时，大都是按菜肴原料种类和菜肴食品种类分类的。但也有按菜肴属性分类的，如"素菜""奇珍异馔"等分类方法。都没有统一的模式，有的在一部书中交叉运用几种分类方法。但在《调鼎集》一书中，编者选择了最容易被人们（包括专业人员或非专业人员）所接受的分类方法，即按菜肴原料种类来分类。虽然在具体运用中有些地方略有差异，但基本上是如此分类的。如"卷一"记录的调味品，是按"酱、酱油、醋、糟……"[①]的方式排列的，如果从今天的食品分类看，属于按食品种类分类，但如果是从烹饪角度看，每一类调味品就是一类菜肴原料。即是在卷二的"戏席铺摆、进馔款式"中的宴席菜肴也是按菜肴原料分类排列的。从卷三到卷九记录的各类菜肴、面点制作技艺，都是按照所使用的原料依次编排的。如卷三的"特牲部、杂牲部"菜肴中，"特牲部"只有"猪"一种大类原料，于是在编写中就按"猪（肉）、猪头、猪蹄、猪肚、猪肺、猪肝、猪肠、猪腰胰、猪舌、猪心、猪脑、猪耳、猪脊髓、猪管……"[②]的顺序依次编排。其余的菜肴均按照以上的形式分类编写。虽然说《调鼎集》在选编的菜肴分类上没有什么创新，但能够在一部大型的食书中统一格式和科学分类就已经相当不错了。

《调鼎集》不仅在书中记录了菜肴、面点、酒水、果品、调味品等数千种，更重要的是，《调鼎集》另辟蹊径，在书中拿出专章记录宴席及其菜肴，这是《调鼎集》与其他同类食书不同的地方。《调鼎集》在卷二中开列了20余种戏席，菜肴组合各不相同，有的是16碟、4小暖盘、4中暖碗、4中暖盘、4大暖碗，有的是12热炒、4中碗、4中盘、4大盘、4点、4汤，有的是小盘烧炸、4中碗，4大碗、8中碗、2大盘、4点1汤，有的是12碟对拼、4热炒、4小烧炸、4点1汤、4大盘红烧炸、4大盘白片、4大碗海菜、24小碟、4大碗，[③]真可谓组合多样，千变万化。书中还记录了几十种菜单，分为上、中、下三类。其中的一个"上席"席面所用的菜肴如下。

"燕窝、鱼翅、海参、蛏干、冬笋鸡脯、鲢鱼脑、挂炉羊肉、挂炉片鸭、炖

---

① 清·佚名撰. 邢渤涛注释. 调鼎集. 北京：中国商业出版社，1986年，第5~58页。
② 清·佚名撰. 邢渤涛注释. 调鼎集. 北京：中国商业出版社，1986年，第129~226页。
③ 清·佚名撰. 邢渤涛注释. 调鼎集. 北京：中国商业出版社，1986年，第59~62页。

火腿块、蟹、野鸭烧海参、煨三笋净鸡汤、脍蛏干、鹿筋烧松鼠鱼，煨樱桃鸡、炒羊肝、大块鸡羹、高丽羊尾、火腿炖烩鱼片、火腿冬笋烧青菜心、海蜇煨鸡块、葵花虾饼、盐酒烧蹄桶，烧白鱼"。①

　　除此之外，该书在"卷八"还记有汉席、满席和混合席所使用的菜单。如其中一桌"汉席"所使用的菜肴名单如下。

　　"金银燕窝（工半段，拖鸡蛋黄。衬鸡皮、火腿、笋、鸽蛋、鳖）

　　野鸭烧鱼翅（笋、鸡肝片）

　　野鸭鱼翅（衬肉片）

　　糊刷鱼翅（用丝，火腿、鸡汤煨）

　　燕窝把（衬鸡粥）

　　菜薹煨鱼翅（衬鸭舌、火腿、鸡）

　　燕窝球（衬荷包鲫鱼）

　　蟹饼鱼翅（肉丝、火腿、笋）

　　什锦燕窝（衬鸡丝、火腿丝）

　　肉丝煨鱼翅（火腿、笋、鸡皮）

　　螺蛳燕窝（野鸭片或野鸡片、火腿、鸡皮、白鱼圆、家鸭片）

　　八宝海参（杂果）

　　鳖鱼皮烧海参（肉、火腿）

　　瓤海参

　　夹沙鸭（果）

　　海参丝（火腿丝、鸡丝、油干丝）

　　八宝鸭（火腿、米仁、莲肉、杂果）

　　海参野鸭羹（火腿丁）

　　家鸭瓤野鸭（俱去骨，套家鸭煨）

　　海参球（山药、肉丁、鸡、笋丁）

　　板鸭煨家鸭（俱切块加摆）

　　撕煨鸡（米仁、火腿丁、肉丝）

　　鸭舌煨菜薹（火腿条、笋）

　　瓤鸡圆（裹松仁）

　　关东鸡（冬笋、火腿）

　　番瓜圆炖羊肉

　　大炸鸭（大蒜烧或炖）

----

① 清·佚名撰. 邢渤涛注释. 调鼎集. 北京：中国商业出版社，1986年，第107页。

锅烧羊肉

红炖鸡

燕翅鸡

爬爪子（酱烧）

白苏鸡

火腿肘煨蹄肘

松仁鸡

金银肘（火肘半边、肘子半边）

荔枝鸡

还块火腿（煮淡加盐，每斤三钱）

鸡切块煨（八分熟去骨，加笋煨）

火腿鲜鱼片（笋片）

刀鱼饼（荷包鲫鱼，用稀口布，将鱼对破去头，入布包好，竹筷轻打，其骨自出）

煨假熊掌（火腿皮）

鳇鱼（白炖或炒片，或去皮烧火腿、川片鸡汤）

煨假甲鱼（沙鱼皮）

面条鱼（火腿、笋）

烧鹿筋（虾米、冬笋）

白鱼饺（火腿煨鱼肚）

白鱼圆（油炸鱼肚）

肉片笋片炒鲍鱼

锅烧螃蟹

蟹肉炒菜苔

文武肉（火腿半边）

大炒肉（衬粉条）

群折肉（肉片、腐干片、油炸肉片三夹蒸）

建莲煨肺（又火腿煨，又火腿尖、筋皮煨）

猪肚片（火腿、鸡片煨）

煨鲜蛏（火腿、肉片、笋、鸡汤煨）

煨蛏干（肉片、萝卜片，又肉圆、鸡汤）

烧蛏（肉片）

炒蛏干（肉片、鸡丝、笋）

豆腐饺

豆腐圆（松仁、火腿丁）

松仁豆腐（松仁、火腿、肉煨）

杏仁豆腐（大杏仁去皮，火腿、鸡煨）

口蘑豆腐（火腿片、笋片、鸡皮片煨）

冻豆腐煨燕窝

六月冻豆腐（豆腐煨透，如冻式）

豆腐打小薄方块，去黄汁，多细肉丁、虾米丁焖

豆腐干丝拌大椒、酱，或椒油。

荍瓜丝同"。[1]

把众多的名菜佳肴，通过宴席的形式组合起来，有利于对中国菜肴技术的表现与传承，而且更为我们今天了解清代的宴席发展情况与宴席菜肴运用特色提供了有价值的历史资料，这是本书的难能可贵之处。

三、菜肴制作新技术的记录

虽然《调鼎集》一书是一部抄录前人、他人菜肴成果集成的大型食书，但其中又不乏新颖之处。如果仔细研读就会发现，《调鼎集》中有大量的新菜肴、新技术的记录，这是《调鼎集》对我国菜肴文化的又一巨大贡献。

中国菜肴烹调技艺发展到清代，已经发展了几千年，名菜的演变也有几千年了，似乎是该用的原料都用了，菜肴烹饪技法的运用也似乎到了尽头，很难再闯出什么路子。可是在《调鼎集》一书中，又翻新出了许多新花样，创制了许多新菜品。下面略举几例，以资提示。如：

"空心肉圆：将肉锤碎郁过，用冻脂油一小团作馅，放在圆内蒸之，则油流去而圆子空心矣。"[2]

"青螺鸭：鸭腹中先放大葱二根，再将熟青螺填入，多用酒酱烧，整只装碗。"[3]

"炙虾仁：拣大虾仁，先入酱油、酒、椒末一浸，再用熟脂油一沸，上大铁丝网炭火炙酥。"[4]

"蟹烧南瓜：老南瓜去皮瓤，切块，同蟹肉煨烂，入姜、酱、葱再烧。蟹肉

① 清·佚名撰. 邢渤涛注释. 调鼎集. 北京：中国商业出版社，1986年，第698～701页。

② 清·佚名撰. 邢渤涛注释. 调鼎集. 北京：中国商业出版社，1986年，第164页。

③ 清·佚名撰. 邢渤涛注释. 调鼎集. 北京：中国商业出版社，1986年，第308页。

④ 清·佚名撰. 邢渤涛注释. 调鼎集. 北京：中国商业出版社，1986年，第446页。

瓠南瓜同。"①

    "鳢鱼卷：将鱼批薄片，卷火腿条、笋条、木耳丝作筒，用芫荽扎腰。又，
鱼卷衬芽笋片炒。"②

    类似的新式菜肴在《调鼎集》中俯拾皆是，而且有一些新菜肴技术，直到现
在还在菜肴制作中被传承运用。中国菜肴烹调技术的兴旺发达，主要是因为历代
烹饪工作者的不断创新与发现，形成了富有生命活力的良好发展环境。

① 清·佚名撰. 邢渤涛注释. 调鼎集. 北京：中国商业出版社，1986年，第432页。
② 清·佚名撰. 邢渤涛注释. 调鼎集. 北京：中国商业出版社，1986年，第410页。

1. ［汉］班固撰.［宋］颜师古注. 汉书［Z］. 北京：中华书局，1997.

2. 吕不韦，刘安等. 吕氏春秋·淮南子［Z］. 长沙：岳麓出版社，2006.

3. ［战国］尸佼著.［清］汪继培辑. 朱海雷撰. 尸子［Z］. 上海：上海古籍出版社，2006.

4. ［汉］许慎撰. 说文解字（影印本）［Z］. 北京：中华书局，1983.

5. 黄帝内经·素问.［Z］. 北京：人民卫生出版社，1963.

6. ［汉］司马迁撰. 史记·殷本记［Z］. 北京：中华书局，1997.

7. ［东汉］王充著. 张宗祥校注. 论衡校注·卷第二十五［Z］. 上海：上海古籍出版社，2010.

8. ［汉］韩婴撰. 许维遹（校释）. 韩诗外传［Z］. 北京：中华书局，1998.

9. ［汉］桓宽著. 盐铁论［Z］. 上海：上海人民出版社，1974.

10. ［后魏］贾思勰撰. 缪启愉校释. 齐民要术校释［Z］. 北京：农业出版社，1982.

11. ［晋］葛洪撰. 西京杂记［Z］. 北京：中华书局，1985.

12. 北堂书钞·卷一四. 清代刻本.

13. ［北魏］杨衒之撰. 韩结根注. 洛阳伽蓝记［Z］. 济南：山东友谊出版社，2001.

14. ［梁］沈约撰. 宋书·孔琳之传［Z］. 北京：中华书局，1997.

15. ［梁］萧子显撰. 南齐书·明帝［Z］. 北京：中华书局，1997.

16. ［宋］刘义庆著. 世说新语·汰侈第三十［Z］. 保定：河北大学出版社，2006.

17. ［晋］陈寿撰.［宋］裴松之注. 三国志·是议［Z］. 北京：中华书局，1997.

18. ［北齐］魏收撰. 魏书·毛修之［Z］. 北京：中华书局，1997.

19. ［唐］欧阳询撰. 汪绍楹校. 艺文类聚［Z］. 上海：上海古籍出版社，1982.

20. ［唐］孔颖达疏. 尚书注疏（唐宋注疏十三经一）（影印本）［Z］. 北京：中华书局，1998.

21. ［唐］李延寿撰. 北史·列传第二十二·胡叟［Z］. 北京：中华书局，1997.

22. ［唐］段成式撰. 酉阳杂俎［Z］. 北京：中华书局，1981.

23. ［唐］魏徵等撰. 隋书·典籍四［Z］. 北京：中华书局，1997.

24. ［唐］房玄龄撰. 晋书·皇甫谧［Z］. 北京：中华书局，1997.

25. ［唐］李百药撰. 北齐书［Z］. 北京：中华书局，1997.

26. ［唐］姚思廉撰. 梁书·贺琛传［Z］. 北京：中华书局，1997.

27. ［唐］李延寿撰. 南史·江淹传［Z］. 北京：中华书局，1997.

28. ［后唐］冯贽编. 张力伟点校. 云仙散录［Z］. 北京：中华书局，1998.

29. 元和郡县志·卷二六. 清代刻本.

30. 白居易. 全唐文·卷六七九. 河南元公墓志铭. 刻本.

31. 元氏长庆集·卷三九. 浙东论罢进海味状. 刻本.

32. 全唐诗·卷六一三. 皮日休，孙发百篇将游天台请诗赠行因以送之（诗）. 刻本.

33. ［唐］刘恂著. 鲁迅校勘. 岭表录异［Z］. 广州：广东人民出版社，1983.

34. ［唐］张文成撰. 李时人，詹绪左校注. 游仙窟［Z］. 北京：中华书局，2010.

35. ［后唐］王仁裕. 开元天宝遗事［Z］. 上海：上海古籍出版社，1985.

36. ［唐］王定保撰. 摭言. 清乾隆二十一年刻本.

37. ［宋］顾文荐. 负暄杂录·荔枝. 清刻本.

38. ［宋］孙光宪撰. 林艾園点校. 北梦琐言［Z］. 上海：上海古籍出版社，1981.

39. ［宋］吴自牧撰. 傅林祥注. 梦粱录［Z］. 济南：山东友谊出版社，2001.

40. ［宋］周密撰. 傅林祥注. 武林事录［Z］. 济南：山东友谊出版社，2001.

41. ［宋］孟元老撰. 李士彪注. 东京梦华录［Z］. 济南：山东友谊出版社，2001.

42. ［宋］耐得翁撰. 都城纪胜［Z］. 北京：中国商业出版社，1982.

43. ［宋］吴自牧撰. 梦粱录［Z］. 北京：中国商业出版社，1982.

44. ［宋］司马光. 温国文正公文集·卷23. 清刻本.

45. ［宋］陈岩肖. 庚溪诗话·卷上. 清刻本.

46. ［宋］曾敏行. 独醒杂志·卷九. 清刻本.

47. ［宋］周密. 齐东野语·卷一六. 清刻本.

48. ［宋］罗大经. 鹤林玉露·卷六. 清刻本.

49. ［宋］邵伯温撰. 邵氏见闻录·卷一［Z］. 北京：中华书局，1985.

50. ［宋］毕仲游等撰. 西台集·卷一［Z］. 北京：中华书局，1985.

51. ［宋］王明清：挥麈录·卷一［Z］. 上海：上海书店，2001.

52. ［宋］司膳内人撰. 唐艮注. 玉食批［Z］. 北京：中国商业出版社.

53. 说郛·卷73. 南宋·洪巽撰.《旸谷漫录》.

54. ［宋］何薳撰. 张明华点校. 春渚纪闻［Z］. 北京：中华书局，1997.

55. ［宋］张君房撰. 丽情集. 绿窗女士. 清刻本.

56. ［宋］浦江伍吴氏撰. 孙世增等注. 吴氏中馈录［Z］. 北京：中国商业出版社，1987.

57. ［宋］叶梦得撰. 避暑录话. 清刻本.

58. ［宋］惠洪. 冷斋夜话·卷二, 清刻本.

59. ［宋］周紫芝撰. 竹坡诗话. 1936刻本.

60. ［宋］李公端. 姑溪居士文集·卷一九, 清刻本.

61. ［宋］洪迈. 夷坚支戊·卷四, 清刻本.

62. ［宋］陆游. 老学庵笔记·卷七, 清刻本.

63. ［宋］王怀隐等撰. 大平圣惠方［Z］. 北京：人民卫生出版社, 1982.

64. ［宋］陈直撰. 养老奉亲书［Z］. 上海：上海古籍出版社, 1987.

65. ［宋］徽宗：圣济总录［Z］. 北京：人民卫生出版社, 1998.

66. ［宋］欧阳修撰. 新五代史·四夷附录第二［Z］. 北京：中华书局, 1997.

67. ［宋］李昉等撰. 太平御览［Z］. 北京：中华书局, 1998.

68. ［宋］朱熹注. 诗经集传（影印本）［Z］. 北京：中华书局, 1987.

69. ［宋］李昉等撰. 王仁湘注. 太平御览·饮食部［Z］. 北京：中国商业出版社, 1993.

70. ［宋］承高撰. 事物纪源［Z］. 上海：上海古籍出版社, 1992.

71. ［宋］范晔撰. ［唐］李贤等注. 后汉书［Z］. 北京：中华书局, 1997.

72. ［宋］陶谷撰. 李益民等注. 清异录·饮食部分［Z］. 北京：中国商业出版社, 1985.

73. ［元］韩奕撰. 邱庞同注. 易牙遗意［Z］. 北京：中国商业出版社, 1984.

74. ［元］忽思慧著. 李春芳译注. 饮膳正要［Z］. 北京：中国商业出版社, 1988.

75. ［元］忽思慧撰. 刘玉书点校. 饮膳正要［Z］. 北京：人民卫生出版社, 1986.

76. 汪元量. 增订湖山类稿·卷二. 刻本.

77. 元典章·卷五十七. 刻本.

78. ［元］无名氏编. 邱庞同注. 居家必用事类全集［Z］. 北京：中国商业出版社, 1986.

79. ［元］倪瓒撰. 邱庞同注. 云林堂饮食制度集［Z］. 北京：中国商业出版社, 1984.

80. 会编·卷3. 北风扬沙录. 刻本.

81. 元好问. 续夷坚志·卷4, 刻本.

82. ［明］刘若愚撰. 明宫史·饮食好尚·火集. 清刻本.［Z］. 济南：山东山东大学图书馆.

83. ［明］宋诩撰. 邱庞同注. 宋氏养生部［Z］. 北京：中国商业出版社, 1989.

84. ［明］高濂撰. 邱庞同注. 饮食服食笺［Z］. 北京：中国商业出版社，1985.

85. ［明］兰陵笑笑生著. 金瓶梅词话［Z］. 太原：山西人民出版社，1993.

86. ［明］陈镐撰. 阙里志明刻清修本.

87. ［明］姚可成汇辑录. 达美君，楼绍来点校. 食物本草［Z］. 北京：人民卫生出版社，1994.

88. ［清］袁枚著. 关锡霖注. 随园食单［Z］. 广州：广东科技出版社，1983.

89. ［清］徐珂撰. 清稗类钞（第一—三册）［Z］. 北京：中华书局，1986.

90. ［清］王先谦撰. 释名疏证补［Z］. 上海：上海古籍出版社，1984.

91. ［清］刘宝楠撰. 高流水点校. 论语正义［Z］. 北京：中华书局，1990.

92. ［清］蒋廷锡等编. 岁时荟萃［Z］. 上海：上海文艺出版社，1993.

93. ［清］湖雅·卷八所引紫桃轩杂缀.（刻本）.

94. ［清］朱彝尊撰. 邱庞同注. 食宪鸿秘［Z］. 北京：中国商业出版社，1985.

95. ［清］李化楠撰. 侯汉初注. 醒园录［Z］. 北京：中国商业出版社，1984.

96. ［清］顾仲撰. 邱庞同注. 养小录［Z］. 北京：中国商业出版社，1984.

97. ［清］佚名撰. 王仁兴，张叔文校释. 全羊谱［Z］. 北京：北京燕山出版社，1993.

98. 陈澔注. 礼记集说（影印本）［Z］. 上海：上海古籍出版社，1987.

99. 苏东天. 诗经辨译［Z］. 杭州：浙江古籍出版社，1992.

100. 陈天宏等主编. 昭明文选译注［Z］. 长春：吉林文史出版社，1988.

101. 刘利，纪凌云译注. 左传［Z］. 北京：中华书局，2007.

102. 尚学峰，夏德靠译注. 国语·齐语［Z］. 北京：中华书局，2007.

103. 邱庞同译注. 吕氏春秋本味篇.［Z］. 北京：中国商业出版社，1983.

104. 陶文台等. 先秦烹饪资料选注·周礼选注［Z］. 北京：中国商业出版社，1986.

105. 林尹译注. 周礼今注今译［Z］. 北京：书目文献出版社，1985.

106. 杨伯峻译注. 论语译注［Z］. 北京：中华书局，1980.

107. 杨天宇. 仪礼译注［Z］. 上海：上海古籍出版社，2004.

108. 张双棣等译注. 吕氏春秋［Z］. 北京：中华书局，2007.

109. 刘莹，陈鼎如译. 历代食货志今译［Z］. 南昌：江西人民出版社，1984.

110. 石声汉校注. 四民月令辑释［Z］. 北京：农业出版社，1981.

111. 逯钦立辑校. 先秦汉魏晋南北朝诗［Z］. 北京：中华书局，1995.

112. 丁传靖编撰. 宋人轶事汇编［Z］. 北京：中华书局，2003.

113. 木社编. 生活与博物丛书（下）·山家清供［Z］. 上海：上海古籍出版社，1993.

114. 江畲经选编. 历代小说笔记选（宋·第三册）［Z］. 广州：广东人民出版社.

115. 佚名撰. 邢渤涛注. 调鼎集［Z］. 北京：中国商业出版社，1986.

116. 爱新觉罗·浩著. 王仁兴译. 食在宫廷［Z］. 北京：中国食品出版社，1988.

117. 张起钧著. 烹调原理［Z］. 北京：中国商业出版社，1985.

118. 钱学森. 烹饪也属于艺术范围［J］. 中国烹饪，1987（5）.

119. 陈应鸾著. 诗味论［Z］. 成都：巴蜀书社，1996.

120. 臧克家. 家乡菜味香［J］. 中国烹饪，1984（9）.

121. 熊四智主编. 中国饮食诗文大典［M］. 青岛：青岛出版社，1995.

122. 陶文台等. 先秦烹饪史料选注［Z］. 北京：中国商业出版社，1986.

123. 徐海荣主编. 中国饮食文化史·卷一［M］. 北京：华夏出版社，1999.

124. 张征雁，王仁湘. 昨日盛宴［M］. 成都：四川人民出版社，2004.

125. 宋镇豪. 夏商社会生活史［M］. 北京：中国科学出版社，1994.

126. 谢芳琳. "三礼"之谜［M］. 成都：四川教育出版社，2000.

127. 陈光新. 中国烹饪史话［M］. 武汉：湖北科学技术出版社，1990.

128. 《中国烹饪》杂志资料汇编. 烹饪史话［M］. 北京：中国商业出版社，1988.

129. 孔健. 新论语［M］. 北京：中国工人出版社，2009.

130. 中国社会科学院考古研究所. 殷周金文集成（第一册）［M］. 北京：中华书局，2007.

131. 台湾饮食文化基金会编. 中国饮食文化，2008年第二期.

132. 王利华. 中古华北饮食文化的变迁［M］. 北京：中国社会科学出版社，2001.

133. 李盛雨（韩）. 韩国食品文化史［M］. 韩：（株）教文社，1997.

134. 邱庞同. 中国烹饪古籍概述［M］. 北京：中国商业出版社，1989.

135. 杨文骐. 中国饮食文化和食品工业发展简史［M］. 北京：中国发展出版社，1982.

136. 王子辉. 隋唐五代烹饪史纲. 陕西科学技术出版社，1991.

137. 赵克尧. 汉唐史论集［M］. 上海：复旦大学出版社，1993.

138. 尚志钧辑校. 食疗本草［Z］. 合肥：安徽科学技术出版社，2003.

139. 邱庞同. 中国菜肴史［M］. 青岛：青岛出版社，2001.

140. 林永匡，王熹合. 清代饮食文化研究［M］. 哈尔滨：黑龙江教育出版社，

1990.

141. 孙嘉祥，赵建民主编. 中国鲁菜文化［M］. 济南：山东科学技术出版社，2009.

142. 唐兰. 长沙马王堆汉轪侯妻辛追墓出土遣策考释［J］. 文史，第十辑.

143. 张廉明主编. 济南菜［M］. 济南：山东科学技术出版社，1998.

144. 张廉明. 孔府名馔［M］. 济南：山东科学技术出版社，1996.

　　丁酉伊始，《中国菜肴文化史》一书付梓在即，在此谨对中国轻工业出版社诸位编辑朋友为本书所付出的辛勤劳动表示诚挚的谢意！

　　即将与广大读者见面的这本《中国菜肴文化史》，始于七、八年前的一次关于饮食文化专门史课题的策划。本人承接《中国菜肴文化史》的编撰任务之后，便不避寒暑、无论昼夜，倾尽心力进入写作状态，其书稿早在5年前已经完成。然而由于种种原因，致使此书稿封置于电脑文档中数载，而无缘出版面世。所幸承蒙中国轻工业出版社编辑独具慧眼，倾力推出此书。不仅是作者之幸甚，足以聊慰长期等待之心境，同时也是广大读者的幸事，有缘与《中国菜肴文化史》一书相逢。本书的出版既提供了一个广大读者与作者交流的契机，也使作者本人得到了一个无偿受教的机会。在此对广大读者表示衷心的感谢！

　　以作者本人的浅见，《中国菜肴文化史》一书，算不上严格意义的专业史著作，充其量是一本关于饮食烹饪方面的专著，而鉴于文化史相对于严肃史学的宽松性，才有机会成就了本人编写的《中国菜肴文化史》一书。然而由于作者本人的知识储备、学识水平、学术境界、研究视野所限，未能将中国几千年的菜肴烹饪文化史全方位展现，仅仅进行了一个简要的梳理，不过提供一个简捷、方便的专门文化史读本而已。所以，书中的不足与缺陷、舛误与错漏在所难免，尚祈饮食文化大家、烹饪文化学者与广大读者朋友不吝赐教，予以批评指正，本人当感激不尽。同时，本人在完成书稿的过程中，参阅、参考、引用了许多前辈专家学者与同道的观点、资料，在此一并衷心表示感谢，并将参阅、参考书目一一罗列于"参考文献"中，如有不敬之处，尚请诸位学者见谅。

　　对于长期从事职业教育工作的作者本人来说，《中国菜肴文化史》一书，只有近40万字，较之之前出版的一些同类专业学术著作而言，《中国菜肴文化史》更加适合于普通的饮食文化爱好者、烹饪工作者、高等职业院校旅游、烹饪、餐饮、酒店管理等专业的在校学生学习使用或延伸阅读。因此，《中国菜肴文化史》一书具有广泛意义的普适性和易于传播的特点，加之作者本人运用深入浅出、通俗易懂的语言表达方式，进一步提升了《中国菜肴文化史》一书的可读性与传播性。

　　谨以此书献给一切热爱包括中国饮食文化在内的中国传统文化的广大读者朋友，在此致谢所有与《中国菜肴文化史》一书有缘的读者朋友。

　　是为后记。

农历丙申年腊月

（2017年1月2日于济南）

作者谨识